Max Vetter

Informationssysteme in der Unternehmung

Informatik und Unternehmensführung

Herausgegeben von
Prof. Dr. Kurt Bauknecht, Universität Zürich
Dr. Hagen Hultzsch, Deutsche Bundespost Telekom, Bonn
Prof. Dr. Hubert Österle, Hochschule St. Gallen
Dr. Wilhelm Rall, McKinsey & Company, Stuttgart

Die Informatik ist die Basis unserer 'Informationsgesellschaft'. In vielen Wirtschaftszweigen bildet sie mittlerweile eine strategische Größe – sei es als externer Faktor, der zur strukturellen Veränderung einer Branche beiträgt, oder sei es als aktives Instrument im Wettbewerb. Das Management der Informatik wird somit zunehmend zur Führungsaufgabe. Deshalb wendet sich diese Reihe in erster Linie an Führungskräfte der mittleren und oberen Leitungsebene aus Wirtschaft und Verwaltung, die im Rahmen ihrer Tätigkeit zunehmend den Herausforderungen der Informatik begegnen müssen. Die Beiträge sollen dem besseren Verständnis der Informatik als wertvolle Ressource einer Organisation dienen.
Die Autoren wollen neuere Strömungen im Grenzbereich zwischen «Informatik und Unternehmensführung» sowohl anhand praktischer Fälle erläutern, wie auch mit Hilfe geeigneter theoretischer Modelle kritisch analysieren. Der interdisziplinären Diskussion zwischen Informatikern, Wirtschaftsfachleuten und Organisationsexperten, zwischen Praktikern und Wissenschaftlern, zwischen Managern aus Industrie, Dienstleistungsgewerbe und öffentlicher Verwaltung soll dabei breiter Raum eingeräumt werden.

Informationssysteme in der Unternehmung

Eine Einführung in die Datenmodellierung und Anwendungsentwicklung

Von Dr. sc. techn. Max Vetter, IBM Schweiz

2., überarbeitete Auflage

B. G. Teubner Stuttgart 1994

PD Dr. sc. techn. Max Vetter, Dipl.-Ing. ETH

1938 geboren in Zürich. Von 1958 bis 1963 Studium der Chemie an der Eidg. Technischen Hochschule (ETH) in Zürich. 1964 nach erfolgter Diplomierung Aufnahme der beruflichen Tätigkeit bei IBM in Basel. Daselbst in der Industrie während 10 Jahren mitverantwortlich für Entwurf und Realisierung technisch-wissenschaftlicher, kommerzieller sowie produktionssteuernder Datenbank-applikationen. Von 1973 bis 1978 Forschungs- und Lehrtätigkeit am European Systems Research Institute (ESRI) der IBM in Genf und La Hulpe, Brüssel. 1976 Promotion und 1982 Habilitation an der ETH in Zürich mit Arbeiten auf dem Gebiete der Datenmodellierung und des Datenbankentwurfs.

Im Rahmen von Beratungs- und Lehrverpflichtungen zahlreiche Aufenthalte in 20 Ländern auf 4 Kontinenten (unter anderem an den IBM Systems Research Institutes in Itoh/Japan und Rio de Janeiro, an den IBM Systems Science Institutes in London, New York und Tokyo, an den IBM-Laboratorien in Santa Teresa und Palo Alto, Kalifornien, am IBM Africa Institute an der Elfenbeinküste sowie bei den IBM Niederlassungen in Istanbul und Tel Aviv).

Seit 1979 Berater und Dozent für Anwendungsentwicklung, Datenmodellierung und Informationssystem-Gestaltung bei der IBM Schweiz in Zürich. In dieser Funktion wiederholt an der Konzeption von globalen Datenmodellen für Banken, Behörden, Fabrikationsunternehmungen, Transportunternehmungen sowie Versicherungen beteiligt.

Zudem: Seit 1982 Privatdozent für angewandte Informatik an der ETH Zürich sowie gelegentlich Lehrbeauftragter am Institut für Informatik der Universität Zürich und an der Abteilung für Militärwissenschaften der ETH Zürich.

Zahlreiche, zum Teil in mehrere Sprachen übersetzte sowie in Brailleschrift und in Form von Video-Aufzeichnungen erhältliche Publikationen auf dem Gebiete der Anwendungsentwicklung, der Datenmodellierung sowie der Informations-system-Gestaltung.

Die Deutsche Bibliothek – CIP-Einheitsaufnahme

Vetter, Max:
Informationssysteme in der Unternehmung : eine Einführung in die Datenmodellierung und Anwendungsentwicklung / von Max Vetter. – 2., überarb. Aufl. – Stuttgart : Teubner, 1994
(Informatik und Unternehmensführung)
ISBN 3-519-02181-6

Printed in Germany
Gesamtherstellung: Präzis-Druck GmbH, Karlsruhe
Einbandgestaltung: Peter Pfitz, Stuttgart

Vorwort

Niemand wird heute ernsthaft bestreiten wollen, dass die Daten einer Unternehmung ebenso sorgsam und gewissenhaft zu verwalten sind wie der Faktor Zeit oder sonstige Güter finanzieller und materieller Art. Diese Einsicht ist dem Umstand zu verdanken, dass Daten mehr und mehr zu einem ausserordentlich wichtigen, wenn nicht gar – wie etwa in einer Bank oder Versicherung – zum zentralen *Produktionsfaktor* aufgerückt sind. Diesem Umstand Rechnung tragend, haben mittlerweile zahlreiche Unternehmungen ein *globales* (d.h. ein unternehmungsweites) *Datenmodell* etabliert oder sind im Begriffe, dessen Realisierung in die Wege zu leiten. Man verspricht sich davon einen umfassenden Überblick bezüglich der datenspezifischen Sachverhalte insgesamt – eine unabdingbare Voraussetzung für die angesprochene Verwaltung der für das Gedeihen einer Unternehmung so bedeutsamen Daten.

Vielerorts wird man einen derartigen Überblick auch schaffen wollen, um das *Jahrhundertproblem der Informatik* einer Lösung zuzuführen. Es sei darunter folgendes verstanden:

> Das Jahrhundertproblem der Informatik besteht in:
>
> 1. Der Bewältigung des Datenchaos, das infolge unkontrolliert gewachsener Datenbestände fast überall entstanden ist
>
> 2. Der Schaffung einer einheitlichen, zentrale und dezentrale Datenbestände umfassenden Datenbasis, die für die effiziente Nutzung zukunftsträchtiger Möglichkeiten der Informatik – gemeint sind benützerfreundliche, auch Nichtinformatikern zumutbare Anwendungsgeneratoren und höhere Datenbanksprachen – unerlässlich ist

Dass man sich in Fachkreisen der Problematik durchaus bewusst ist, geht aus der Fülle an einschlägiger Literatur sowie den unzähligen Konferenzen, Tagungen und Seminarien zum Themenkreis hervor. Beispielsweise heisst es in der Einladung zu einer vom Verband der Datenverarbeitungs-Fachleute der Schweiz (VDF) durchgeführten Tagung zum Thema *Datenmanagement* unter anderem:

"Viele Unternehmungen betrachten ihre Datenbestände mehr und mehr als bedeutendes Vermögen. Daraus ergeben sich neue oder veränderte Anforderungen, sowohl an die Informatikabteilungen selbst als auch an diverse Fachabteilungen und Anwendungsgruppen.

Unter dem Begriff "Datenmanagement" versteht man die organisatorische Einheit der Informatikabteilung, welche für das globale konzeptionelle Datenmodell, den Einsatz und den Betrieb von Datenbanken sowie für das Bereitstellen von Abfrage- und Auswertungswerkzeugen verantwortlich zeichnet.

Die Bildung eines Datenmanagements innerhalb einer Unternehmung erfordert eine Reihe von geschäftspolitischen und organisatorischen Entscheidungen. Zu den bedeutenden Aufgaben des Datenmanagements zählen der Aufbau und die Umsetzung eines unternehmungsweiten Datenmodells sowie der reibungslose Betrieb von zentralen und verteilten Datenbanken. Auch die Anwender sehen sich vor neue fachliche und betriebliche Aufgaben gestellt, werden sie doch immer mehr für die Datenpflege und die Datenauswertung verantwortlich gemacht."

Sosehr der aufgeschlossene Informatiker derartigen Aussagen auch zuzustimmen vermag, so schwierig ist es, Führungskräfte auf höheren Etagen für die zu treffenden geschäftspolitischen und organisatorischen Massnahmen zu gewinnen. Dies ist insofern verständlich, als es in der Regel nicht möglich ist, die finanziellen Auswirkungen – vor allem was die Erträge anbelangt – zu quantifizieren und Entscheidungsträger mittels einer günstigen Kosten-Nutzen-Rechnung zu überzeugen. Nun gibt es aber eine ganze Reihe sehr gewichtiger Gründe, um die notwendigen geschäftspolitischen und organisatorischen Massnahmen auch ohne quantifizierbare Anreize finanzieller Art in Angriff zu nehmen. Diese Gründe aufzuzeigen ist unter anderem das Ziel des vorliegenden Buches. Insofern richtet sich die Arbeit zunächst an *Führungskräfte* sowie an *Informatiker*, welche die von ihnen entwickelten Konzepte nach oben zu vertreten haben. Dies aus der Erkenntnis heraus, dass ein *ganzheitliches Vorgehen* – und ein solches steht nachstehend zur Diskussion – nur mit Unterstützung von oben möglich ist.

Nicht minder bedeutsam ist das Buch aber auch für die in Fachabteilungen tätigen *Sachbearbeiter*. Dies wird verständlich, wenn man bedenkt, dass...

- selbst die brillanteste Lösung für ein Problem nur in dem Masse von Bedeutung ist, als sie von den Betroffenen akzeptiert wird
- die Akzeptanz für die Lösung eines Problems in dem Masse zu steigern ist, als die Betroffenen am Erkenntnisprozess teilnehmen
- die Bereitschaft, am Erkenntnisprozess teilzunehmen und einen kreativen Beitrag zu leisten, in dem Masse zunimmt, als Kommunikationsprobleme abgebaut werden. Dies erfordert aber, dass das methodische Vorgehen und die zur Anwendung gelangenden Techniken bis zu einem gewissen Grade von allen Beteiligten beherrscht werden

Gerade dem letztgenannten Punkt wendet das vorliegende Buch aber ein besonderes Augenmerk zu, versucht es doch, entsprechende Kenntnisse in einer auch Nichtinformatikern verständlichen Form darzubieten.

Empfehlenswert ist das Buch sodann für *Informatiker*, die sich *neu* in das Gebiet der Datenmodellierung (global und anwendungsbezogen), der Anwendungssoftware-Entwicklung und der Planung von Anwendungen einarbeiten wollen. Angesprochen sind also *Anfänger* auf dem Gebiete der Datenmodellierung (Datenadministratoren, Datenbankadministratoren), der Anwendungsentwicklung (Systemanalytiker, Designer von Informationssystemen, Organisatoren), der Projektleitung sowie der Programmierung.

Schliesslich richtet sich das Buch an *Studenten* der entsprechenden Fachrichtungen sowie an Kreise, die allgemein an Datenverarbeitung interessiert sind.

Nicht geeignet ist das Buch für Personen, welche meine Arbeiten *Aufbau betrieblicher Informationssysteme mittels konzeptioneller Datenmodellierung* [35] sowie *Strategie der Anwendungssoftware-Entwicklung* [36] schon kennen, würden sie doch bereits Bekanntes nochmals vorfinden. Davon ausgenommen sind das 1. und das letzte Kapitel, in welchen dargelegt wird, warum die erforderlichen geschäftspolitischen und organisatorischen Massnahmen auch dann in die Wege zu leiten sind, wenn keine quantifizierbaren Anreize finanzieller Art in Aussicht stehen.

Damit ist angedeutet, dass sich der Inhalt des vorliegenden Buches auf komprimiertes, vereinfachtes und damit auch einem Nichtinformatiker zumutbares Material der bereits zitierten Werke [35, 36] abstützt. Letztere basieren wiederum auf den Ideen und Erkenntnissen hervorragender Wissenschaftler wie auch auf den Erfahrungen genialer Praktiker. Um nur die wichtigsten zu nennen: F. Capra mit seinen *Bausteinen für ein neues Weltbild* [1], E.F. Codd mit seiner die Datenmodellierung revolutionierenden *Relationentheorie* [2, 3], M. Lundeberg mit seinen das Systemverständnis fördernden *Präzedenzdiagrammen* [17], C. Pümpin mit seinen als Leitbild einsetzbaren *strategischen Erfolgspositionen* [24] sowie C.A. Zehnder mit seiner mustergültigen *Informatik-Projektentwicklung* [43]. Am nachhaltigsten beeinflusst hat mich aber das von W.F. Daenzer herausgegebene Buch *Systems Engineering* [4]. Viele der im genannten Buch allgemeingültig abgefassten Ideen brauchten von mir lediglich abgewandelt und den speziellen Bedürfnissen der Informatiker angepasst zu werden. Dem Leser, der an einer Ergänzung der nachstehenden Ausführungen interessiert ist, kann Daenzer's Buch zur Lektüre sehr empfohlen werden. Oder noch besser: Eingedenk der von Heinrich Pestalozzi vor mehr als 150 Jahren geäusserten Worte: *"Es ist das Los des Menschen, dass die Wahrheit keiner hat; sie haben sie alle, aber verteilt, und wer nur bei einem lernt, der vernimmt nie, was die andern wissen"* konsultiere man ein möglichst umfassendes Quellenmaterial.

Das nachstehend diskutierte Vorgehen wurde bis heute in unzähligen Vorträgen, Seminarien, Tagungen, Vorlesungen sowie Kursen in über 20 Ländern auf 4 Kontinenten vorgestellt und geschult. Die Veranstaltungen richteten sich zunächst an Informatiker, wurden aber je länger je mehr auch von Nichtinformatikern besucht. Tatsächlich hat die Zahl der Unternehmungen sprunghaft zugenommen, welche nicht nur die mit der Entwicklung von Informationssystemen betrauten Spezialisten, sondern auch die in Fachabteilungen tätigen, als Gesprächspartner vorgesehenen Nichtinformatiker (teilweise bis hinauf zur Geschäftsleitung) in der Anwendung des Verfahrens schulen lassen. Offenbar wird mehr und mehr erkannt, dass sich der *menschliche Kommunikationsprozess* mit dem nachstehend diskutierten Vorgehen günstig beeinflussen lässt, sofern dessen Schulung auf breiter Front vorangetrieben wird.

Und noch einige Erläuterungen zum Tenor des Buches.

Wir verdanken unsere wissenschaftlichen Fortschritte im wesentlichen einem kartesianisch-newtonschen Denkmuster. Danach wird das Universum als ein mechanistisches System aufgefasst, das aus getrennten Objekten besteht, die ihrerseits auf fundamentale Bausteine der Materie zu reduzieren sind.

Nach Auffassung vieler Autoren zeitgenössischer Werke (z.B. [1, 28, 33]) werden die wirklichen Probleme unseres Zeitalters wie *Ozonloch, Klimakatastrophe, Waldsterben, Treibhauseffekt, Hunger, Zerstörung der natürlichen Lebensgrundlagen* mit der angedeuteten Vorstellung vom Universum allerdings kaum zu lösen sein. Besagten Autoren zufolge erfordern die mit den angedeuteten Bedrohungen einhergehenden *biologischen, psychologischen, gesellschaftlichen* und *ökologischen Probleme* nämlich nicht so sehr ein analysierendes, zerlegendes Denkmuster kartesianisch-newtonscher Prägung als vielmehr eine systemtheoretische Denkweise. Dabei handelt es sich um:

- Ein ganzheitliches, den Menschen und die Auswirkungen seines Handelns miteinschliessendes Denken
- Ein Denken in Wirkungszusammenhängen, mit welchem Auswirkungen von Eingriffen in Gleichgewichtssystemen zu erklären sind
- Ein strukturiertes Denken, das zwar im kartesianisch-newtonschen Sinne ein Zerlegen vom Groben zum Detail vorsieht, die resultierenden Objekte aber nicht getrennt betrachtet, sondern *vernetzt*

Interessanterweise sind in vielen Unternehmungen hinsichtlich der Informatik ähnliche Entwicklungen festzustellen. Auch hier zeigt sich, dass eine isolierte Betrachtung der Probleme immer mehr in die Sackgasse (will sagen: ins Datenchaos) führt. Nur wenn wir lernen, ganzheitliche, in ein Gesamtkonzept passende Lösungen für Einzelprobleme zu entwickeln und *alle Betroffenen* an der Lösungsfindung beteiligen, werden wir im Sinne der *Systemtheorie* zu einer Integration, zu einem Zusammenspiel von Systemen, zu einer technischen wie auch geistig-ideologischen, den Menschen miteinschliessenden *Vernetzung* und damit letzten Endes zu einer für alle Beteiligten vorteilhaften Nutzung der Informatik kommen.

Zum Abschluss noch ein Wort des Dankes. Dieser richtet sich an all jene Personen und Organisationen, die der hier vorgestellten Methode vertrauen und mir ihre Erfahrungen – im positiven wie im negativen Sinne – bekanntgegeben haben. In besonderem Masse in meinen Dank einzuschliessen habe ich den leider viel zu früh verstorbenen, ehemaligen General-Direktor der IBM Schweiz, Herrn R. Strüby, meine früheren Vorgesetzten E. Marzorati, A. Butti, H. Vollmar sowie meinen jetzigen Vorgesetzten F. Neresheimer. Die genannten Herren wussten jene motivierenden, meinen Bemühungen entgegenkommenden Bedingungen zu schaffen, ohne welche eine Arbeit der vorliegenden Art überhaupt nicht denkbar gewesen wäre. Um es noch einfacher zu sagen: sie vermochten in mir Begeisterung zu wecken. Begeisterung aber – und damit halte ich mich an Worte von Herrn R. Strüby – *"Begeisterung ist eine Eigenschaft, die inspiriert, die Hoffnung schafft und Freude erzeugt. Wenn der Glaube Berge versetzen kann, dann lässt die Begeisterung Berge überwinden."*

Bliebe noch zu ergänzen, dass die genannten Herren wiederholt dafür gesorgt haben, dass ich meine Ideen auf internationaler Ebene durch Fachgremien überprüfen und bereichern lassen sowie an praktischen Fällen ausprobieren konnte. Allerdings muss korrekterweise gesagt werden, dass ich nachstehend meine persönliche Meinung vertrete. Die Ausführungen sind also nicht im Sinne einer Stellungnahme der IBM (meinem Arbeitgeber) aufzufassen.

Und noch ein letzter Hinweis: So einleuchtend und folgerichtig das zur Sprache kommende Vorgehen auch scheinen mag, sosehr es in der Praxis mittlerweile auch genutzt wird[1] – der Weisheit letzter Schluss ist damit längst nicht gesprochen. Wie überall gilt auch hier: *"Über allem steht die notwendige Erkenntnis, dass niemand 'die Wahrheit' für sich gepachtet hat, dass die Wahrheit vielmehr ein Paradoxon ist, das alle Sichtweisen in sich birgt" [11].*

Zürich, im Mai 1990 (1. Auflage)
März 1994 (2., überarbeitete Auflage)

M. Vetter

[1] Eine kürzlich von der Universität Lausanne durchgeführte Umfrage bei über 200 wichtigen Schweizer Organisationen attestiert dem Vorgehen eine Spitzenstellung hinsichtlich Verbreitung in der Schweiz (io Management Zeitschrift 60 (1991) Nr. 5).

Inhalt

2. Teil: Das praktische Vorgehen

1 Einleitung

Globales Denken und lokales Handeln fordert die amerikanische Wirtschaftswissenschaftlerin Hazel Henderson mit Blick auf die Probleme, welche die menschliche Zivilisation bedrohen. Sie bringt damit zum Ausdruck, dass der fortschreitenden Zerstörung der natürlichen Lebensgrundlagen Einhalt zu gebieten ist, sofern wir in kleinen, lokal begrenzten Schritten auf ein vorab auf höchster Ebene verabschiedetes Ziel zuschreiten.

Eine Analogie zur Informatik ist nicht zu verkennen. Auch hier zeigt sich, dass eine isolierte Betrachtung der Probleme immer mehr in die Sackgasse (will sagen: in ein unbeschreibliches Datenchaos) führt. Nur wenn eine Unternehmung im Sinne eines *ganzheitlichen Vorgehens* lernt, für Einzelprobleme Lösungen zu entwickeln, die in ein vorab auf Geschäftsleitungsebene verabschiedetes, von den Unternehmungszielen abgeleitetes Rahmenkonzept passen, werden wir zu einer Integration, zu einer technischen wie auch geistig-ideologischen, den Menschen miteinschliessenden *Vernetzung* und damit letzten Endes zu einer für alle Beteiligten vorteilhaften Nutzung der Informatik kommen.

Allerdings setzt ein *ganzheitliches Vorgehen* auch eine neuartige Denkweise voraus. Diese wird im vorliegenden Kapitel vorgestellt, wobei insbesondere deren Einfluss auf

- unser *betriebsbezogenes Kollektivbewusstsein*
- unser *Kommunikationsverhalten*
- unser *Problemlösungsverhalten*

zur Sprache kommt. Vorweggenommen sei, dass die dargelegten Sachverhalte – so unwahrscheinlich einige davon auch anzuhören sind

– durchaus realiter sind, wiederholt zur Abwicklung gelangten und auch weiterhin von Bedeutung sein werden, zumindest in Unternehmungen, welche die Zeichen der Zeit erkennen und zu nutzen wissen.

1.1 Das neue (ganzheitliche) Denken

Wir haben zur Kenntnis genommen, dass die wirklichen Probleme unseres Zeitalters wie *Ozonloch, Klimakatastrophe, Waldsterben, Zerstörung der natürlichen Lebensgrundlagen...* einer neuen Denkweise bedürfen. Im folgenden wird diese Denkweise kurz vorgestellt. Anschliessend wird dargelegt, wie die neue Denkweise die Informatik beeinflusst hat und weiterhin beeinflussen wird.

Das neue Denken

Sosehr wir unsere wissenschaftlichen Fortschritte der im Vorwort erwähnten kartesianisch-newtonschen Vorstellung vom Universum verdanken, so wenig sind mit dem damit einhergehenden analysierenden und zerlegenden Denkmuster *biologische, psychologische, gesellschaftliche* und *ökologische Probleme* einer Lösung zuzuführen. Vielmehr erfordern diese Probleme:

- Ein ganzheitliches, den Menschen und die Einflüsse seines Wirkens miteinschliessendes Denken
- Ein Denken in Wirkungszusammenhängen, mit welchem Auswirkungen von Eingriffen in Gleichgewichtssystemen zu erklären sind
- Ein strukturiertes Denken, das zwar ein Zerlegen vom Groben zum Detail vorsieht, die resultierenden Objekte aber nicht getrennt betrachtet, sondern vernetzt

Hier bietet sich die *Systemtheorie* an, ist doch damit die Wirklichkeit als ein verwobenes Netzwerk zu begreifen, in dem biologische, psychologische, gesellschaftliche sowie ökologische Phänomene voneinander abhängig sind[2]. F. Capra [1] formuliert es so:

"Für die Systemtheorie sind alle Phänomene in der Welt miteinander verbunden und voneinander abhängig. Innerhalb dieser Lehre nennt man

---

[2] Die *Systemtheorie* kommt in Kapitel 2 detaillierter zur Sprache.

ein integriertes Ganzes, dessen Eigenschaften nicht mehr auf die seiner Teile reduziert werden können, ein System. Lebende Organismen, Gesellschaften und Ökosysteme – sie alle sind Systeme.

Lebende Systeme sind so organisiert, dass sie Strukturen auf mehreren Ebenen bilden, wobei jede Ebene aus Subsystemen besteht, die in bezug auf ihre Teile Ganzheiten sind, und Teile in bezug auf die grösseren Ganzheiten. So verbinden sich Moleküle zu Organellen, die ihrerseits Zellen bilden. Die Zellen bilden Gewebe und Organe, die ihrerseits grössere Systeme bilden – wie etwa das Verdauungssystem oder das Nervensystem. Diese schliessen sich dann zusammen, um den lebenden Mann oder die lebende Frau zu bilden. Damit jedoch endet diese geschichtete Ordnung noch nicht. Menschen bilden Familien, Stämme, Gesellschaften, Nationen. Alle diese Einheiten – von den Molekülen bis zu den menschlichen Wesen und hin bis zu Gesellschaftssystemen – können als Ganzheiten angesehen werden und zwar in dem Sinne, dass sie integrierte Strukturen sind, und dann wieder als Teile von noch grösseren Ganzheiten auf höheren Ebenen der Komplexität".

Wenn wir uns jetzt mit dem neuen Denken in der Informatik auseinandersetzen, so werden wir ganz erstaunliche Parallelen zu den vorstehenden Darlegungen feststellen. Namentlich der mit der Systemtheorie einhergehende, den Menschen und die Einflüsse seines Wirkens miteinschliessende Vernetzungsgedanke, beeinflusst das Denken in der Informatik in zunehmendem Masse. Diese Beeinflussung geht soweit, dass man mitunter an ein Phänomen der modernen Atomphysik erinnert wird: Der Unterschied zwischen Beobachter und dem beobachteten Objekt fällt weg, beides fällt zusammen! –

Das neue Denken in der Informatik

Wir haben vorstehend zur Kenntnis genommen, dass Probleme grundsätzlich mit einem *analysierenden Denkmuster* kartesianisch-newtonscher Prägung oder aber *systemtheoretisch* zu lösen sind. Ersteres führt zu *Insellösungen*, während mit dem zweiten Ansatz tendenziell *Vernetzungen* zu bewirken sind.

Interessant ist, dass in der Informatik für die Entwicklung von Anwendungen grundsätzlich zwei Ansätze zur Verfügung stehen, in denen die analysierende bzw. die systemtheoretische Denkweise mehr oder weniger von Bedeutung sind. So liegt dem sogenannten *funktionsorientierten Vorgehen* eher ein analysierendes Denkmuster zugrunde, während beim *objekt- bzw. datenorientierten Vorgehen* mehr ein systemtheoretisches Denken im Vordergrund steht. Folge ist, dass beim *funktionsorientierten Vorgehen* eher Insellösungen resultieren, während die mit dem *objekt- bzw. datenorientierten Vorgehen* ermittelten Lösungen in ein Gesamtkonzept einzupassen und miteinander zu vernetzen sind. Es folgen präzisierende Ausführungen zu den vorgenannten Vorgehensarten.

a) Das funktionsorientierte Vorgehen

Bevorzugt man bei der Entwicklung von Anwendungen den *funktionsorientierten Ansatz*, so konzentriert man sich zunächst auf die für eine Anwendung relevanten *Funktionen* (man könnte auch von *Tätigkeiten* sprechen). Erst in einem zweiten Schritt werden die für besagte Funktionen erforderlichen *Daten* ermittelt.

Abb. 1.1.1 zeigt, dass bei einem derartigen Vorgehen im Verlaufe der Zeit Insellösungen – im kartesianisch-newtonschen Sinne getrennten, unvernetzten Objekten entsprechend – sowie zahlreiche *funktionsorientierte* Datenbestände resultieren. In diesen Datenbeständen werden bestimmte Sachverhalte wiederholt vorzufinden sein (der Informatiker spricht in diesem Zusammenhang von *Redundanz*). Redundanz wirkt sich aber nicht nur in einem erhöhten Speicherbedarf aus, sondern lässt auch den Wartungsaufwand in die Höhe schnellen. Darüber hinaus sind die wenig integrierten, mit *Synonym-* und *Homonymproblemen*[3] behafteten Datenbestände denkbar ungeeignet, umfassende und komprimierte Informationen für Entscheidungsträger bereitzustellen.

Das funktionsorientierte Vorgehen wurde vor allem in der Vergangenheit praktiziert und hat – aus verständlichen Gründen – fast überall zu einem verheerenden Datenchaos geführt (man beachte die das *Jahrhundertproblem der Informatik* betreffenden Ausführungen im Vorwort dieses Buches).

b) Das objekt- bzw. datenorientierte Vorgehen

Beim *objekt- bzw. datenorientierten Vorgehen* konzentriert sich das Interesse zunächst auf die für eine Unternehmung relevanten Objekte. Die Ermittlung von Funktionen (Tätigkeiten) wird erst in Angriff genommen, nachdem besagte Objekte bestimmt und in Form eines als Leitbild zu verwendenden groben Datenmodells – normalerweise ist in

---

[3] *Synonyme* sind unterschiedliche Begriffe zur Bezeichnung ein und desselben Objekts (beispielsweise *"Kunde"* und *"Abnehmer"*). Demgegenüber bezeichnet man mit *Homonymen* gleiche Bezeichnungen für unterschiedliche Objekte (beispielsweise *"Bank"* im Sinne eines Geldinstitutes respektive eines Möbelstückes).

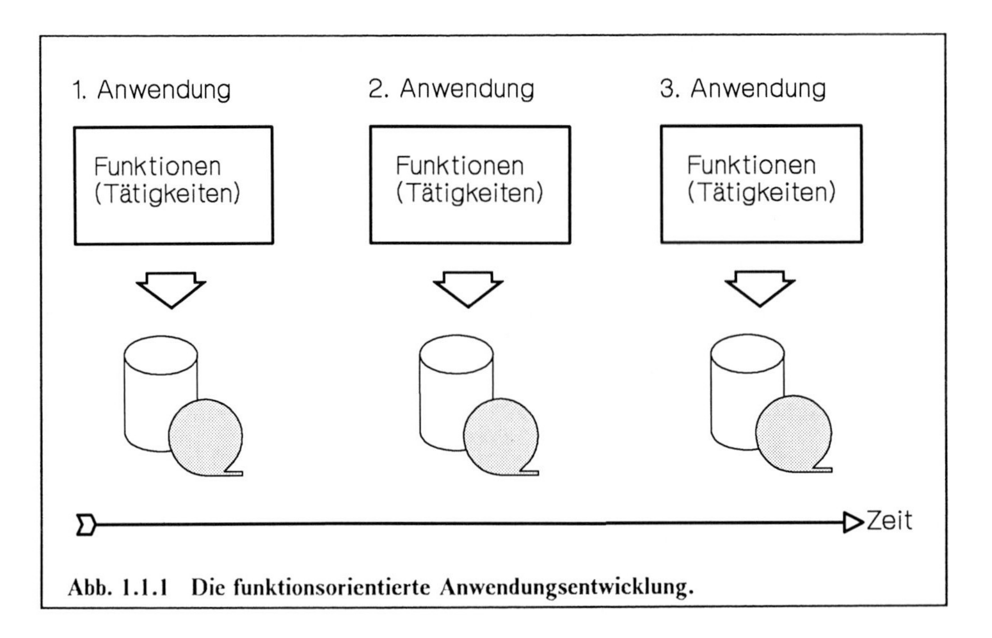

Abb. 1.1.1 Die funktionsorientierte Anwendungsentwicklung.

diesem Zusammenhang von einer *globalen* (d.h. unternehmungsweiten) *Datenarchitektur* die Rede – zur Verfügung stehen. Zu rechtfertigen ist dieses Vorgehen mit der kaum zu widerlegenden Tatsache, dass die für eine Unternehmung relevanten Objekte nicht nur leichter zu erkennen sind als Funktionen, sondern in der Regel auch eine längere Lebensdauer aufweisen als diese (für eine Unternehmung werden *Kunden, Lieferanten, Mitarbeiter, Produkte, Produktionsmittel* etc. mit Sicherheit auch in Zukunft von Bedeutung sein).

Wichtig ist, dass die globale Datenarchitektur *solidarisch* und *kooperativ* – also mit Beteiligung von Informatikern und Nichtinformatikern wie Entscheidungsträger, Schlüsselpersonen sowie Sachbearbeiter – ermittelt wird. So resultiert nämlich eine Architektur, die als das kollektive und additive Produkt der Denktätigkeit einer ganzen Belegschaft aufzufassen ist und als solche im Sinne eines Brennpunktes zu wirken vermag. Mehr noch: Entsprechend Abb. 1.1.2 vermag ein derartiges Modell als *Dreh- und Angelpunkt* in Erscheinung zu treten, auf den sich die im Verlaufe der Zeit zu realisierenden Anwendungen A_1, A_2, ... beziehen lassen und an dem sich Mitarbeiter orientieren können. Damit gewährleistet die Architektur eine Vernetzung, die teils – was die Anwendungen anbelangt – technischer, teils aber auch – was die Menschen betrifft – geistig-ideologischer Art ist.

Muss in diesem Zusammenhang von einem technischen Monster gesprochen werden, dessen Komplexität nicht mehr zu übersehen ist?

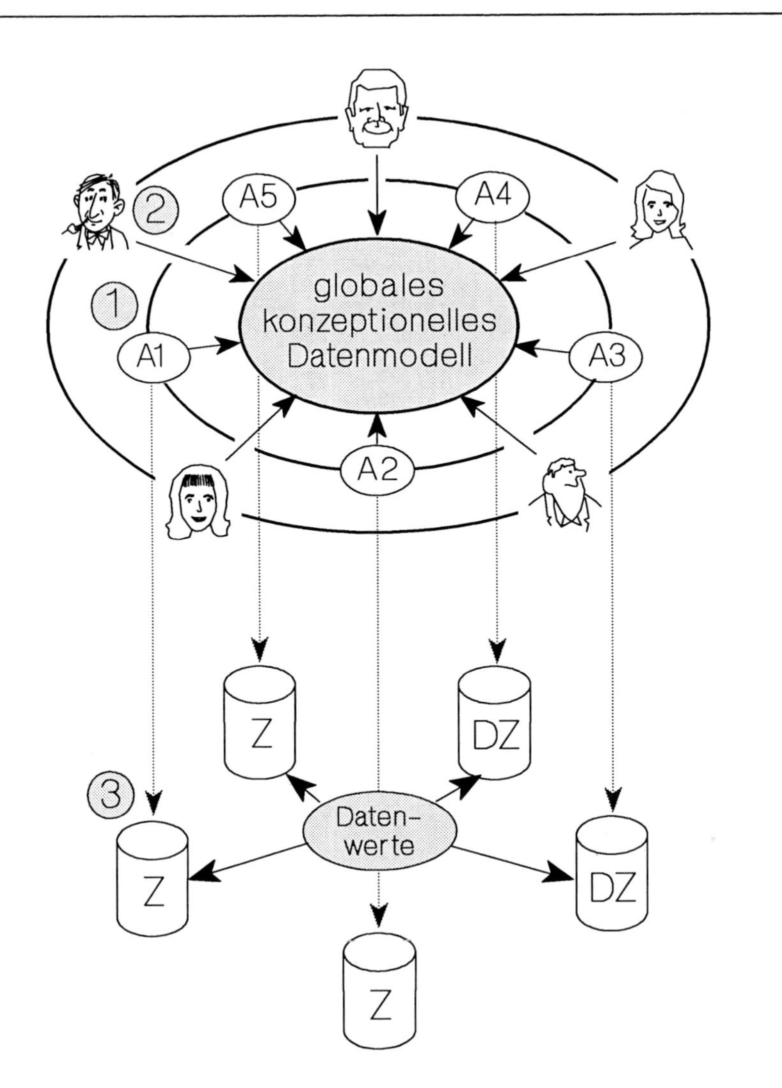

Abb. 1.1.2 Das globale konzeptionelle Datenmodell als Dreh- und Angelpunkt. Bedeutung der eingekreisten Ziffern:

1. Die Anwendungen A_1, A_2, ... beziehen sich auf das globale konzeptionelle Datenmodell

2. Die Mitarbeiter orientieren sich am globalen konzeptionellen Datenmodell

3. Zentral (Z) und dezentral (DZ) gespeicherte, in ein Gesamtkonzept passende Datenbestände

Keineswegs: Im folgenden ist dargelegt, wie das *objekt- bzw. datenorientierte Vorgehen* den berechtigten Forderungen von Prof. C.A. Zehnder[44], wonach

- *"Auch im technischen Bereich föderalistische Lösungen zu fördern sind"*
- *"Die moderne Informationstechnik, die Informatik, nicht primär für komplexere, sondern für verständlichere Lösungen einzusetzen ist"*

vollumfänglich zu genügen vermag. Hiezu folgende Präzisierung:

Zum ersten: **Föderalistische Lösungen**

Das *objekt- bzw. datenorientierte Vorgehen* plädiert keineswegs für einen monströsen Datenzentralismus. So wird man entsprechend Abb. 1.1.2 die für eine Unternehmung relevanten *Datentypen* zwar in einem globalen konzeptionellen Datenmodell zentralistisch *verwalten*, die eigentlichen *Datenwerte* aber nach Massgabe des Verwendungsortes teils zentral, teils dezentral *speichern.*

Zur Erläuterung: Mit *Datentypen* sind Sachverhalte und Tatbestände der Realität in allgemein gültiger Form festzuhalten. Demgegenüber weisen *Datenwerte* keinen allgemein gültigen Charakter auf, sondern beziehen sich immer auf ein ganz bestimmtes Exemplar. Eine Feststellung der Art *"Ein Mitarbeiter hat einen Namen und arbeitet in einer Abteilung"* ist allgemein gültig und müsste daher im globalen konzeptionellen Datenmodell aufgrund geeigneter *Datentypen* zum Ausdruck kommen. Demgegenüber weist die Feststellung *"Der Mitarbeiter namens X arbeitet in der Abteilung Y"* keinen allgemein gültigen Charakter auf, sondern betrifft ein bestimmtes Exemplar. Infolgedessen müsste die das Exemplar betreffende Feststellung in einer zentral oder dezentral geführten Datenbank in Form von *Datenwerten* vorzufinden sein.

Die dem *objekt- bzw. datenorientierten Vorgehen* zugrunde liegende Devise lautet somit:

- Zentralistische Verwaltung der Datentypen und damit Schaffung eines umfassenden Überblicks bezüglich der datenspezifischen Aspekte einer Unternehmung

- Föderalistische Speicherung der Datenwerte und damit Gewährleistung von grössen- und risikomässig begrenzten technischen Systemen, die aber allesamt in ein durch das globale konzeptionelle Datenmodell festgelegtes Gesamtkonzept einzupassen sind

Man sieht: Auch beim *objekt- bzw. datenorientierten Vorgehen* kann eine Vielzahl von Datenbeständen resultieren und wird man mit einer gewissen Redundanz leben müssen – vielmehr: leben wollen. Aber: Was die Datenbestände anbelangt, so passen diese in ein Gesamtkonzept und was allfällige Redundanzen betrifft, so handelt es sich um systemkontrollierte, einem besseren Leistungsverhalten wegen bewusst in Kauf genommene Vielfachbelegungen.

Zum zweiten: **Verständlichere Lösungen**

Das Verständnis für die Lösung eines Problems erhöht sich erfahrungsgemäss in dem Masse, als die Betroffenen am Erkenntnisprozess teilnehmen. Gerade diese Teilnahme ist aber ein Hauptanliegen des *objekt- bzw. datenorientierten Vorgehens.* So plädiert dieses für eine *kooperative*, Informatiker und Nichtinformatiker gleichermassen miteinbeziehende Entwicklung eines Gesamtkonzeptes sowie von Anwendungen, die in besagtes Gesamtkonzept einzupassen sind.

Im folgenden ist dargelegt, wie man sich den Einfluss des neuen (ganzheitlichen) Denkens auf

- unser *betriebsbezogenes Kollektivbewusstsein*
- unser *Kommunikationsverhalten*
- unser *Problemlösungsverhalten*

vorzustellen hat.

1.2 Das neue Denken und das betriebsbezogene Kollektivbewusstsein

Wir wollen das Phänomen des betriebsbezogenen Kollektivbewusstseins vom Begriff des *Ichbewusstseins* her entwickeln und lassen zu diesem Zweck den unvergleichlichen Teilhard de Chardin [31] zusammenfassend wie folgt zu Worte kommen:

"Das Ichbewusstsein ist die von einem Wesen erworbene Fähigkeit, sich auf sich selbst zurückzuziehen und von sich selbst Besitz zu nehmen, wie von einem Objekt, das eigenen Bestand und Wert hat: nicht mehr nur kennen, sondern sich kennen; nicht mehr nur wissen, sondern wissen, dass man weiss... Das reflektierende Wesen, eben weil es sich auf sich selbst zurückziehen kann, wird plötzlich fähig, sich in einer Sphäre zu entwickeln, in der Abstraktion, Logik, überlegte Wahl und Erfindung, Mathematik, Kunst, berechnete Wahrnehmung des Raumes und der Dauer, Liebeszweifel und Liebestraum – kurz: alle Tätigkeiten des Innenlebens..." entfaltbar sind.

An die vorstehenden Aussagen anknüpfend, wollen wir das *betriebsbezogene Kollektivbewusstsein* wie folgt herleiten:

Geht man davon aus, dass sich das Wohlergehen und die Prosperität einer Unternehmung auch zum Wohle der Mitarbeiter auswirken, so ist eigentlich nichts dagegen einzuwenden, das Ichbewusstsein eben jener Mitarbeiter in einer Weise zu beeinflussen, welche die vorgenannten Tätigkeiten des Innenlebens konvergiert, um sie dergestalt der Unternehmung verstärkt dienlich zu machen.

Sorgt man dafür, dass dieses Konvergieren mit einer Bewusstwerdung der betrieblichen Anliegen einhergeht, so findet eine geistig-ideologische Vernetzung der Mitarbeiter statt – es kommt ein *betriebsbezogenes Kollektivbewusstsein* zustande. Dieser Sachverhalt hat nichts mit Manipulation zu tun, sondern ist vielmehr einer *Symbiose* gleichzusetzen – einem permanenten *Geben und Nehmen* also, das durchaus der Unternehmung wie auch den Mitarbeitern zugute kommt. Voraussetzung für diese Symbiose ist allerdings, dass das betriebsbezogene Kollektivbewusstsein *kooperativ* – also mit Beteiligung von möglichst vielen Mitarbeitern – zustande kommt. Zugegeben: dies ist leichter gesagt als getan, ist doch hiefür ausser einem positiven Geist auch ein methodisches, der freien Meinungsäusserung wie auch der Visualisierung von Gedankengängen breiten Raum einräumendes Vorgehen erforderlich.

Die vorstehenden Andeutungen lassen sich konkretisieren:

Zum positiven Geist in der Unternehmung

Soll das betriebsbezogene Kollektivbewusstsein kooperativ zustandekommen, so ist eine Atmosphäre des Vertrauens, des gegenseitigen Respekts, der Toleranz sowie der Kompromissbereitschaft unerlässlich. Erforderlich ist sodann die Einsicht, dass die Lösung für ein Problem nur in dem Masse von Bedeutung ist, als sich andere damit identifizieren können. Diese Identifikation setzt aber voraus, dass Probleme und Lösungen mit *visueller Unterstützung* auszudiskutieren und Meinungsverschiedenheiten zu bereinigen sind.

Zum positiven Geist gehört aber auch, dass der Ausbildung der Mitarbeiter ein gebührender Stellenwert beigemessen wird. Gegenseitiges Vertrauen und Respekt setzen voraus, dass man einander versteht. Dies wiederum erfordert, dass die bei der Kommunikation zur Anwendung gelangenden Grundbegriffe zunächst zu bestimmen und anschliessend zu schulen sind.

Konfuzius, der Gründer der chinesischen Staatsreligion, meint dazu sehr treffend: *"Zuerst müssen die Begriffe richtig bestimmt werden. Wenn die Begriffe nicht bestimmt sind, stimmen die Aussagen nicht mit den Tatsachen überein. Wenn die Aussagen nicht mit den Tatsachen übereinstimmen, gedeiht keine Ordnung und Harmonie. Wenn keine Ordnung und Harmonie gedeiht, macht sich Willkür breit. Wo Willkür herrscht, weiss das Volk nicht, wohin Hand und Fuss zu setzen"*.

Zum methodischen Vorgehen

Damit das betriebsbezogene Kollektivbewusstsein kooperativ zustande kommen kann, ist ein auch Nichtinformatikern verständliches methodisches Vorgehen erforderlich. Dieses hat zu gewährleisten, dass divergierende Meinungen einleuchtend und folgerichtig auf einen Nenner zu bringen sind, und dass zerstreut und diffus vorhandenes Wissen in einem *globalen konzeptionellen Datenmodell* konvergieren kann. Dass bei alledem die von der Geschäftsleitung vorgegebenen Unternehmungsziele im Vordergrund zu stehen haben, versteht sich und kommt auch in Abb. 1.2.1 entsprechend zum Ausdruck. Die Schaffung von globalen Datenmodellen ist und darf also nicht die Angelegenheit von

Spezialisten alleine sein. *"Spezialisierung lähmt und die Überspezialisierung tötet"* [31] gilt anscheinend bei der Entwicklung von globalen Datenmodellen in ganz besonderem Masse.

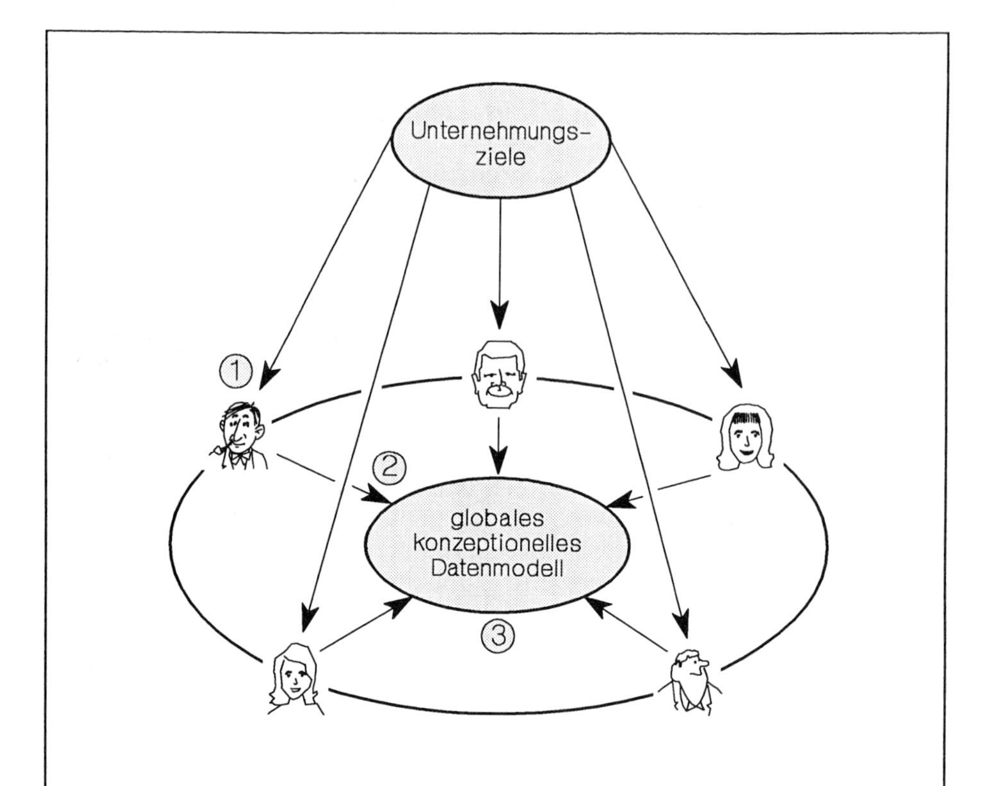

Abb. 1.2.1 Die Schaffung eines betriebsbezogenen Kollektivbewusstseins. Bedeutung der eingekreisten Ziffern:

1. Der Mitarbeiter orientiert sich an den von der Geschäftsleitung vorgegebenen Unternehmungszielen

2. Die Kenntnisse eines Mitarbeiters fliessen in das globale konzeptionelle Datenmodell ein

3. Im globalen konzeptionellen Datenmodell konvergiert das Wissen und die Denktätigkeit der Belegschaft

Nachdem an der Modellbildung eine Vielzahl von Personen zu beteiligen ist, sollte das methodische Vorgehen zunächst auf einem *synthetischen*, zerstreute Erkenntnisse konvergierenden Ansatz basieren. Mit andern Worten: Das Vorgehen sollte von der systemtheoretischen Einsicht ausgehen, derzufolge ein Ganzes – gemeint ist die im globalen konzeptionellen Datenmodell konvergierende Denktätigkeit einer Belegschaft – mehr darstellt als die Summe der Einzelteile, der individuellen Wissenspotentiale also. Dies bedeutet keineswegs, dass die *Analyse* ihre Bedeutung verloren hätte, im Gegenteil: Gerade bei der Etablierung der vorgenannten Konzepte auf einem System kommt *"... diesem wunderbaren Instrument wissenschaftlicher Forschung, dem wir alle unsere Fortschritte verdanken, das aber Ganzheit um Ganzheit auflöst und so eine Seele nach der andern entweichen lässt, bis wir uns schliesslich vor einem Haufen zerlegter Mechanismen und zergehender Teile befinden"* [31] eine überragende Bedeutung zu. Wie auch immer diese Aussagen von Teilhard de Chardin aufzufassen sind – kann man sich denn überhaupt etwas Besseres wünschen, wenn es darum geht, einer Maschine ein Lösungskonzept mittelgerecht bekanntzugeben?

Nun aber zum Einfluss des neuen Denkens auf unser Kommunikationsverhalten.

1.3 Einfluss des neuen Denkens auf unser Kommunikationsverhalten

Schon vor Jahren hat Professor Fano, der Informationsphilosoph vom Massachusetts Institute of Technology (MIT), darauf hingewiesen, dass hinsichtlich unseres Kommunikationsverhaltens folgende Stufen zu unterscheiden sind:

Stufe A: Das menschliche Kommunikationsverhalten vor Erfindung des Buchdrucks durch Gutenberg

Stufe B: Das menschliche Kommunikationsverhalten nach Erfindung des Buchdrucks durch Gutenberg

Stufe C: Das menschliche Kommunikationsverhalten nach Erfindung des Computerverbunds

Warum uns das neue Denken eine weitere Stufe ins Auge zu fassen zwingt, ist Gegenstand der nachfolgenden Überlegungen. Zunächst aber einige Erläuterungen zu den von Professor Fano vorgeschlagenen Stufen.

Das menschliche Kommunikationsverhalten vor Erfindung des Buchdrucks durch Gutenberg

Das Kommunikationsverhalten vor der Erfindung des Buchdrucks durch Gutenberg ist für unsere Überlegungen nicht spektakulär. Man kommunizierte zu jener Zeit vorwiegend von Mensch zu Mensch, weshalb in diesem Zusammenhang nachstehend vom Kommunikationsprinzip *einer an einen* die Rede sein soll. Es versteht sich, dass dieses Kommunikationsprinzip auch heute noch von Bedeutung ist, was in Abb. 1.3.1 aufgrund des in die Gegenwart reichenden Pfeiles zum Ausdruck kommt.

Das menschliche Kommunikationsverhalten nach Erfindung des Buchdrucks durch Gutenberg

Mit der Erfindung des Buchdrucks durch Gutenberg erfuhr das Kommunikationsprinzip *einer an einen* insofern eine Ausweitung, als nun

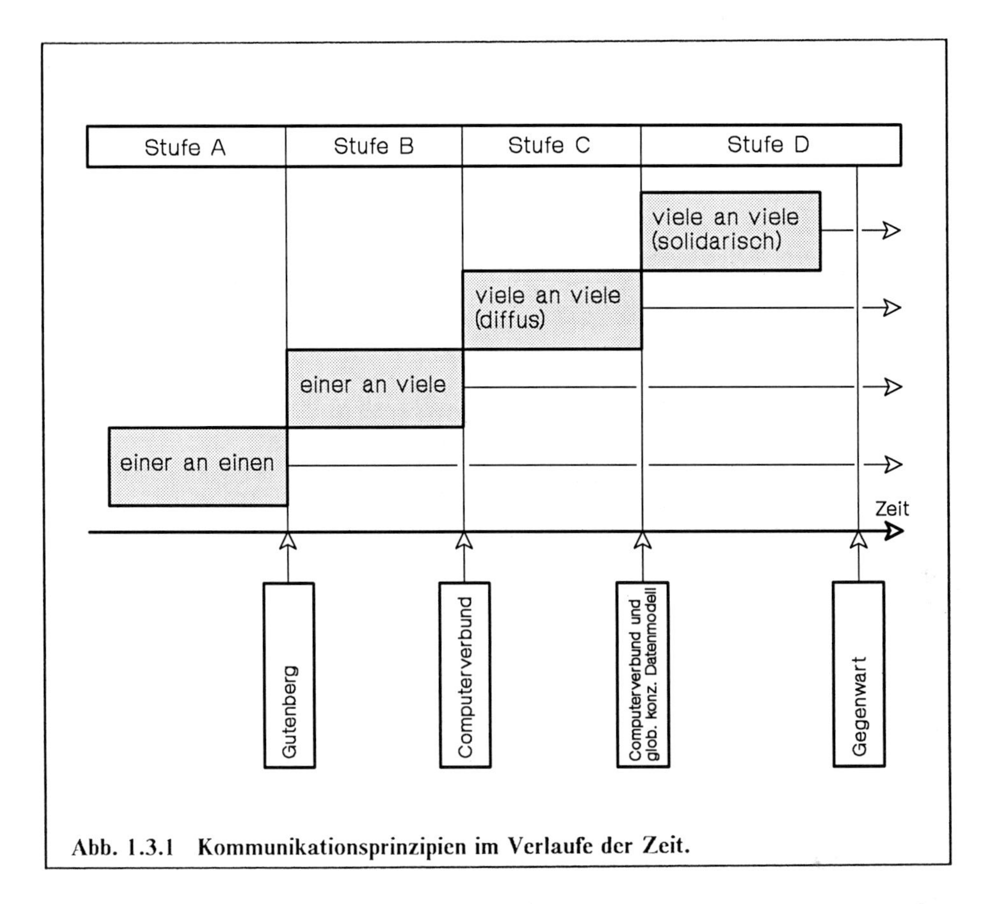

Abb. 1.3.1 Kommunikationsprinzipien im Verlaufe der Zeit.

plötzlich *einer an viele* zu kommunizieren vermochte. Dank Gutenberg liess sich eine Idee – wenn auch langsam und wenig gezielt – relativ effizient an den Mann (die Frau) bringen. Einem unsichtbaren Schleier gleich vermochte (und vermag immer noch) das Kommunikationsprinzip *einer an viele* Menschen im Sinne eines Ideenverbunds zu vernetzen, ohne allerdings eine effiziente Rückkoppelung der "Vielen" (der Angesprochenen also) zuzulassen.

Das menschliche Kommunikationsverhalten nach Erfindung des Computerverbunds

Eine weitere Verbesserung erfuhr unser Kommunikationsverhalten mit der *Erfindung des Computerverbunds*, rückte doch damit das Kommunikationsprinzip *viele an viele* – mit effizienter Rückkoppelung notabene – in den Bereich des Machbaren.

Abb. 1.3.2 zeigt wie man sich einen derartigen Computerverbund vorzustellen hat. Zu erkennen sind:

- Vernetzte *Grossrechner* in den Zentralen
- Mit den Grossrechnern verknüpfte *mittelgrosse Rechner* in den Abteilungen
- Vor Ort beim Benützer betriebene *programmierbare Arbeitsstationen* (Personal Computer) zur Entgegennahme und – allenfalls zeitlich verzögerten – Bekanntgabe von Meldungen
- *Unstrukturierte Datenbanken* zur Speicherung der ausgetauschten Meldungen

Ein Computerverbund der in Abb. 1.3.2 gezeigten Art wirkt sich auf den Kommunikationsprozess ausserordentlich stimulierend aus, weil zum einen der die Kommunikation erschwerende Zeit- und Distanzfaktor entfällt und zum zweiten eine effiziente Rückkoppelung möglich ist. Erfahrungsgemäss sind diesen Umständen namentlich im Bereiche der Forschung und der Entwicklung ausserordentlich wertvolle, der Erkenntniserweiterung dienliche Impulse zu verdanken. So wird kaum jemand bestreiten wollen, dass sich die Lösungsfindung für ein Problem erleichtern und beschleunigen lässt, wenn die Ansichten anderweitiger, möglicherweise Tausende von Kilometern entfernten Experten gewissermassen per Knopfdruck einzuholen sind. Professor Zehnder von der Eidg. Technischen Hochschule (ETH) formuliert den vorstehenden Sachverhalt in Anlehnung an Professor Fano's Erläuterungen wie folgt: *"Während die beweglichen Lettern von Gutenberg vor 500 Jahren die Kommunikation 'von einem an viele' ermöglichten, brachte erst der Computer auf gleich generelle Weise die Kommunikation 'von viele an viele'"* [41].

Allerdings: Die Benützer eines Computerverbunds der vorstehenden Art operieren weitgehend nach Lust und Laune. Dies hat zur Folge, dass das Kommunikationsprinzip *viele an viele* in vergleichsweise willkürlichen und diffusen Dimensionen zur Abwicklung gelangt.

Soweit die von Professor Fano vorgeschlagenen Stufen. Was nun die bereits angedeutete vierte Stufe anbelangt, so ist sie insofern berechtigt, als dem neuen Denken noch einmal eine entscheidende Verbesserung in unserem Kommunikationsverhalten zu verdanken ist.

Im folgenden ist dargelegt, wie die vorstehende Aussage zu verstehen ist.

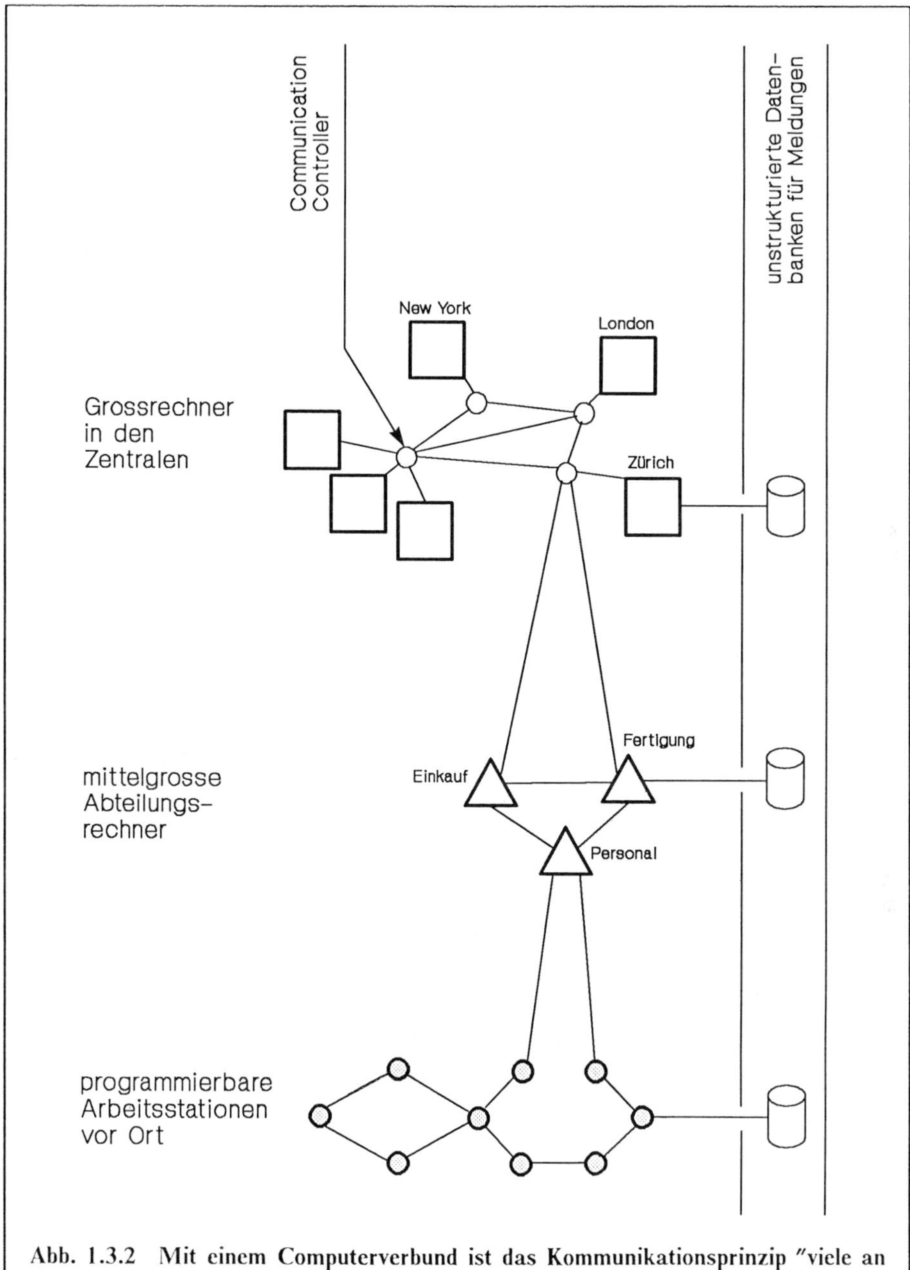

Abb. 1.3.2 Mit einem Computerverbund ist das Kommunikationsprinzip "viele an viele" zu gewährleisten.

Das von globalen Datenmodellen beeinflusste menschliche Kommunikationsverhalten

Ist ein geordnetes, höheren Zielen dienliches Kommunikationsverhalten erwünscht, so ist die Konstellation aus Abb. 1.3.2 wie folgt zu erweitern:

- Mit einem *globalen konzeptionellen Datenmodell*, das im Sinne eines Dreh- und Angelpunktes wirken kann

- Mit strukturierten *Datenbanken* zur Speicherung von exemplarspezifischen Aussagen

Weil die Kommunikation mit den vorstehenden Erweiterungen im Hinblick auf ein übereinstimmendes, durch das globale konzeptionelle Datenmodell festgelegtes Ziel zur Abwicklung gelangt, wollen wir vom Kommunikationsprinzip *viele an viele, aber solidarisch* sprechen.

Der Begriff *viele an viele, aber solidarisch* leuchtet ein, wenn man sich die in Abschnitt 1.2 dargelegte Bedeutung eines globalen konzeptionellen Datenmodells in Erinnerung ruft. Dieses stellt ja das kollektive und additive Produkt der Denktätigkeit einer ganzen Belegschaft dar. Es vermag insofern als Brennpunkt zu wirken, als es einen Konsens bezüglich des für das Gedeihen der Unternehmung erforderlichen Informationsbedarfs repräsentiert. Als für jedermann verbindliches Leitbild deklariert, kanalisiert ein globales konzeptionelles Datenmodell die Kommunikation und entschärft Kommunikationsprobleme.

Abb. 1.3.3 illustriert, wie man sich die systemmässige Etablierung eines globalen konzeptionellen Datenmodells in einem Computerverbund vorzustellen hat. Zu erkennen ist, dass vom globalen konzeptionellen Datenmodell pro Rechner abzuleiten ist:

1. Welche exemplarspezifischen Daten auf externen Speichermedien des Rechners zu speichern sind (in Abb. 1.3.3 mit dunkler Schattierung angedeutet)

2. Welche beliebigenorts gespeicherten Daten in einem Rechner insgesamt zur Verfügung stehen sollen (in Abb. 1.3.3 mit heller Schattierung angedeutet)

Letzteres geht soweit, dass einem Benützer der Daten der Eindruck einer kompakten Datenbasis zu vermitteln ist, selbst wenn die zur Ver-

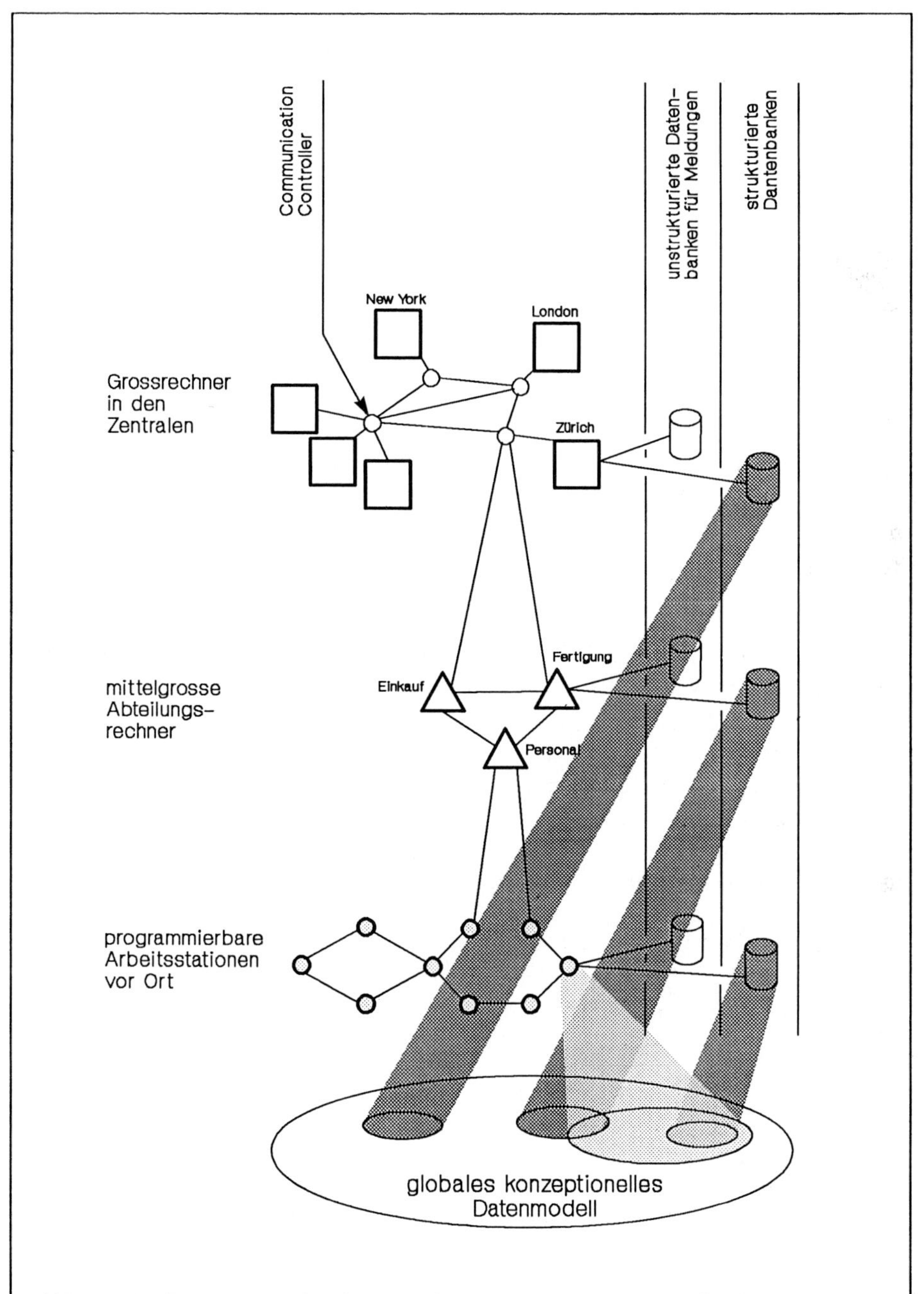

Abb. 1.3.3 Das Kommunikationsprinzip "viele an viele, aber solidarisch" erfordert einen Computerverbund und ein globales Datenmodell.

fügung gestellten Daten aus verschiedenen Rechnern zusammenzutragen sind.

Interessant ist, dass in Abb. 1.3.3 kein Rechner mit zentraler Kontrollfunktion auszumachen ist. Tatsächlich ist jeder Rechner insofern gleichberechtigt, als er die lokal gespeicherten aber global bedeutsamen Daten autonom verwaltet. Eine entsprechende Berechtigung vorausgesetzt, ist zudem jeder Rechner in der Lage, andernorts gespeicherte Daten selbständig anzufordern. Mit diesen Prinzipien[4] ist nicht nur eine hohe Verfügbarkeit zu gewährleisten, sondern auch die Wahrscheinlichkeit von Engpässen zu reduzieren.

Wir haben vorstehend ein Prinzip angesprochen, das angesichts der steigenden Benützerzahlen und der exponentiell wachsenden Datenbestände zunehmende Bedeutung erlangt. Gemeint ist die *Dezentralisierung der Datenverarbeitung.* Dabei übernehmen entsprechend Abb. 1.3.3 vernetzte *Grossrechner* in den Zentralen, damit verknüpfte *mittelgrosse Rechner* in den Abteilungen sowie vor Ort beim Benützer betriebene *Personal Computer* ganz spezifische Aufgaben. Ziel ist:

- Daten vorzugsweise dort zu speichern und zu verarbeiten, wo sie am häufigsten gebraucht werden
- Einem berechtigten Benützer unternehmungsrelevante Daten jederzeit und beliebigenorts zur Verfügung zu stellen, ohne dass der Standort der Daten bekanntzugeben ist

Zu gewährleisten ist diese Zielsetzung allerdings nur, wenn alle Daten in ein durch das globale konzeptionelle Datenmodell definiertes Gesamtkonzept passen. So ist nämlich die Verteilung der Daten jederzeit scheinbar rückgängig zu machen und einem Benützer der Eindruck einer umfassenden, kompakten Datenbasis zu vermitteln.

[4] Informatiker sprechen in diesem Zusammenhang einerseits von *local autonomy* und anderseits von *no reliance on a central site.*

1.4 Einfluss des neuen Denkens auf unser Problemlösungsverhalten

Den vorstehenden Ausführungen ist zu entnehmen, dass das *objekt- bzw. datenorientierte Vorgehen* eine Vernetzung zur Folge hat, die teils – was die Anwendungen anbelangt – technischer, teils aber auch – was die Menschen betrifft – geistig-ideologischer Art ist. *"Integration, Zusammenspiel von Systemen, Vernetzung: das liegt im Trend"* meint Professor Zehnder in [46]. Es ist daher grundsätzlich zu begrüssen, wenn der zur Vernetzung Anlass gebende objekt- bzw. datenorientierte Ansatz unser Problemlösungsverhalten mehr und mehr bestimmt. Indes: Genauso bedeutsam sind auch die nachgenannten, teilweise ebenfalls der Systemtheorie zu verdankenden Faktoren, die sich unter dem Begriff *konzeptionelle Arbeitsweise* subsumieren lassen:

A. Bei einer konzeptionellen Arbeitsweise wird die Lösung für ein Problem vom Groben zum Detail (top-down) entwickelt

B. Konzeptionell arbeiten heisst abstrahieren

C. Bei einer konzeptionellen Arbeitsweise werden hardware- und softwarespezifische Überlegungen zurückgestellt, bis eine logisch einwandfreie Lösung vorliegt

Die vorstehenden Punkte lassen sich wie folgt konkretisieren:

Vom Groben zum Detail

Angesichts der Tatsache, dass *"die Flexibilität und die nichtmaterielle Form (Software) der Informatik vielfach dazu verleiten, die Komplexität zu übertreiben und damit den Bogen zu überspannen"* [44] versteht man die immer eindringlicher werdende Forderung nach überschaubaren, kontrollierbaren und vor allem verantwortbaren Systemen. Mehr noch: Man begrüsst, dass mit Nachdruck dafür plädiert wird, bei der Entwicklung und Realisierung von Computersystemen *Disziplin* walten zu lassen, sich auf das *Wesentliche* zu beschränken und die Systeme in *überblickbare, verständliche Module* (d.h. Bausteine) zu gliedern.

Wie wichtig es ist, das Wesentliche zu erkennen, ergibt sich aus der in Abb. 1.4.1 festgehaltenen *80-20%-Regel.* Letztere besagt:

> Wenn für die Automatisierung sämtlicher Fälle eines Projektes ein Aufwand x erforderlich ist, so sind mit 20% desselben bereits 80% der das Wesentliche ausmachenden Fälle zu bearbeiten (80% des Gesamtaufwandes sind demzufolge für Sonderfälle zu veranschlagen).

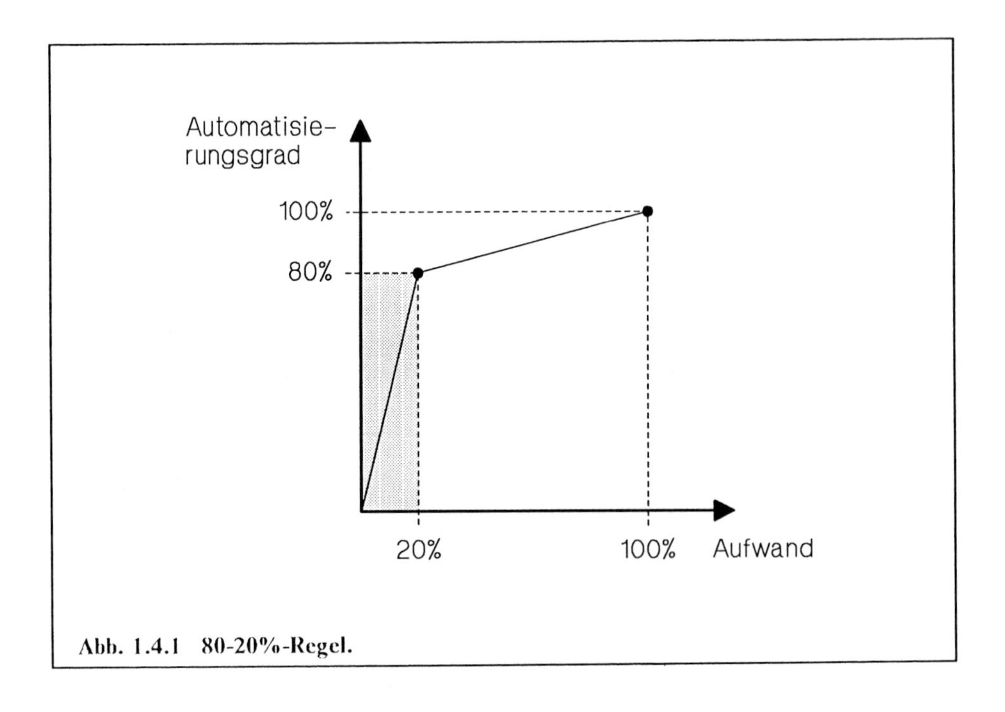

Abb. 1.4.1 80-20%-Regel.

Auch eine von dem aus England stammenden Franziskaner und Philosophen Wilhelm von Ockham vor mehr als 600 Jahren formulierte geistige Richtschnur lässt sich durchaus in unserem Sinne interpretieren. Sie besagt, *"dass man bei der Suche nach Theorien, die ein bestimmtes Phänomen erklären sollen, alles "wegschneiden" müsse, was überflüssig sei, weil sich die gesuchte Erklärung auch mit weniger Aufwand, mit einfacheren Annahmen und plausibleren Gründen finden lasse. Man kann die Regel auch in den Satz pressen: Von allen Erklärungen, die in einem bestimmten Falle denkbar sind, ist die einfachste immer die richtige"* [6]. Wir sind gut beraten, uns auf der Suche nach dem Wesentlichen Ockham's "Rasiermesserprinzip" permanent in Erinnerung zu rufen.

Zugegeben: Die vorstehenden Überlegungen sind leichter gesagt als getan, erfordert doch sowohl die saubere Gliederung von Systemen wie auch das Ermitteln des Wesentlichen ein gutes Verständnis für die Gesamtzusammenhänge. Nun ist man aber erfahrungsgemäss eher geneigt, sich mit den Details zu beschäftigen als mühsam Gesamtzusammenhänge zu erarbeiten. Die Gründe dafür liegen auf der Hand. So fällt eine Beschäftigung mit dem Detail nicht nur leichter, sondern zeitigt in der Regel auch eher greifbare, wenn auch nicht auf die Gesamtbedürfnisse abgestimmte Ergebnisse. Damit der Forderung nach überblickbaren, in verständliche Module gegliederten Systemen zu genügen ist, braucht es ein strukturiertes Denken, das eine *Zerlegung vom Groben zum Detail* vorsieht und die dabei resultierenden Objekte zu vernetzen erlaubt.

Der vorgenannte Aspekt ist bei der Schaffung von globalen konzeptionellen Datenmodellen insofern von Bedeutung, als sich damit der Werdegang der Modelle in überschaubare Teiletappen gliedern lässt. Dieser Sachverhalt ist nicht zu unterschätzen, wurde doch von der IBM im Rahmen einer Umfrage in Erfahrung gebracht, dass Informatikprojekte idealerweise nach spätestens neun bis zwölf Monaten zum Abschluss kommen sollten [19]. Längere Zeitspannen, während denen stimulierende Erfolgserlebnisse ausbleiben, sind kritisch, weil die Motivation der Beteiligten wie auch der Auftraggeber schwindet.

Bei der globalen Datenmodellierung begegnet man dem Problem einer übermässigen Projektdauer, indem man entsprechend Abb. 1.4.2 in einem Zeitrahmen von rund sechs bis höchstens zwölf Monaten zunächst ein grobes, grundlegende Erkenntnisse reflektierendes Datenmodell festlegt; normalerweise ist in diesem Zusammenhang von einer *Datenarchitektur* die Rede. Die mit einer *Datenanalyse* zu ermittelnden Details des Modells resultieren sodann im Rahmen der Entwicklung von Anwendungen, für die idealerweise wiederum jeweils eine Zeitspanne von höchstens zwölf Monaten vorzusehen ist.

Es versteht sich, dass die bei der Anwendungsentwicklung ermittelten Details mit der Datenarchitektur abzustimmen und – so keine Diskrepanzen zum Vorschein kommen – mit letzterer zu vereinigen sind. Auf diese Weise resultiert im Verlaufe der Zeit ein *globales konzeptionelles Datenmodell*, welches im Sinne der vorstehenden Ausführungen als Dreh- und Angelpunkt in Erscheinung zu treten vermag.

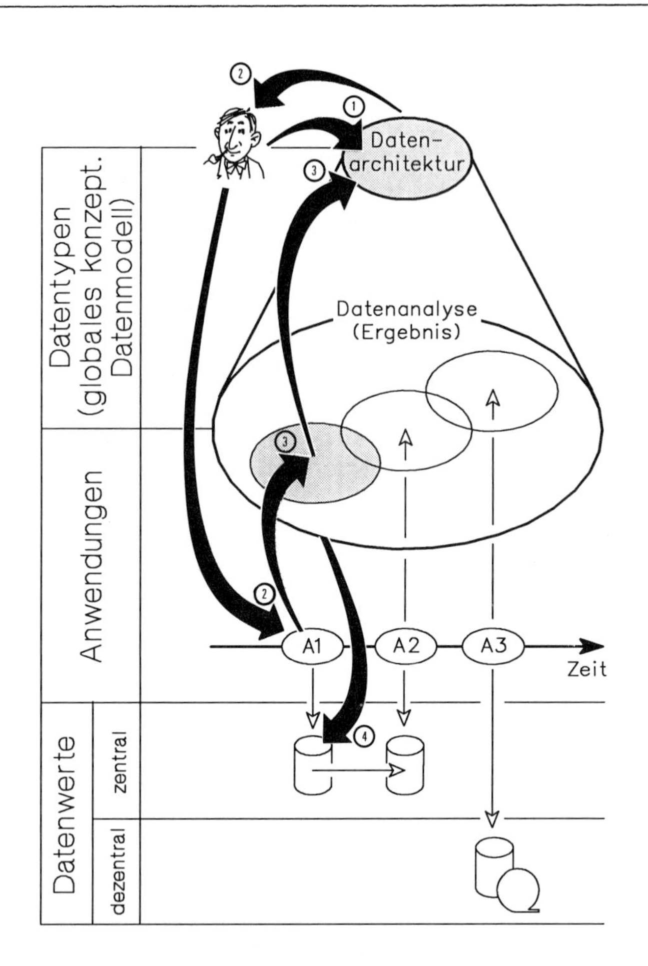

Abb. 1.4.2 Das von der objekt- bzw. datenorientierten Vorgehensweise beeinflusste Problemlösungsverhalten. Bedeutung der eingekreisten Ziffern:

1. Die Kenntnisse eines Mitarbeiters fliessen in die Datenarchitektur ein
2. Bei der Anwendungsentwicklung orientiert sich der Mitarbeiter an der Datenarchitektur
3. Die bei der Anwendungsentwicklung im Rahmen einer Datenanalyse ermittelten Details werden mit der Datenarchitektur abgestimmt, bereinigt und in das globale konzeptionelle Datenmodell integriert
4. Die für die Speicherung von Datenwerten erforderlichen physischen Datenstrukturen werden vom globalen konzeptionellen Datenmodell her abgeleitet

Abstrahieren

Abstrahieren bedeutet, dass nicht mit Begriffen gearbeitet wird, die den Einzelfall betreffen, sondern mit solchen, die stellvertretend für viele Einzelfälle in Erscheinung treten können.

Auch dieser Sachverhalt ist bei der Schaffung globaler konzeptioneller Datenmodelle von ausserordentlicher Bedeutung. So sind zum Zeitpunkt der Modellierung lediglich einige wenige, allgemein gültige Aussagen der Art *"Ein Mitarbeiter hat einen Namen und arbeitet in einer Abteilung"* zu berücksichtigen, während die in grosser Fülle vorliegenden exemplarspezifischen Feststellungen der Art *"Der Mitarbeiter namens X arbeitet in der Abteilung Y"* zu vernachlässigen sind.

Logisch einwandfreie Lösungen

Logisch einwandfreie Lösungen sind aus folgenden Gründen anzustreben:

a) Diese Lösungen sind *stabil* und damit auch *langfristig gültig* – ein Sachverhalt, der angesichts der Progression informationstechnologischer Produkte ausserordentlich bedeutsam ist.

b) Logisch einwandfreie, von hardware- und softwarespezifischen Überlegungen absehende Lösungen sind auch einem Nichtinformatiker verständlich. Dies bedeutet aber, dass nicht nur Spezialisten sondern auch Entscheidungsträger, Schlüsselpersonen sowie Sachbearbeiter in den Fachabteilungen bei der Modellentwicklung mitwirken können – ein Erfordernis, dem wir im Rahmen unserer bisherigen Überlegungen ja bereits wiederholt begegnet sind.

Sind im Sinne der vorstehenden Ausführungen ermittelte Modelle übertragbar? Die Frage ist grundsätzlich zu bejahen, zumindest was die *Datenarchitektur* anbelangt. Allerdings verzichtet man bei einer unbesehenen Übernahme auf einen ausserordentlich wichtigen Erkenntnisprozess. Dieser Erkenntnisprozess läuft zwar – ein sorfältiges Abtasten des Umfeldes, ein ständiges Erwägen, Hinterfragen, Akzeptieren und Verwerfen erheischend – erfahrungsgemäss recht harzig und mühsam ab, zeitigt aber gerade deswegen eine ausserordentlich wertvolle Identifikation mit dem erzielten Ergebnis.

Abschliessend ist festzustellen, dass die Schaffung eines globalen konzeptionellen Datenmodells ordnende, klärende, divergierende Wünsche und Erfordernisse auf einen Nenner bringende, Kommunikationsprobleme entschärfende, der Wahrheitsfindung dienliche Effekte zeitigt. Mit konzeptionellen Datenmodellen lässt sich eine *Unité de doctrine* in der Belegschaft verankern und ein betriebsbezogenes Kollektivbewusstsein schaffen.

Mehr noch: Ein kooperativ zustande gekommenes globales Datenmodell ist als das kollektive und additive Produkt der Denktätigkeit einer ganzen Belegschaft aufzufassen und vermag als solches im Sinne eines *Brennpunktes* zu wirken. So besehen, ist die Schaffung eines globalen Datenmodells auch dann von Vorteil, wenn dessen Etablierung auf einem System gar nicht zur Debatte steht. Prof. H.C. Röglin scheint diese Erkenntnis zu bestätigen, wenn er – allerdings ohne auf die hier in Rede stehenden Konzepte Bezug zu nehmen – in [26] zum Ausdruck bringt: *"Untersuchungen zeigen, dass jeder einzelne Mitarbeiter über ein "Unternehmens-Know-how" verfügt, das der Unternehmensleitung in seiner Gesamtheit nicht bekannt ist. Aus diesem Grunde fliesst das vorhandene "Unternehmens-Know-how" nur bruchstückweise in die Entscheidungen der Geschäftsführung ein. Die innerbetriebliche Kommunikation, sofern ihr ein gutes Konzept zugrunde liegt, wäre das Instrument, das dieses beim Einzelnen vorhandene Know-how zusammenfasst. Damit ist die Voraussetzung geschaffen, das "Unternehmens-Know-how" in seiner Gesamtheit auszuwerten. Es wird zur entscheidungsrelevanten Grösse".*

Zweifellos legen die vielerorts erzielten positiven Erfahrungen mit globalen Datenmodellen die Schlussfolgerung nahe, dass eine auf ein derartiges Modell verzichtende Unternehmung gegenüber der Konkurrenz, welche die vorteilhaften und günstigen Auswirkungen derartiger Modelle zu nutzen weiss, früher oder später in Rückstand geraten wird.

In Japan (und bis vor kurzem auch in namhaften westlichen Betrieben) versammelt sich die Belegschaft einer Unternehmung allmorgendlich, um singend einen neuen Arbeitstag in Angriff zu nehmen. Im Liede erinnert man sich der von der Geschäftsleitung vorgegebenen Marschrichtung – der *Unité de doctrine* – und fördert damit nicht nur das Zusammengehörigkeitsgefühl, sondern schafft auch eine positive Arbeitsatmosphäre. Die bisherigen, mit der *objekt- bzw. datenorientierten Vorgehensweise* erzielten Ergebnisse legen die Schlussfolgerung nahe, dass zukunftsorientierte Unternehmungen keiner Lieder bedürfen. Ihre kooperativ entwickelten, permanent und nicht nur zu Beginn eines Arbeitstages wirksamen globalen konzeptionellen Datenmodelle erfüllen weit mehr als nur den Zweck der vorerwähnten Lieder.

1.5 Aufbau des Buches

Abb. 1.5.1 illustriert, dass das Buch zweigeteilt ist. Im ersten Teil kommen fundamentale, die Systemtheorie und die Datenmodellierung betreffende Erkenntnisse zur Sprache. Mit letzteren lässt sich gewährleisten, dass das im zweiten Teil dargelegte praktische Vorgehen auf einer fundierten, theoretisch abgesicherten Grundlage zur Abwicklung gelangen kann. Der Leser ist gut beraten, den ersten Teil sorgfältig durchzuarbeiten, bevor er den zweiten Teil in Angriff nimmt.

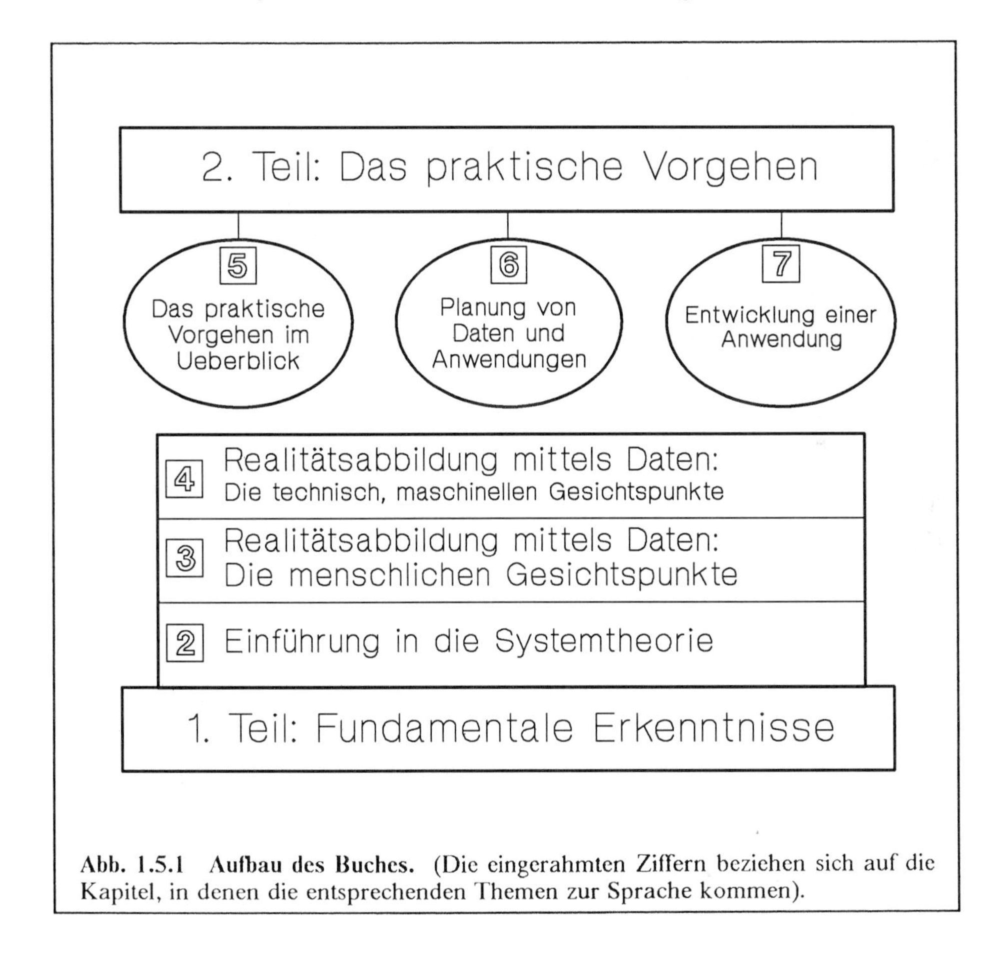

Abb. 1.5.1 Aufbau des Buches. (Die eingerahmten Ziffern beziehen sich auf die Kapitel, in denen die entsprechenden Themen zur Sprache kommen).

Zu den beiden Buchteilen noch folgende Erläuterungen.

Erster Teil: Fundamentale Erkenntnisse

Nachdem die zur Sprache kommende *objekt- bzw. datenorientierte Vorgehensweise* vollumfänglich auf den Prinzipien der *Systemtheorie* basiert, wollen wir uns im 2. Kapitel zunächst mit besagten Prinzipien auseinandersetzen.

Im 3. Kapitel kommen Überlegungen zur Sprache, mit welchen die Realität in einer dem menschlichen Verständnis entgegenkommenden Weise abzubilden ist. Zu diesem Zwecke werden als erstes den Einzelfall betreffende *Konstruktionselemente* diskutiert. Mit letzteren sind exemplarspezifische Feststellungen der Art *"Der Mitarbeiter namens X arbeitet in der Abteilung Y"* darzustellen. Darauf aufbauend gelangen anschliessend *Konstruktionselemente* zur Sprache, die stellvertretend für viele Einzelfälle in Erscheinung zu treten vermögen. Damit sind abstrakte und kompakte, dennoch auch Nichtinformatikern verständliche Datenmodelle zu definieren, mit denen allgemein gültige Aussagen der Art *"Ein Mitarbeiter hat einen Namen und arbeitet in einer Abteilung"* festzuhalten sind. Schliesslich wird in Kapitel 3 gezeigt, wie man sich das Zustandekommen konzeptioneller Datenmodelle vorzustellen hat.

Ging es im 3. Kapitel um eine dem menschlichen Verständnis möglichst entgegenkommende Realitätsabbildung, so konzentriert sich das 4. Kapitel auf die bei der maschinengerechten Umsetzung der Abbildung zu berücksichtigenden Sachverhalte. Die diesbezüglichen, unter dem Begriff *Relationentheorie* bekannt gewordenen Überlegungen sind auch für den Nichtinformatiker von Bedeutung, ermöglichen sie doch einerseits ein eindeutiges, maschinenkonformes Festhalten von Realitätsbeobachtungen und anderseits das Ableiten von derartigen Beobachtungen aus maschinell ermittelten Ergebnissen.

Zweiter Teil: Das praktische Vorgehen

Im 5. Kapitel wird das praktische Vorgehen im Überblick vorgestellt. Dabei werden sämtliche, die Planung, Entwicklung und Realisierung von Anwendungen betreffenden Phasen gestreift, selbst wenn letztere für den Nichtinformatiker nicht direkt von Bedeutung sind. Dies aus der Erkenntnis heraus, dass es der Zusammenarbeit zwischen Informatikern und Nichtinformatikern nur förderlich sein kann, wenn letztere zumindest konzeptmässig wissen, wie bedürfnisgerechte Anwendungen zu realisieren sind.

Im 6. Kapitel beschäftigen wir uns mit der *Planung von Daten und von Anwendungen.* Dabei wird gezeigt wie mit *kritischen Erfolgsfaktoren* sowie *strategischen Erfolgspositionen* [24] ein *unternehmerisches Leitbild* zu schaffen ist. Im übrigen kommt in Kapitel 6 ein Prozedere zur Sprache, das aufgrund eines rechnerisch ermittelten Zufriedenheitsgrades Schwachstellen in der Informationsversorgung einer Unternehmung ausfindig zu machen und Vorschläge für deren Beseitigung zu erarbeiten erlaubt.

Im 7. Kapitel konzentrieren wir uns auf die Entwicklung einer einzelnen Anwendung. Dabei wird dargelegt, wie die *Systemtheorie* (Kapitel 2), die *konzeptionelle Datenmodellierung* (Kapitel 3) und die *Relationentheorie* (Kapitel 4) einzusetzen sind, um zu einer die betrieblich-organisatorischen Gegebenheiten berücksichtigenden Groblösung zu kommen. Selbstverständlich wird auch gezeigt, wie besagte Groblösung im Sinne des Vorgehensprinzips "Vom Groben zum Detail" (englisch: top-down) schrittweise zu verfeinern und zu visualisieren ist.

Es fällt auf, dass in diesem einleitenden Kapitel der Begriff *konzeptionell* (im Sinne von hardware- und softwareunabhängig sowie allgemein gültig) wiederholt in Erscheinung getreten ist. Tatsächlich wird in diesem Buche ein Verfahren diskutiert, das zu allgemeinen, auch langfristig gültigen Lösungen führt. Angesichts der Progression informationstechnologischer Produkte kann die Bedeutung von neutralen Lösungen, die selbst nach häufigen Hardware- und Softwareänderungen ihre Gültigkeit bewahren, nicht genug unterstrichen werden.

1. Teil

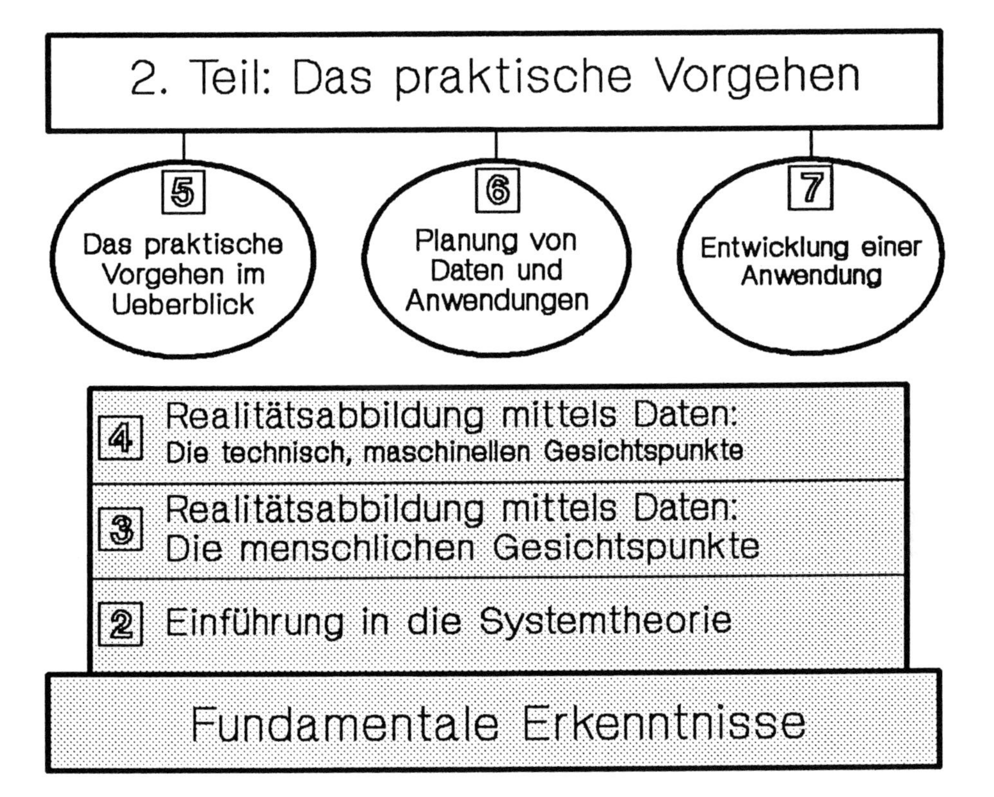

2. Teil: Das praktische Vorgehen
5
Das praktische Vorgehen im Ueberblick
6
Planung von Daten und Anwendungen
7
Entwicklung einer Anwendung
4
Realitätsabbildung mittels Daten:
Die technisch, maschinellen Gesichtspunkte
3
Realitätsabbildung mittels Daten:
Die menschlichen Gesichtspunkte
2
Einführung in die Systemtheorie
Fundamentale Erkenntnisse

2 Die Systemtheorie

Wir haben im 1. Kapitel zur Kenntnis genommen, dass wir der kartesianisch-newtonschen Denkweise – der *analytischen* also – fast alle wissenschaftlichen Fortschritte zu verdanken haben. Nun setzt sich aber die Erkenntnis immer mehr durch, dass die grossen Bedrohungen der menschlichen Zivilisation mit einer Denkweise kartesianisch-newtonscher Prägung nicht zu überwinden sind. Vielmehr ist dafür eine *systemtheoretische* Denkart erforderlich, mit welcher die Zusammenhänge, die globale Vernetzung und Verknüpfung der Einzelprobleme zu erfassen sind.

In diesem Zusammenhang spricht man häufig von einem *Paradigmawechsel* und bringt damit zum Ausdruck, dass die Gesamtheit der Wertvorstellungen unserer Gemeinschaft einer fundamentalen Änderung unterliegt. Beispielsweise ist [28] zu entnehmen, dass *"wir uns vom Paradigma der analysierenden, trennenden, linearen Sichtweise lösen, die aus der exakten kausallogischen Betrachtung der Einzelerscheinungen das Gesamtphänomen erfassen will, und dass wir uns einer ganzheitlichen, ökologischen Sicht der Dinge zuwenden, die die Verbundenheit und Zusammengehörigkeit aller Erscheinungen des Kosmos als höchste Wirklichkeitsform und Bewusstseinsstufe ansieht"*.

Interessanterweise sind in vielen Wirtschaftsunternehmungen hinsichtlich der Informatik ähnliche Entwicklungen festzustellen. Auch hier zeigt sich, dass eine isolierte Betrachtung der Probleme immer mehr in die Sackgasse (ins Datenchaos) führt. Nur wenn wir lernen, ganzheitliche, in ein Gesamtkonzept passende Lösungen für Einzelprobleme zu entwickeln und alle Betroffenen an der Lösungsfindung beteiligen, werden wir im Sinne der *Systemtheorie* zu einer Integration, zu einem Zusammenspiel von Systemen, zu einer technischen wie auch geistig-ideologischen, den Menschen miteinschliessenden *Vernetzung* und damit letzten Endes zu einer für alle Beteiligten vorteilhaften Nutzung der Informatik kommen.

Dieses Kapitel führt den Leser in die Grundprinzipien der Systemtheorie ein. Allerdings: Nachdem im Rahmen dieses Buches in erster Linie Phänomene im Vordergrund stehen, die bei der Datenmodellierung und der Anwendungsentwicklung von Bedeutung sind, diskutieren wir die Prinzipien der *Systemtheorie* in einer unseren Bedürfnissen in besonderem Masse entgegenkommenden Weise. Die folgenden Ausführungen erheben also keinen Anspruch auf Vollständigkeit.

Wir erläutern im folgenden zunächst, was unter einem *Problem* zu verstehen ist. Anschliessend kommen wir auf den *Systembegriff* zu sprechen und zeigen, dass das *Systemdenken* verschiedene Betrachtungsarten einschliesst. Von Bedeutung sind: Die *wirkungsbezogene* und die *strukturbezogene Systembetrachtung*. Ausserdem unterstützt das Systemdenken die *stufenweise Systemauflösung* und ermöglicht damit, ein Problem systematisch *vom Groben zum Detail* (*top-down*) einer Lösung zuzuführen. Abschliessend wird dargelegt, wie man sich den Einfluss des Systemdenkens auf unser Problemlösungsverhalten vorzustellen hat.

Was ist ein Problem?

Abb. 2.1 visualisiert die Problemdefinition. Zu erkennen ist:

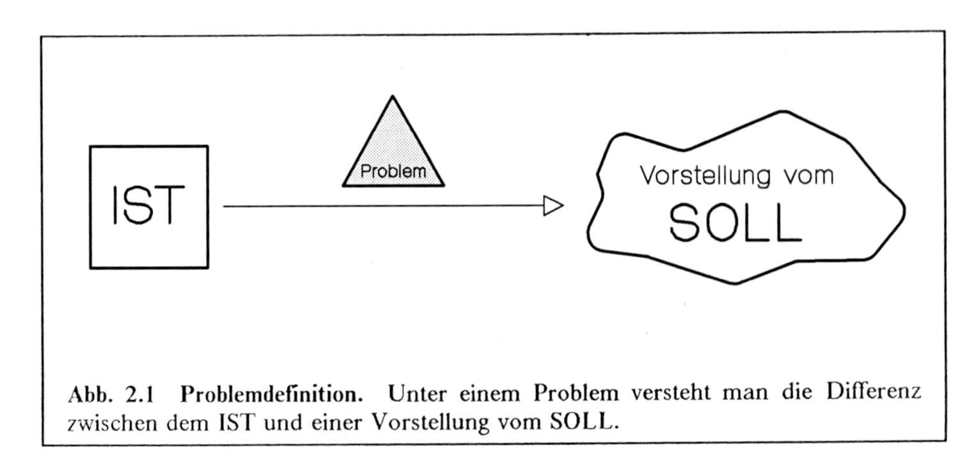

Abb. 2.1 Problemdefinition. Unter einem Problem versteht man die Differenz zwischen dem IST und einer Vorstellung vom SOLL.

Ein Problem ist die Differenz zwischen dem IST und einer Vorstellung vom SOLL.

Akzeptiert man die vorstehende Problemdefinition, so wird man sich im Rahmen eines Projektes sinnvollerweise zuerst mit dem IST auseinandersetzen und insbesondere dessen *Stärken* und *Schwächen* ausfindig machen. Anschliessend beschäftigt man sich mit der Vorstellung vom SOLL und legt die *Anforderungen (Ziele)* an das zu realisierende System fest. Anzustreben ist, dass die Schwächen des IST mit einem neuen System zu eliminieren und dessen Stärken zu fördern, zumindest aber zu erhalten sind. Erst jetzt konzentriert man sich auf das Problem und entwickelt dafür eine Lösung.

Was ist ein System?

Der Begriff *System* stammt aus dem Griechischen und bedeutet *Zusammenstellung*. Tatsächlich – so das Schweizer Lexikon – *"ist am System wesentlich, dass eine Mannigfaltigkeit zu einem einheitlichen Ganzen geordnet wird."* Und weiter: *"... als Arbeitshypothese ist das System ein unentbehrliches Erkenntnismittel. Aller Systematik (Ordnung) muss systemmässiges Denken zugrunde liegen."*

Die vorstehenden Ausführungen leuchten ein, wenn man etwa an das Periodische System in der Chemie oder an das Englersche System in der Biologie denkt. So gruppiert letzteres die Pflanzen in dreizehn Abteilungen, die ihrerseits in Unterabteilungen, Klassen, Reihen, Familien, Gattungen und Arten gegliedert sind.

Für die nachfolgenden Überlegungen halten wir uns an folgende, leicht modifizierte Systemdefinition von Daenzer [4] (siehe auch Abb. 2.2):

Ein System stellt eine abgeschlossene Gesamtheit von Elementen dar, die miteinander durch Beziehungen verbunden sind und gemeinsam einen bestimmten Zweck zu erfüllen haben.

Die Beziehungen zwischen den Systemelementen repräsentieren *Strömungen*. Dabei unterscheidet man:

- *Materialflüsse* (d.h. Strömungen materieller Natur)

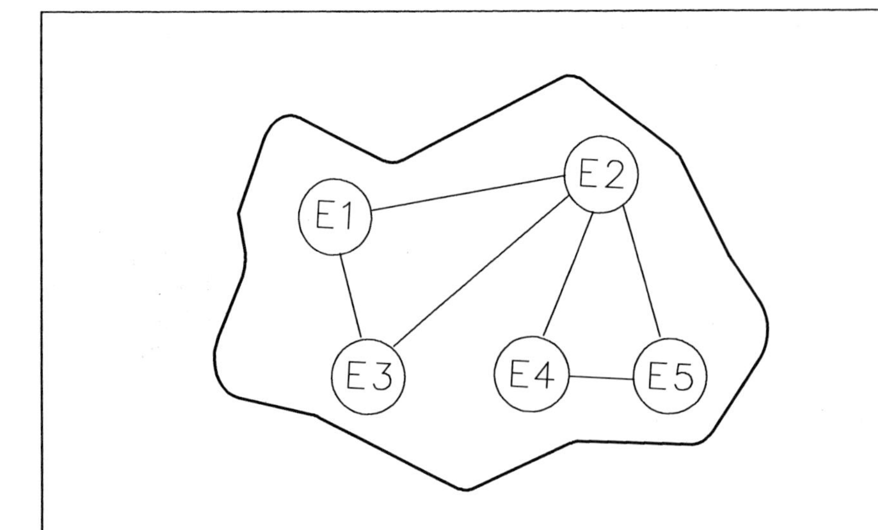

Abb. 2.2 Der Systembegriff. Ein System stellt eine Gesamtheit von Elementen E_1, E_2, E_3, ... dar, die miteinander durch Beziehungen verbunden sind und gemeinsam einen bestimmten Zweck zu erfüllen haben.

- *Informationsflüsse* (Strömungen informationeller Natur)
- *Energieflüsse* (Strömungen energetischer Natur)

Eine Strömung fliesst entsprechend Abb. 2.3 in ein Systemelement hinein (Input), erfährt dort eine Umwandlung und verlässt das Systemelement wieder (Output).

Nun aber zu den verschiedenen Systembetrachtungsarten.

Die wirkungs- und strukturbezogene Systembetrachtung

Bei der Gestaltung von Systemen ist es zweckmässig, zunächst nur die Nahtstellen zwischen einem System und seiner Umwelt (d.h. den *Input* in das System und den *Output* aus dem System) zu betrachten. Mit andern Worten: Vorerst ist nicht von Interesse, *WIE* das gewünschte Ergebnis zustande kommt, sondern lediglich, *WAS* das System produziert und *WAS* für die Erzeugung des Outputs erforderlich ist. Diese Betrachtungsart wird als *wirkungsbezogen* oder *Blackboxbetrachtung* bezeichnet. Demzufolge:

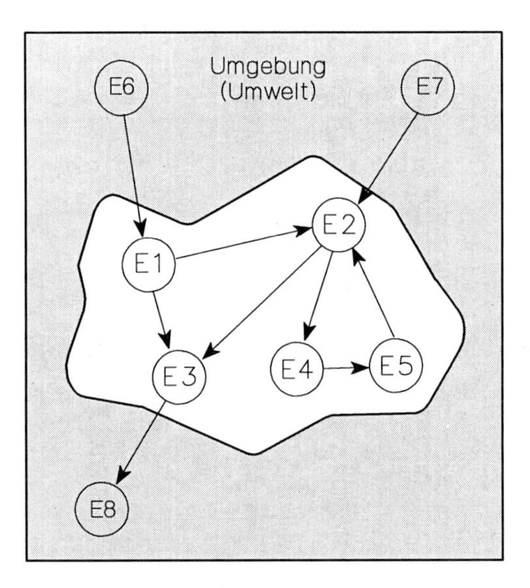

Abb. 2.3 Systemströmungen. Die Strömungen zwischen Systemelementen sind materieller, informationeller oder energetischer Natur.

Bei der *wirkungsbezogenen Systembetrachtung* (auch *Blackboxbetrachtung* genannt) ist der vom System produzierte Output sowie der in das System einfliessende Input (in dieser Reihenfolge) zu bestimmen und in geeigneter Form festzuhalten. Die den Input in den Output überführenden Systemmechanismen sind bei der wirkungsbezogenen Systembetrachtung nicht von Interesse.

Wird die Blackbox geöffnet und werden die Mechanismen entwickelt, durch welche die gewünschte Wirkung zustande kommt (bzw. zustande kommen sollte), so spricht man von der *strukturbezogenen Systembetrachtung*. Demzufolge:

Bei der *strukturbezogenen Systembetrachtung* sind die den Input in den Output überführenden Mechanismen zu bestimmen und in geeigneter Form zu visualisieren.

Beispiel

Wir wollen das Prinzip der *wirkungsbezogenen* und der *strukturbezogenen Systembetrachtung* an einem Beispiel illustrieren und halten zu diesem Zwecke den IST-Zustand

Mutter bäckt schlechte Kuchen

systemmässig fest. Unsere Vorstellung vom SOLL lautet:

Mutter bäckt gute Kuchen.

Das Problem besteht also darin, die Massnahmen herauszukristallisieren, mit denen der IST-Zustand in den SOLL-Zustand zu überführen ist.

Es empfiehlt sich folgendes Vorgehen:

Zunächst ist der IST-Zustand *wirkungsbezogen* darzustellen, indem das Ergebnis (der Output also) und der zur Erzeugung des Ergebnisses erforderliche Input zu bestimmen sind. Sodann ist die *strukturbezogene Systembetrachtung* festzulegen, indem die Mechanismen zu ermitteln sind, die den Input in den Output transformieren. Damit liegt ein IST-Zustandsmodell vor, welches die Möglichkeit eröffnet, Schwachstellen zu erkennen und zu beseitigen, um dergestalt zu einer Vorstellung vom SOLL zu kommen.

Abb. 2.4 illustriert die *wirkungsbezogene Systembetrachtung* des IST-Zustandes. Zu erkennen ist, dass bezüglich des Systems namens *Kuchenproduktion* lediglich der *Output* aus dem System (der *schlechte Kuchen* also) sowie der *Input* in das System (d.h. die *Mutter*, die *Zutaten*, die *Geräte*, das *Rezept*, der *Backofen*, die *Energie* sowie der *Konsument*) auszuweisen sind. Wie das System namens *Kuchenproduktion* den aus der sogenannten *Systemumwelt* stammenden Input in den der *Systemumwelt* abzugebenden Output überführt, ist bei der *wirkungsbezogenen Systembetrachtung* belanglos.

Empfehlenswert ist, sich bei der *wirkungsbezogenen Systembetrachtung* zuerst auf den Systemoutput und anschliessend auf den Systeminput zu konzentrieren. Demzufolge:

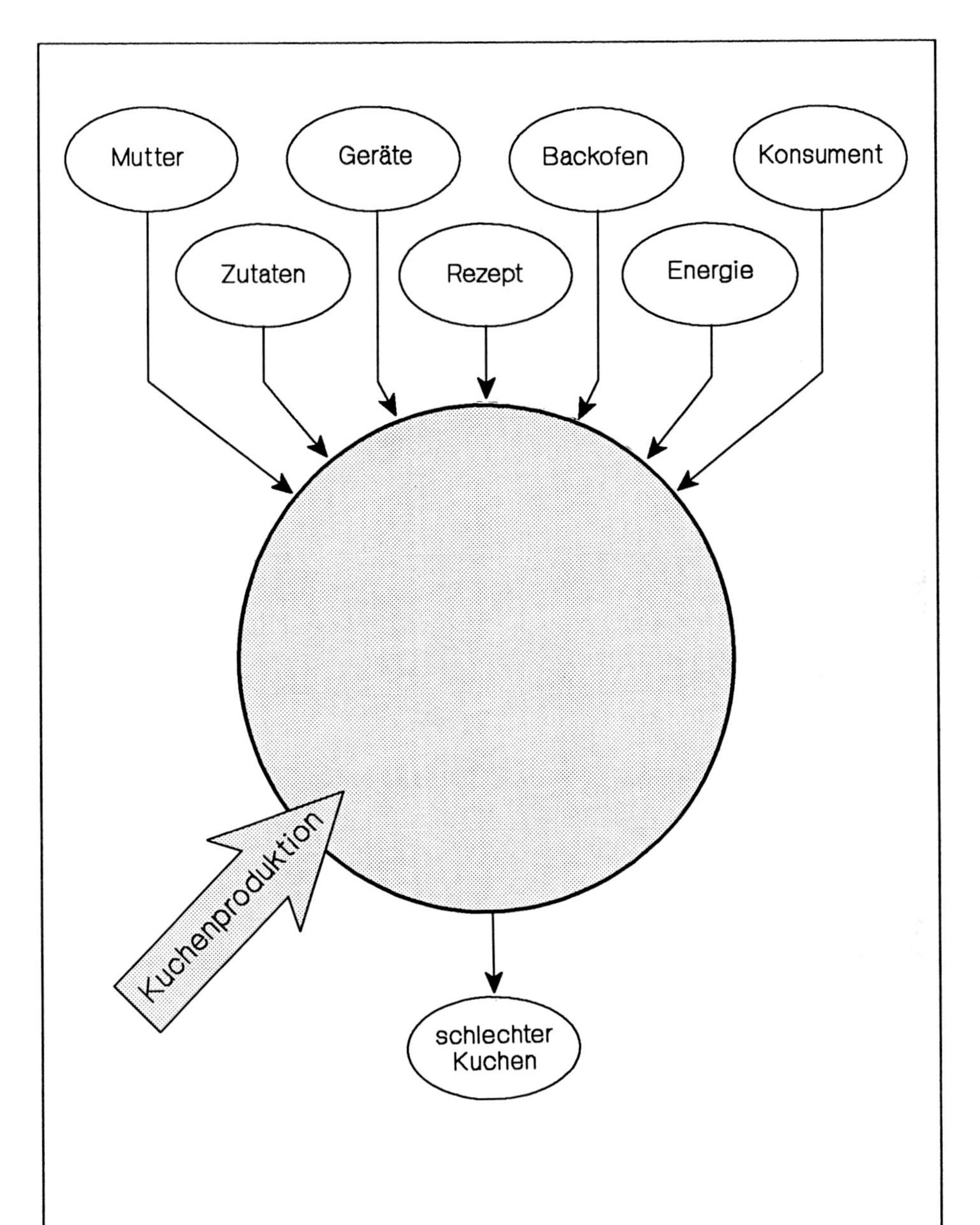

Abb. 2.4 Wirkungsbezogene Systembetrachtung dargelegt am IST-Zustand "Mutter bäckt schlechte Kuchen".

Bei der wirkungsbezogenen Systembetrachtung ist in folgender Reihenfolge zu bestimmen:

1. Der *Systemoutput* (damit wird die Frage beantwortet: *WAS* liefert das System?)

2. Der *Systeminput* (damit wird die Frage beantwortet: *WAS* braucht das System zur Erzeugung des Outputs?)

Abb. 2.5 illustriert die *strukturbezogene Systembetrachtung* des Systems namens *Kuchenproduktion*. Zu erkennen ist, dass der *schlechte Kuchen* aus einem der Aktivität *Bewerten* entsprechenden Systemelement hervorgeht. In das Systemelement *Bewerten* fliesst ein im System selbst erzeugter, noch nicht bewerteter *Kuchen*. Ausserdem ist am Systemelement *Bewerten* der ausserhalb des Systems lokalisierte *Konsument* als Bewerter des Kuchens beteiligt.

Der unbewertete *Kuchen* wird von einem der Aktivität *Backen* entsprechenden Systemelement produziert. Letzteres erfordert als Input den im System produzierten *Teig* sowie die aus der Umwelt einfliessenden Elemente *Mutter*, *Backofen* sowie *Energie*.

Schliesslich ist zu erkennen, dass der *Teig* aus einem der Aktivität *Teigproduktion* entsprechenden Systemelement hervorgeht, an welchem die Umweltelemente *Mutter*, *Zutaten*, *Geräte* sowie *Rezept* beteiligt sind.

Man beachte, dass die bei der *strukturbezogenen Systembetrachtung* in Erscheinung tretenden Systemelemente entweder *realer Art* (beispielsweise *Mutter, Zutaten, Teig, Kuchen, Rezept*, etc.) oder *funktioneller Art* (beispielsweise *Teigproduktion, Backen, Bewerten*) sind. Anstelle von funktionellen Systemelementen ist mitunter auch von *Aktivitäten, Prozessen, Tätigkeiten* oder *Funktionen* die Rede. Bei den realen Elementen unterscheidet man *materielle Elemente* (beispielsweise *Mutter, Zutaten, Geräte*, etc.) sowie *Elemente informationeller Natur* (beispielsweise *Rezept*).

Abb. 2.5 ist weiter zu entnehmen, dass materielle Systemelemente an *Materialflüssen*, informationelle Systemelemente hingegen an *Informationsflüssen* beteiligt sind.

Es empfiehlt sich, die strukturbezogene Systembetrachtung – wie vorstehend exemplarisch vorgeführt – vom Systemoutput her zum Sy-

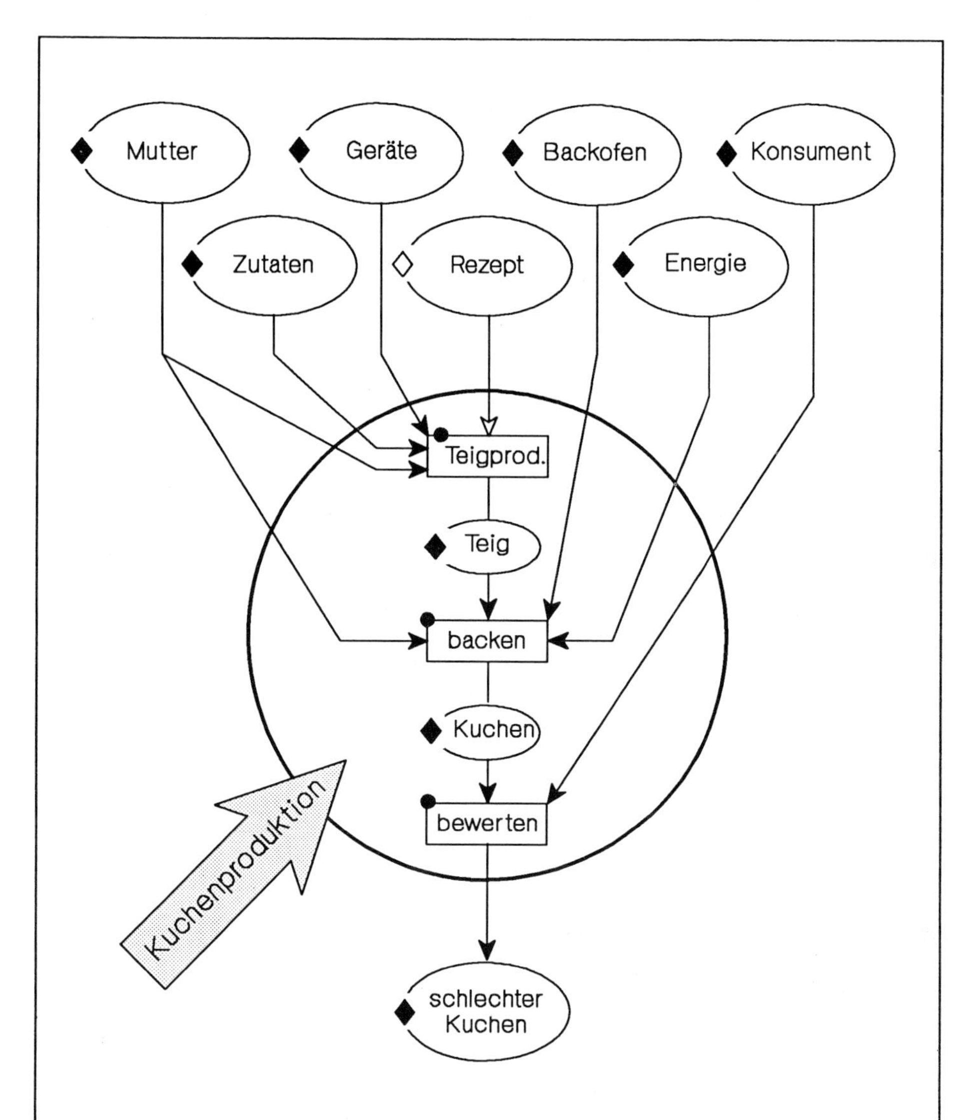

Abb. 2.5 Strukturbezogene Systembetrachtung dargelegt am IST-Zustand "Mutter bäckt schlechte Kuchen". Bedeutung der verwendeten Zeichen:

- ● funktionelles Systemelement (auch Aktivität, Prozess, Tätigkeit, Funktion genannt)
- ◆ reales Systemelement materieller Art
- ◇ reales Systemelement informationeller Art
- ▲ Materialfluss
- △ Informationsfluss

steminput hin zu entwickeln. Dabei kommen reale und funktionelle Elemente *alternierend* zur Geltung.

Von Bedeutung ist auch, dass die strukturbezogene Systembetrachtung insofern nicht vollständig zu sein hat, als reale Abfallelemente im Interesse einer besseren Übersicht nicht auszuweisen sind. Beispielsweise sind *Geräte* in Abb. 2.5 nur im Input des funktionellen Systemelementes *Teigproduktion* vorzufinden, obschon anzunehmen ist, dass aus besagter Tätigkeit unter anderem auch *verschmutzte Geräte* ausfliessen. Nachdem *verschmutzte Geräte* aber für die weiteren Überlegungen belanglos sind, wird im Interesse einer Vereinfachung und damit einer besseren Übersicht auf deren Nennung verzichtet.

Wir fassen zusammen:

1. Ein System ist zunächst *wirkungsbezogen* darzustellen, indem die Antworten auf *WAS-Fragen* in der Reihenfolge

   - *WAS* produziert das System an Output?
   - *WAS* braucht das System an Input?

   zu beantworten und zu visualisieren sind.

2. Bei der *wirkungsbezogenen Systembetrachtung* sind lediglich *reale Elemente* materieller und informationeller Natur von Bedeutung.

3. Der *wirkungsbezogenen Systembetrachtung* schliesst sich die *strukturbezogene Systembetrachtung* an.

   Ein System ist *strukturbezogen* darzustellen, indem die Antworten auf *WIE-Fragen* im Sinne von:

   "WIE ist der bei der wirkungsbezogenen Systembetrachtung ermittelte Input in den Output zu überführen?"

   zu beantworten und zu visualisieren sind.

4. Die *strukturbezogene Systembetrachtung* wird in der Regel vom Systemoutput her zum Systeminput hin entwickelt. Dabei treten *reale Systemelemente* (materieller und informationeller Natur) sowie *funktionelle Systemelemente* alternierend in Erscheinung.

   Anstelle von funktionellen Systemelementen ist mitunter auch von *Aktivitäten, Prozessen, Tätigkeiten* oder *Funktionen* die Rede.

5. Nachdem die *wirkungsbezogene Systembetrachtung* der *strukturbezogenen* vorausgeht, hat die Frage nach dem *WAS* gegenüber der Frage nach dem *WIE* Priorität. Dies bedeutet: Nachdem das *WAS* letzten Endes *Daten*, das *WIE* hingegen *Funktionen* betrifft, befürwortet die Systemtheorie offensichtlich die *objekt- bzw. datenorientierte Vorgehensweise*[1].

6. Die *strukturbezogene Systembetrachtung* muss insofern nicht vollständig sein, als reale Abfallelemente im Interesse eines besseren Überblicks nicht auszuweisen sind.

Der hierarchische Aufbau von Systemen

Erweist es sich als notwendig, ein *funktionelles Element* E_i eines Systems S zu präzisieren, so lässt sich besagtes Element E_i wie ein System behandeln. Bezüglich des Systems S stellt das präzisierte Element E_i ein sogenanntes *Subsystem* (auch *Untersystem* genannt) dar.

Wird ein System in Subsysteme unterteilt, so spricht man von einer *Systemauflösung*. Nachdem ein Subsystem seinerseits in Subsysteme zu unterteilen ist, sind Systemauflösungen im Prinzip über beliebig viele Stufen möglich. Für die *Auflösungstiefe* (d.h. für die Anzahl der Auflösungsstufen) ist allein die Zweckmässigkeit massgebend.

[1] Zur Erinnerung: Die Begriffe *objekt- bzw. datenorientierte* und *funktionsorientierte Vorgehensweise* umschreiben, ob man bei der Lösung von Problemen *Daten* oder *Funktionen* prioritär behandelt (siehe Abschnitt 1.1).

Beispiel

Abb. 2.6 und Abb. 2.7 illustrieren das Prinzip der *Systemauflösung* anhand des bereits diskutierten IST-Zustandes:

Mutter bäckt schlechte Kuchen.

Man sieht, dass man sich bei der *Systemauflösung* auf ein bestimmtes *funktionelles Systemelement* konzentriert (in Abb. 2.6 beispielsweise auf *Teigproduktion*), um dieses in einem ersten Schritt zunächst *wirkungsbezogen* darzustellen. Dabei ist darauf zu achten, dass die Umgebung des Subsystems *Teigproduktion* (d.h. die ein- bzw. ausfliessenden Mengen) mit jener des funktionellen Systemelementes *Teigproduktion* übereinstimmt. In einem zweiten Schritt ist anschliessend entsprechend Abb. 2.7 *strukturbezogen* festzuhalten, wie das Subsystem *Teigproduktion* den Input (d.h. die *Mutter, Zutaten, Geräte* sowie das *Rezept*) in den Output (d.h. den *Teig*) überführt. Auch in diesem Falle empfiehlt es sich, die *strukturbezogene Systembetrachtung* vom Systemoutput her zum Systeminput hin zu entwickeln.

Zu beachten ist, dass mit einer *Systemauflösung* differenzierte Aussagen sowohl bezüglich des aufzulösenden *funktionellen Systemelementes* wie auch bezüglich seiner *realen Umweltelemente* möglich sind. So ist Abb. 2.7 beispielsweise zu entnehmen, dass im funktionellen Systemelement *Teigproduktion* die Aktivitäten *Schlagen* und *Mischen* von Bedeutung sind, und dass das materielle Systemelement *Zutaten* die Untermengen *Eiweiss, Zucker, Mehl* sowie *Milch* beinhaltet.

Der besseren Übersicht halber ist eine aus der Umwelt in das System einfliessende Strömung nur bis an die Grenze des Systems zu ziehen, sofern die Strömung sämtliche funktionellen Systemelemente betrifft. So sind beispielsweise in Abb. 2.7 die von den Umweltelementen *Mutter, Geräte* sowie *Rezept* ausgehenden Strömungen in allen funktionellen Elementen des Subsystems *Teigproduktion* von Bedeutung.

Bedeutsam ist schliesslich, dass die Subsysteme und funktionellen Systemelemente an einer hierarchischen Struktur beteiligt sind. Diese ist – wie in Abb. 2.8 für das diskutierte Beispiel gezeigt – in Form eines *funktionellen Strukturdiagramms* festzuhalten.

Interessant ist, dass die hierarchische Anordnung von Systemen nicht nur nach *innen*, sondern auch nach *aussen* von Bedeutung ist. So ist es möglich, Systeme derselben Ebene zu einem System höherer Ordnung zusammenzukoppeln. Letzteres bezeichnet man als *Übersystem* oder auch als *Hypersystem*.

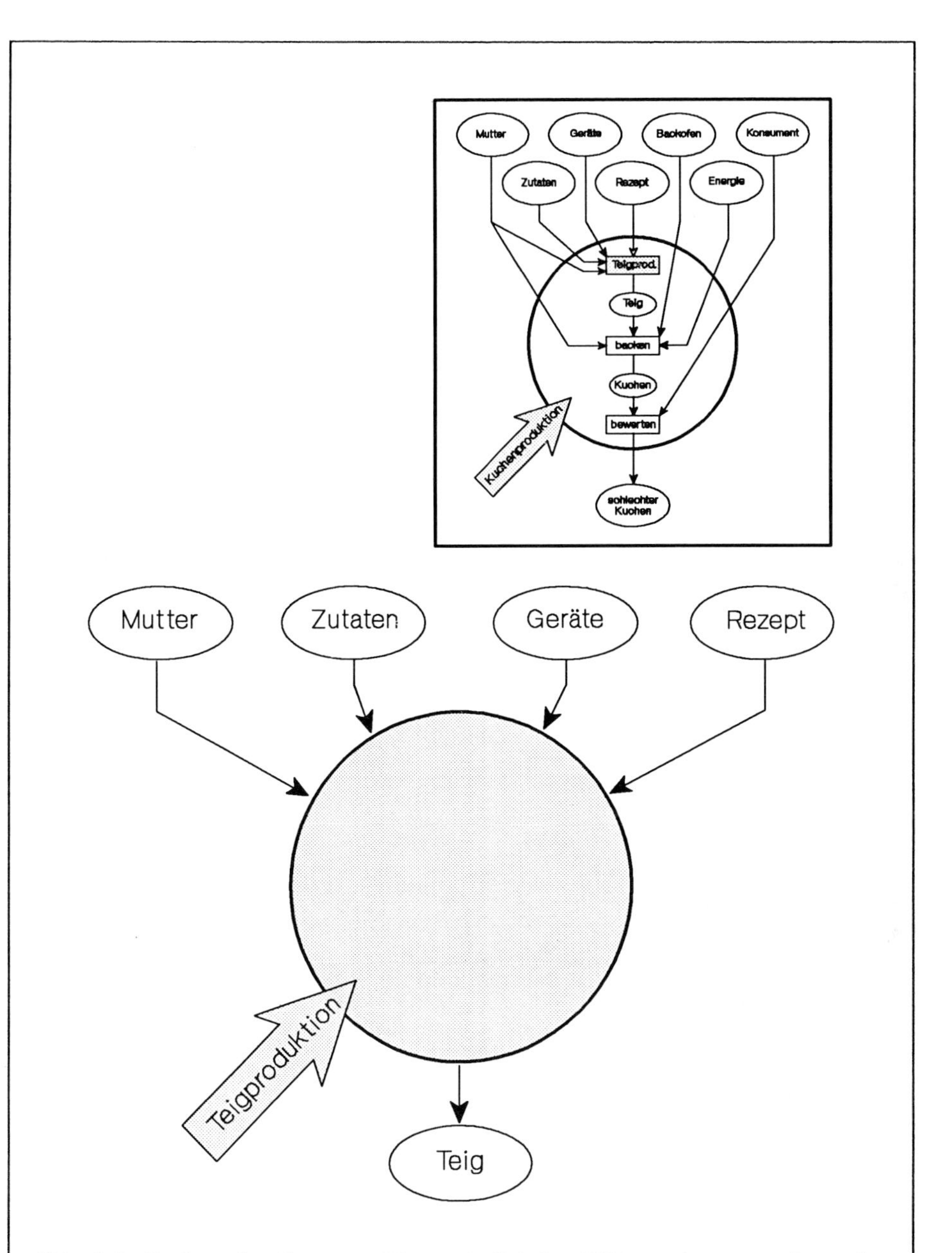

Abb. 2.6 Stufenweise Systemauflösung 1. Schritt: Wirkungsbezogene Systembetrachtung des zu präzisierenden Elementes. Zur Erleichterung der Orientierung ist in der oberen rechten Ecke das Diagramm aus Abb. 2.5 noch einmal in verkleinerter Form vorzufinden. Darunter ist das funktionelle Systemelement *Teigproduktion* als Subsystem *wirkungsbezogen* dargestellt.

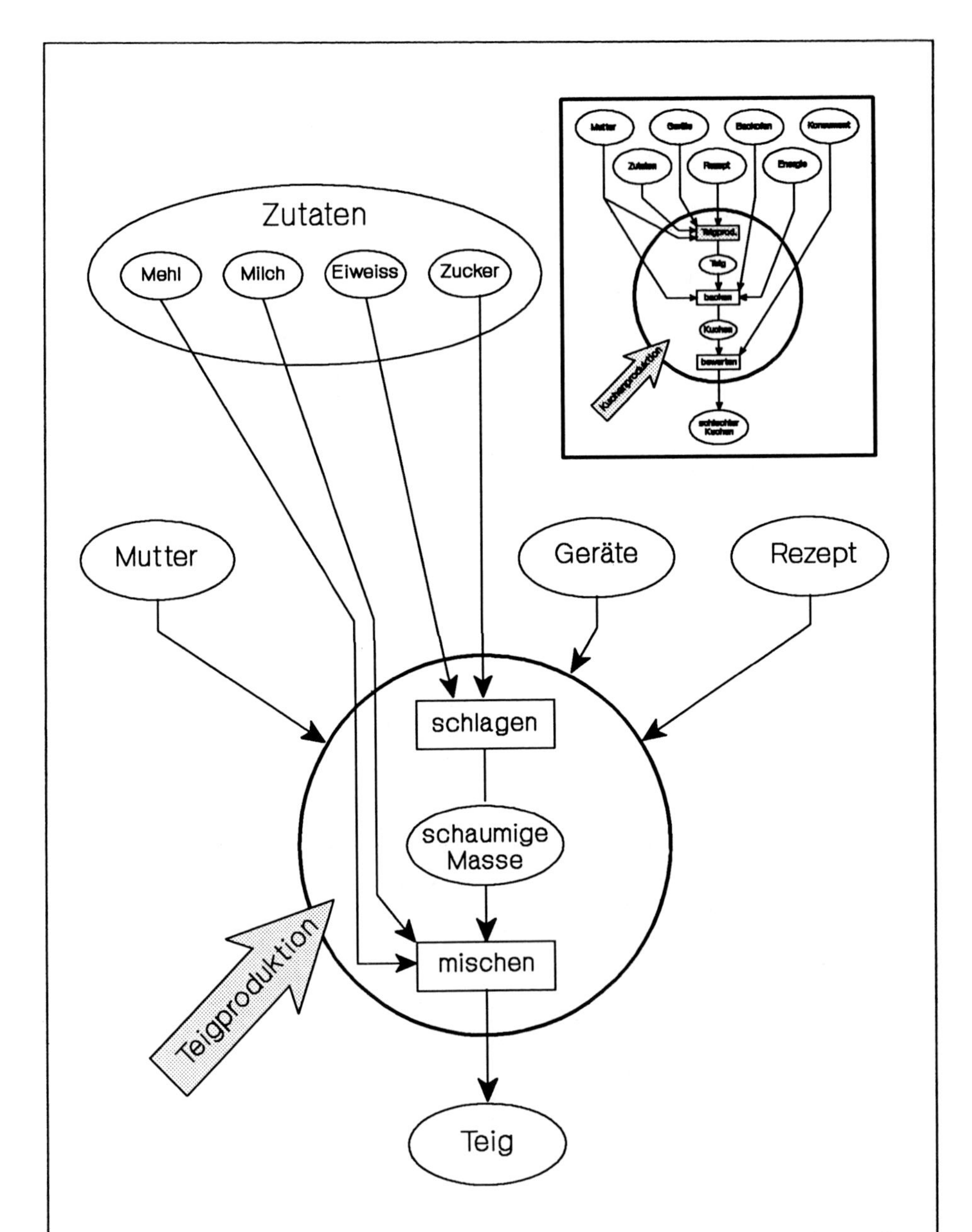

Abb. 2.7 Stufenweise Systemauflösung 2. Schritt: Strukturbezogene Systembetrachtung des zu präzisierenden Elementes. Zur Erleichterung der Orientierung ist in der oberen rechten Ecke das Diagramm aus Abb. 2.5 noch einmal in verkleinerter Form vorzufinden. Darunter ist das funktionelle Systemelement *Teigproduktion* als Subsystem *strukturbezogen* dargestellt.

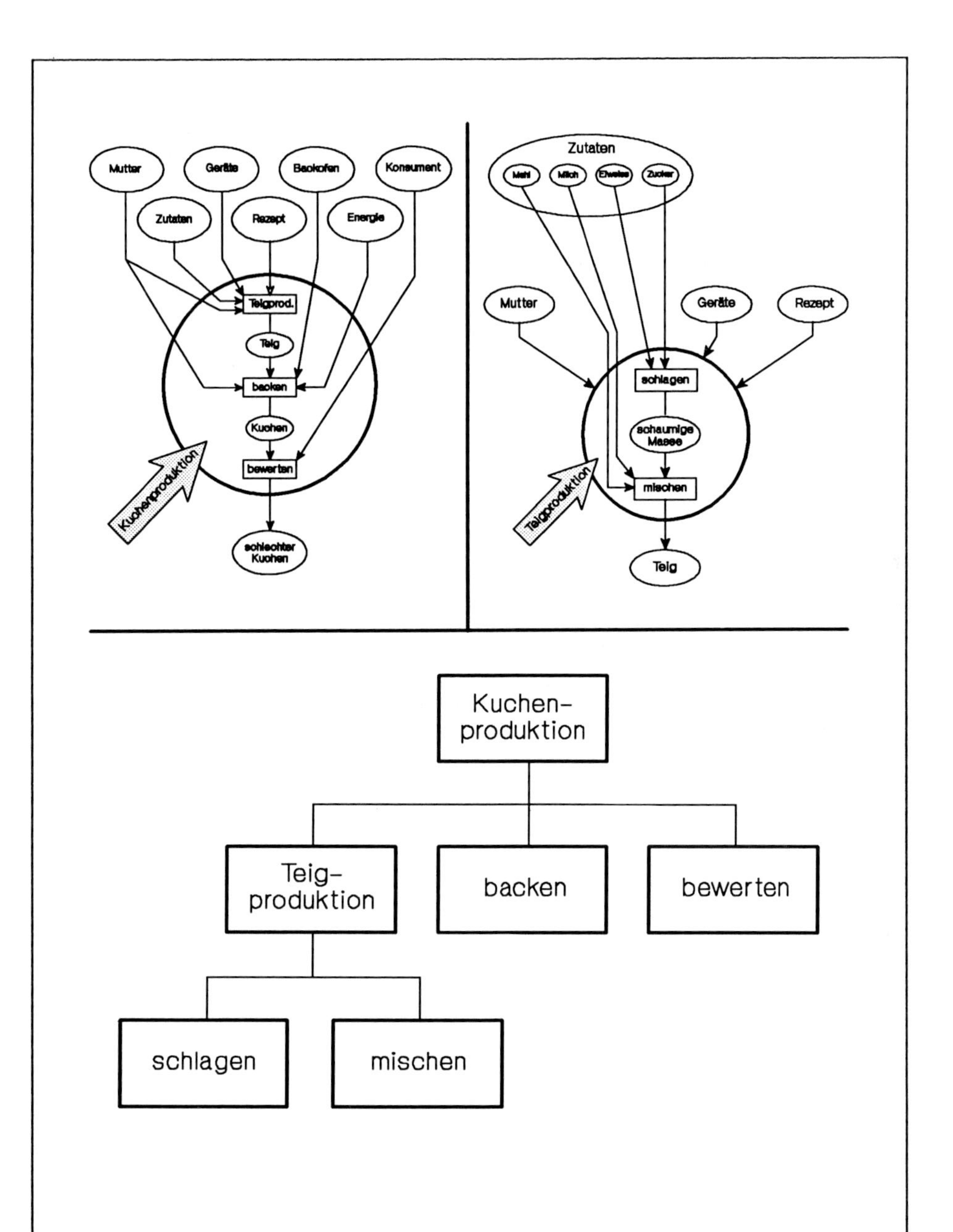

Abb. 2.8 Funktionelles Strukturdiagramm. Zur Erleichterung der Orientierung sind im oberen Teil die Diagramme aus Abb. 2.5 sowie Abb. 2.7 noch einmal in verkleinerter Form vorzufinden. Darunter ist die hierarchische Anordnung des Subsystems und der funktionellen Elemente des Systems *Kuchenproduktion* zu erkennen.

Fasst man beispielsweise den *Menschen* als System auf, so ist dieses nach innen in die Untersysteme *Gehirn, Herz, Augen, Lunge, Verdauungssystem*, etc. aufzubrechen. Die genannten Untersysteme basieren ihrerseit auf *Zellen*, denen *Moleküle* zugrunde liegen. Umgekehrt führt eine nach aussen gerichtete Betrachtung zu einer auf Übersystemen basierenden Systemhierarchie, sind doch *Menschen* zu *Familien*, diese zu *Stämmen, Gesellschaften, Nationen* zusammenzuschliessen (siehe Abb. 2.9). Stafford Beer meint dazu: *"Das Universum scheint sich aufzubauen aus einem Gefüge von Systemen, wo jedes System von einem jeweils grösseren umfasst wird – wie ein Satz von hohlen Bauklötzen"*.

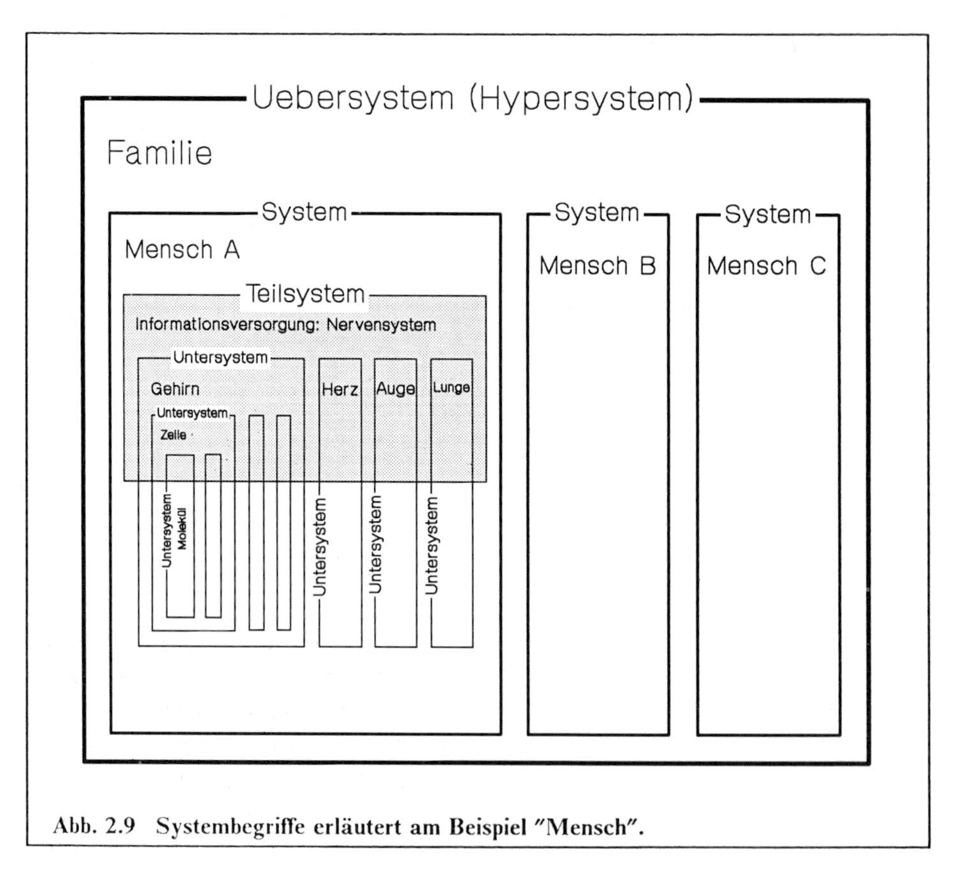

Abb. 2.9 Systembegriffe erläutert am Beispiel "Mensch".

A. Köstler [13] hat darauf hingewiesen, dass Teile und Ganzheiten im absoluten Sinne im einzelnen gar nicht existieren. Diesem Umstand Rechnung tragend, nennt er eine sowohl als Ganzes wie auch als Teil in Erscheinung tretende abgrenzbare Gesamtheit von Elementen und deren Beziehungen ein *Holon*. Jedes Holon – so Köstler – verfolgt zwei entgegengesetzte Tendenzen: *"Eine integrierende Tendenz möchte als Teil des grösseren Ganzen fungieren, während eine Tendenz zur Selbstbehauptung die individuelle Autonomie zu bewahren strebt. In einem biologischen oder gesellschaftlichen System muss jedes Holon seine Individualität behaupten, um die geschichtete Ordnung des Systems aufrechtzuerhalten, doch muss es sich auch den Anforderungen des Ganzen unterwerfen, um das System lebensfähig zu machen. Diese beiden Tendenzen sind gegensätzlich und doch komplementär. In einem gesunden System halten sich Integration und Selbstbehauptung im Gleichgewicht" [13].*

Wichtig ist auch, dass man ein System gewissermassen durch einen Filter betrachten und eine für einen bestimmten Aspekt bedeutsame Auswahl von Systemelementen in den Mittelpunkt der Betrachtung stellen kann. Man spricht in diesem Zusammenhang von einer *Teilsystembetrachtung.* F. Dänzer meint dazu: *"Die hierarchische Gliederung in Untersysteme und die Gliederung in Teilsysteme schliessen sich gegenseitig nicht aus, sondern ergänzen sich: Der hierarchische Gliederungsaspekt macht ein System überblickbar, indem er eine Zuordnung von Untersystemen zu übergeordneten Einheiten ermöglicht. Die Teilsystem-Betrachtung gestattet es, bestimmte Eigenschaften von Systemen, bzw. Elementen und Beziehungen, in den Vordergrund zu stellen, bzw. andere zu vernachlässigen" [4].*

Fasst man den *Menschen* wiederum als ein die Untersysteme *Gehirn, Herz, Augen*, etc. beinhaltendes System auf, so liessen sich beispielsweise die Aspekte Informationsübertragung – also *Nervensystem* – oder Energieversorgung – also *Blutkreislauf* – als Teilsysteme auffassen (siehe Abb. 2.9).

Es ist interessant, die im 1. Kapitel diskutierte *objekt- bzw. datenorientierte Vorgehensweise* im Lichte der vorstehenden Überlegungen zu betrachten. Abb. 2.10 illustriert diese Betrachtungsweise. Zu erkennen sind Anwendungen wie beispielsweise das *Fabrikationssystem* mit den Untersystemen *Material-Eingangskontrolle, Lagerung, Montage, Spedition*, das *Personalsystem* sowie das *Finanzsystem.* Für jede Anwendung sind sowohl Funktionen wie auch Daten von Bedeutung. Letztere kommen in Abb. 2.10 aufgrund der schattiert gekennzeichneten Teilsysteme zum Ausdruck. Die datenspezifischen Teilsysteme aller Anwendungen bilden das Datensystem. Dieses ist zusammen mit den Anwendungssystemen als ein dem Gesamtinformationssystem entsprechendes Übersystem aufzufassen. Sehr schön zum Ausdruck kommt die über das Datensystem zustande kommende *Vernetzung* der Anwendungen.

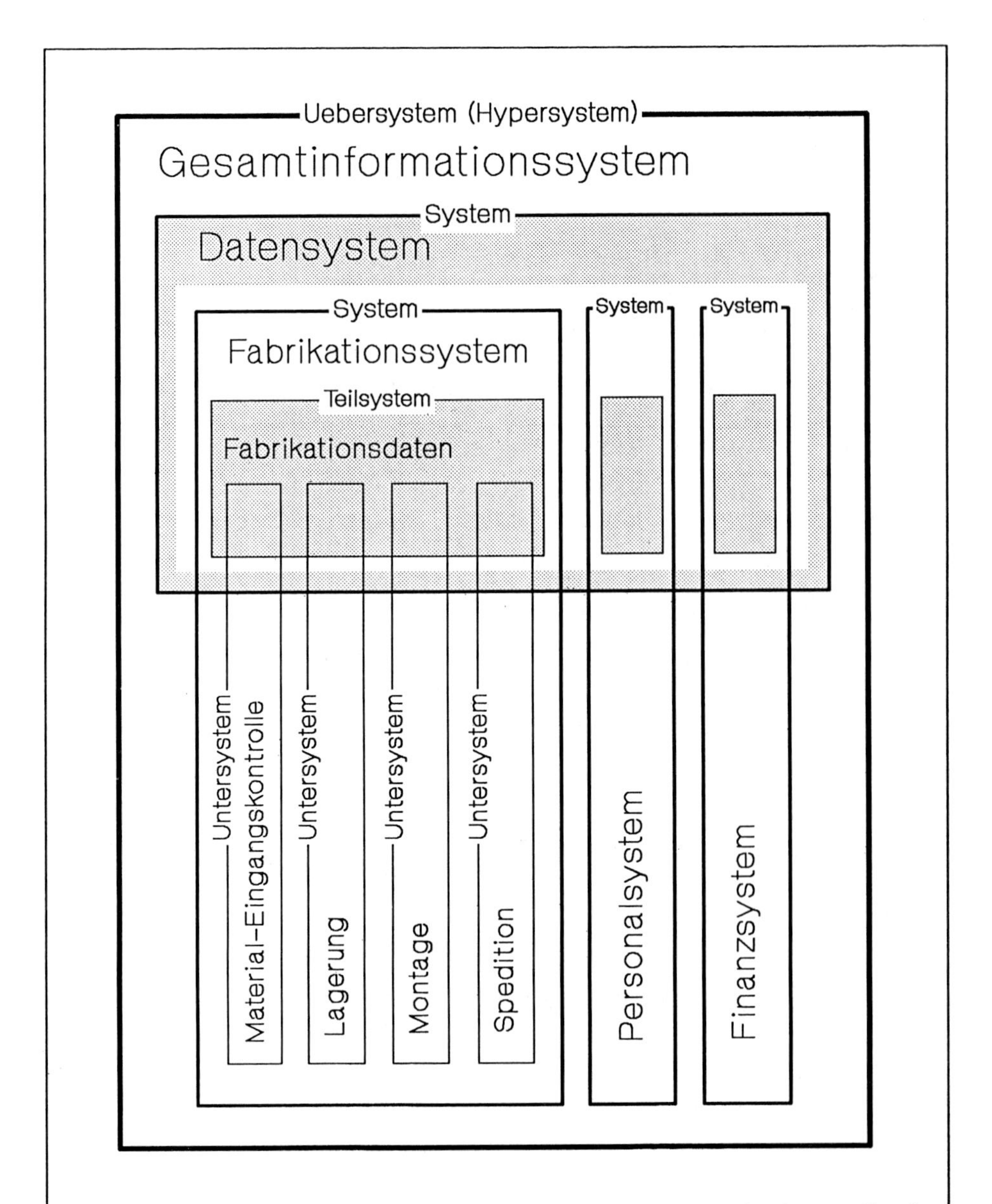

Abb. 2.10 Effekt der objekt- bzw. datenorientierten Vorgehensweise dargestellt mit systemtheoretischen Begriffen.

Wir fassen zusammen:

1. Bei der *Systemauflösung* gelangen wirkungsbezogene und strukturbezogene Systembetrachtungen alternierend zur Geltung.

2. Eine *Systemauflösung* ermöglicht differenzierte Aussagen sowohl bezüglich des aufzulösenden funktionellen Systemelementes wie auch bezüglich seiner realen Umweltelemente.

3. Im Sinne einer Vereinfachung systemmässiger Darstellungen gilt, dass eine von der Umwelt in das System einfliessende Strömung alle funktionellen Systemelemente betrifft, sofern besagte Strömung nur bis an die Systemgrenze gezogen wird.

4. Subsysteme und funktionelle Elemente eines Systems sind an einer *hierarchischen Struktur* beteilgt.

5. Die hierarchische Gliederung eines Systems ermöglicht die Abstimmung von Teilfunktionen auf die Anforderungen und Bedürfnisse des Gesamtsystems und fördert damit ein *ganzheitliches Denken.*

6. Die hierarchische Systemanordnung ist nicht nur nach innen, sondern auch nach aussen von Bedeutung. So sind Systeme derselben Ebene zu einem System höherer Ordnung zusammenzukoppeln, wodurch ein Übersystem (Hypersystem) resultiert.

7. Konzentriert man sich, gewissermassen durch einen Filter blickend, auf eine für einen bestimmten Aspekt bedeutsame Auswahl von Elementen und Beziehungen, so ist von einer *Teilsystem-Betrachtung* die Rede.

Systemdenken und Problemlösungsverhalten

Mit der Systemtheorie ist ein beliebiger Sachverhalt vom Groben zum Detail zu zerlegen. Die resultierenden Subsysteme ermöglichen eine detaillierte Bearbeitung von Teilaspekten dergestalt, dass die ermittelten Ergebnisse jederzeit in ein Gesamtkonzept passen. Etwas prosaischer formuliert: Mit der Systemtheorie ist zu gewährleisten, dass man über den Dingen steht und den Wald nicht aus den Augen verliert, selbst wenn man sich mit den Bäumen abgibt.

Was die Anwendung des Systemdenkens im Rahmen unseres Problemlösungsverhaltens anbelangt, so ist Abb. 2.11 zu entnehmen, dass man normalerweise zunächst den IST-Zustand systemmässig festhält. Hat man sich aufgrund von Systemauflösungen hinsichtlich der den IST-Zustand betreffenden Ursachen und Wirkungen hinreichend ins Bild gesetzt, so sind die *Schwachstellen* des IST-Zustandes ausfindig zu machen. Das Erkennen von Schwachstellen ist eine wichtige Voraussetzung zur Festlegung von *Anforderungen* (d.h. *Zielen*) an das SOLL-System.

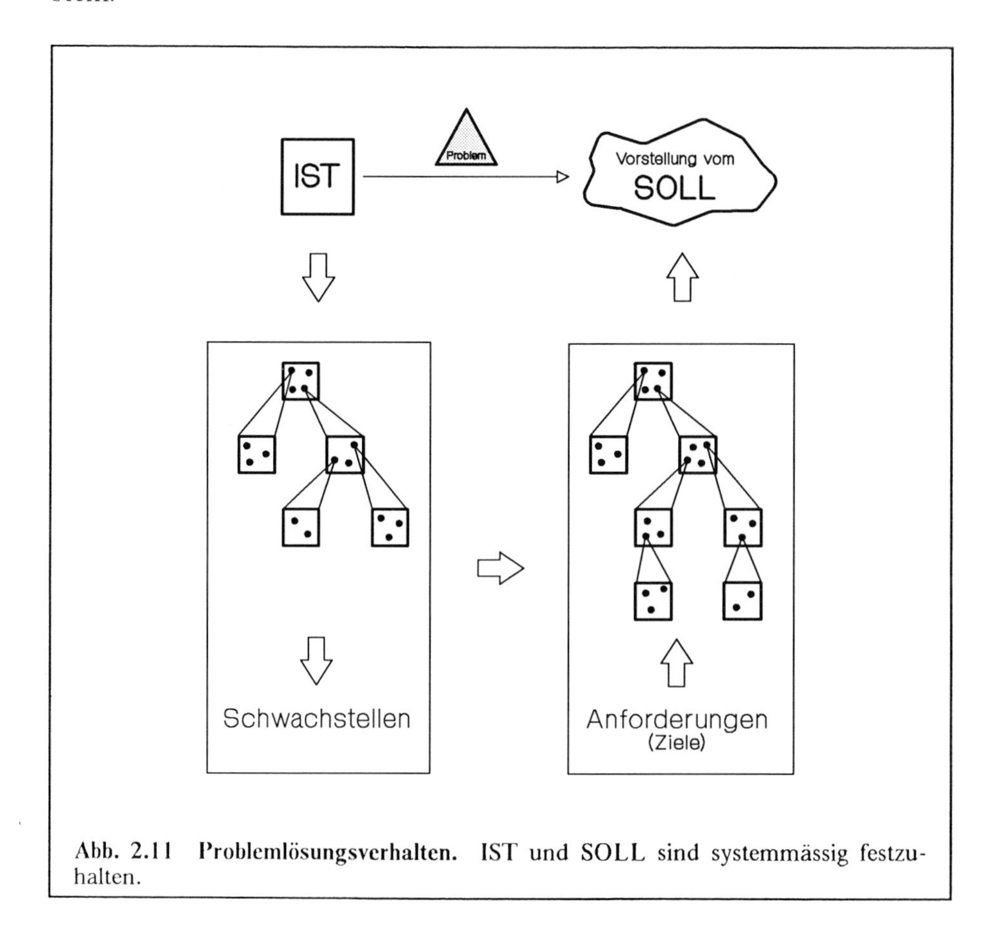

Abb. 2.11 Problemlösungsverhalten. IST und SOLL sind systemmässig festzuhalten.

Liegen die Anforderungen an das SOLL-System vor, so ist dieses wiederum systemmässig festzuhalten. Orientiert man sich dabei an den Darstellungen des IST-Zustandes, so ist die Vorstellung vom SOLL mit wenig Aufwand ins Bild zu setzen. Dies gilt vor allem dann, wenn sogenannte CASE-Tools[2] zur Anwendung gelangen, mit denen die das Systemdenken betreffenden Darstellungen nicht nur maschinell zu erstellen, sondern auch hinsichtlich Korrektheit und Vollständigkeit zu überprüfen sind.

Die folgenden Abbildungen illustrieren, wie man sich maschinell erstellte, den bekannten Sachverhalt *"Mutter bäckt schlechte Kuchen"* betreffende Diagramme vorzustellen hat.

Zu beachten ist, dass für die Visualisierung des Systemdenkens verschiedene Ansätze denkbar sind. So ist die in Abb. 2.12 und Abb. 2.13 verwendete Darstellungsart M. Lundeberg zu verdanken [17], während den Diagrammen aus Abb. 2.14 und Abb. 2.15 ein Darstellungsvorschlag von C. Gane und T. Sarson [8] zugrunde liegt. Welche Darstellungsart zur Anwendung gelangt ist solange unwichtig, als die Bilder mühelos zu erstellen und zu modifizieren sowie auch Nichtinformatikern verständlich zu machen sind. Nur so sind Kommunikationsprobleme zu entschärfen und Lösungen *kooperativ* – also mit Beteiligung von Entscheidungsträgern, Schlüsselpersonen, Sachbearbeitern sowie Informatikern – zu entwickeln. Mit der Sprache allein ist niemals der gleiche Effekt zu erzielen wie mit Bildern; vor allem dann nicht, wenn Spezialisten und Nichtspezialisten zu kommunizieren haben. Nicht umsonst postuliert Peter Schudel, der frühere Präsident der Gesellschaft ehemaliger Studierender der Eidg. Technischen Hochschule: *"Es reicht nicht, dass der ETH-Absolvent (der Informatiker) die Fachproblematik, seine gewählte Arbeitsmethodik und die erzielten Resultate in seiner nur ihm vertrauten Fachsprache zu rapportieren in der Lage ist. Er muss sich auch den Nichtspezialisten verständlich machen und deren Interesse für seine Arbeiten wecken können."* Und auch ein Top-Manager deutet auf den gleichen Sachverhalt hin, wenn er zum Ausdruck bringt: *"Fachexperten in Ehren, aber wenn die Mitarbeiter mit solchen Koryphäen nicht gerne zusammenarbeiten, wenn sie nicht gerne zu ihnen kommen, nicht gerne mit ihnen reden, dann ist in der Unternehmung viel vertan."*

Auf der andern Seite hat sich auch der Nichtspezialist einer verständlichen Ausdrucksweise zu befleissigen. Was nämlich auf der einen Seite die Fachsprache, das ist auf der andern Seite ein undurchschaubarer Dschungel an *Synonymen* und *Homonymen*[3]. Dieser Dschungel be-

---

[2] CASE ist die Abkürzung für Computer Aided Software Engineering.

[3] Zur Erinnerung: *Synonyme* sind unterschiedliche Begriffe zur Bezeichnung ein und desselben Objekts (beispielsweise *"Kunde"* und *"Abnehmer"*). Demgegenüber bezeichnet man mit *Homonymen* gleiche Bezeichnungen für unterschiedliche Objekte (beispielsweise *"Bank"* im Sinne eines Geldinstitutes respektive eines Möbelstückes).

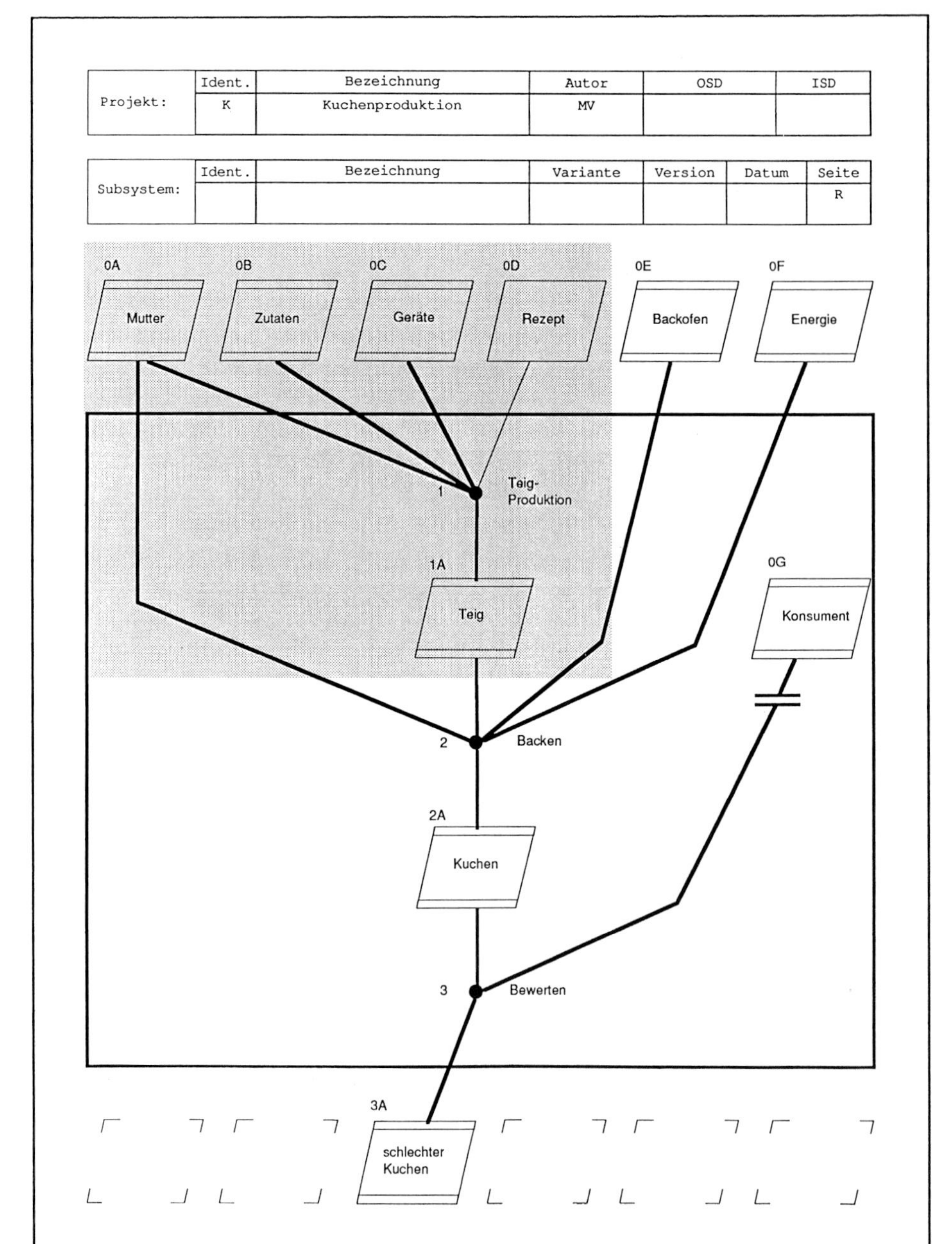

Abb. 2.12 System "Kuchenproduktion" dargestellt mittels eines Präzedenzdiagrammes gemäss M. Lundeberg [17]. Die Tätigkeit *Teigproduktion* ist – zusammen mit der schattiert gekennzeichneten Umwelt – in Abb. 2.13 als Subsystem vorzufinden. (Von der C.I.T. GmbH in Berlin mit MetaDesign erstellt).

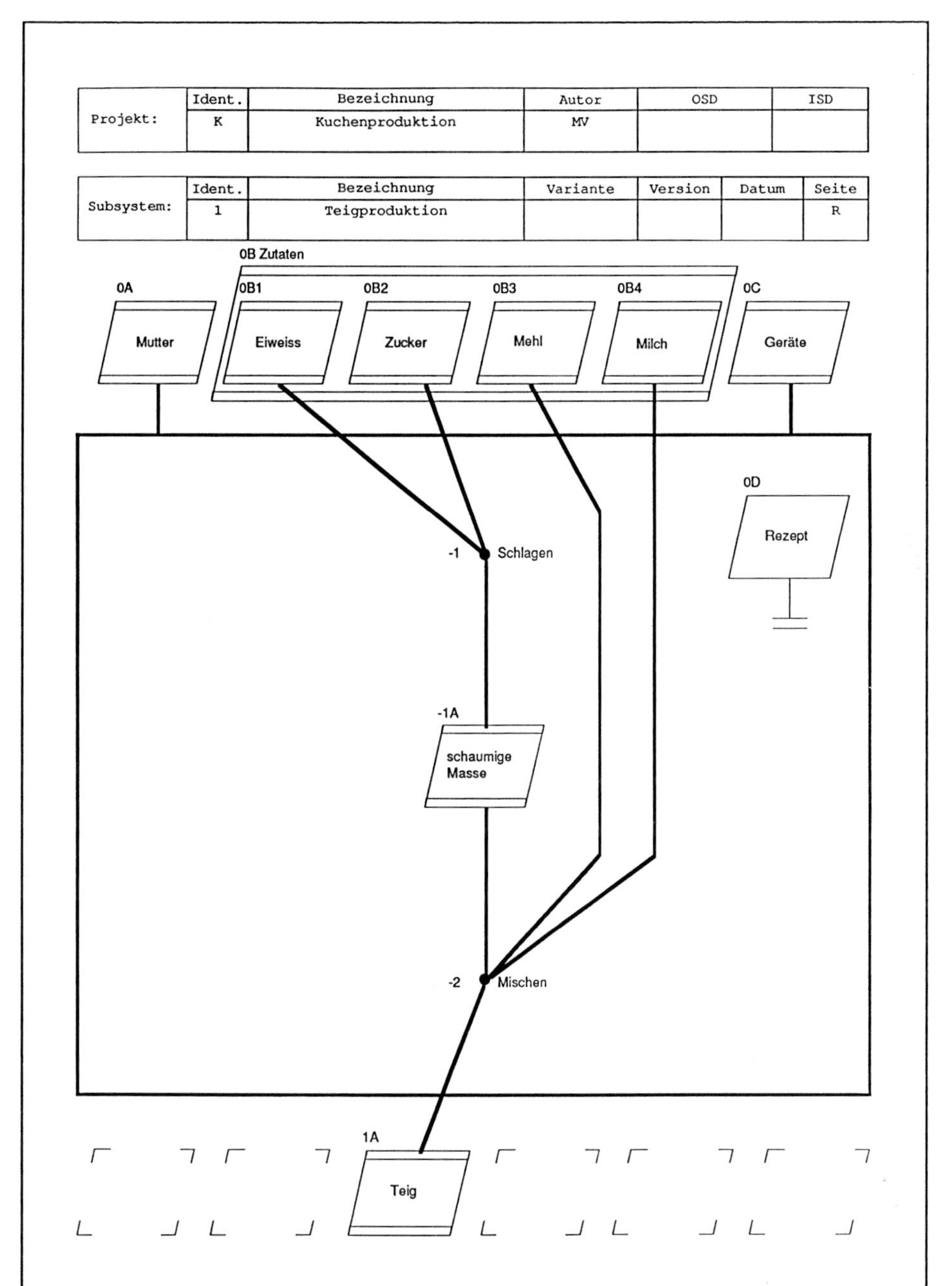

Abb. 2.13 Subsystemdiagramm "Teigproduktion" dargestellt mittels eines Präzedenzdiagrammes gemäss M. Lundeberg. (Von der C.I.T. GmbH in Berlin mit MetaDesign erstellt).

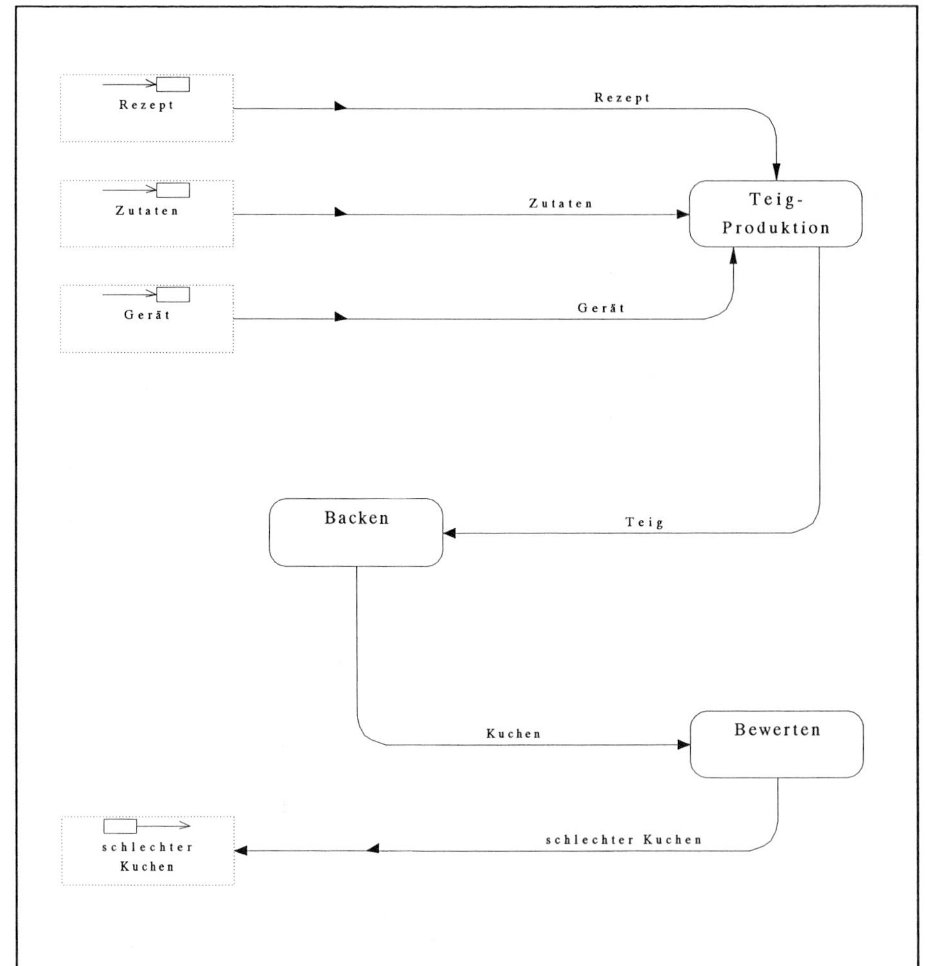

Abb. 2.14 System "Kuchenproduktion" dargestellt mittels eines Datenflussdiagrammes gemäss C. Gane und T. Sarson [8]. Die Tätigkeit *Teigproduktion* ist in Abb. 2.15 als Subsystem vorzufinden. (Von der ATAG Informatik AG mit ADW von KnowledgeWare, Inc. erstellt).

einträchtigt die Kommunikation zwischen Spezialisten und Nichtspezialisten und erschwert letzteren, bezüglich ihrer Bedürfnisse und Erwartungen auf einen gemeinsamen Nenner zu kommen.

Selbst im alten China war sich ein angehender Kaiser der dem Worte innewohnenden Problematik im Kommunikationsprozess bewusst. Als man ihm nämlich die Frage vorlegte, was er denn als erstes tun werde, um sein zerstrittenes Reich zu befrieden, antwortete er: *"Zuerst und vor allem werde ich die Bedeutung der Wörter wieder herstellen."*

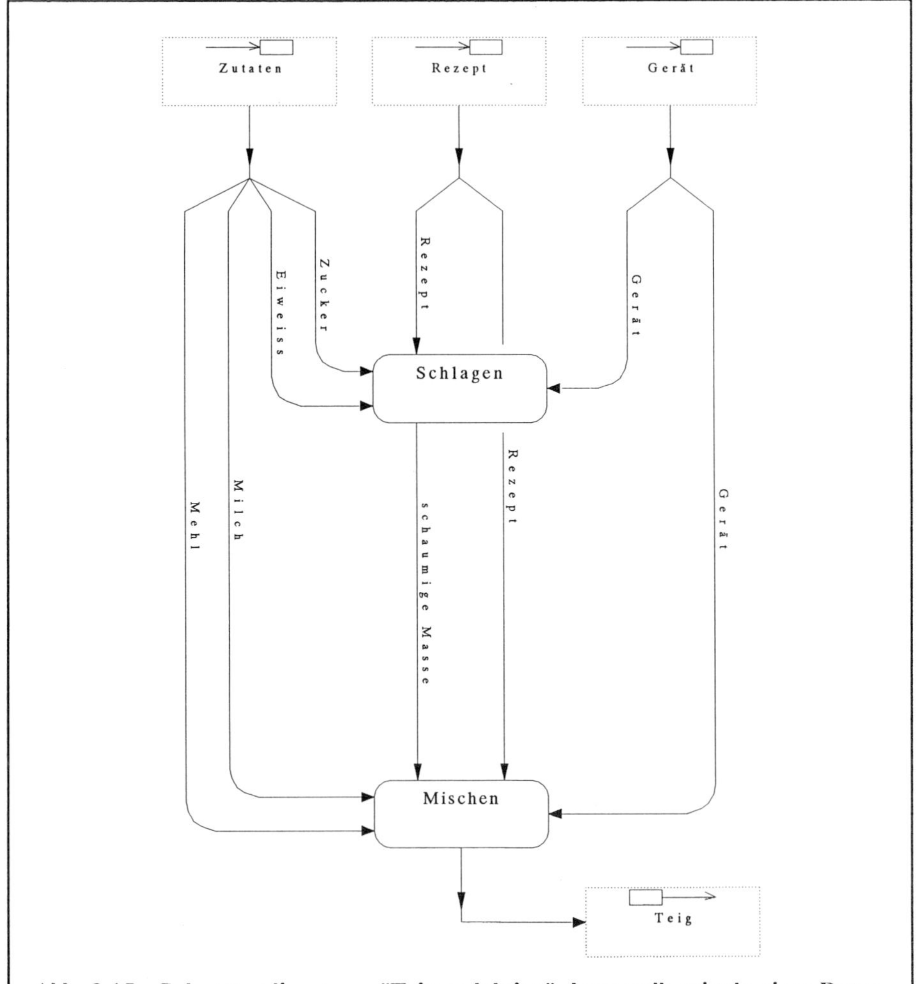

Abb. 2.15 Subsystemdiagramm "Teigproduktion" dargestellt mittels eines Datenflussdiagrammes gemäss C. Gane und T. Sarson. (Von der ATAG Informatik AG mit ADW von KnowledgeWare, Inc. erstellt).

Die Überlieferung schweigt sich über den Erfolg des zitierten Kaisers aus. Wie auch immer: Die Bewältigung der Aufgabe dürfte ihm nicht leicht gefallen sein, hängt doch die Bedeutung der Wörter in ganz erheblichem Masse vom nicht ganz einfach zu umschreibenden Kontext ab. Wird die Mächtigkeit des Wortes aber mit jener von Bildern kombiniert, so lässt sich sehr viel leichter gewährleisten, dass eine Aussage verschiedenenorts identisch interpretiert wird. Dies gilt umso mehr, als die Bilder mit einer beschränkten Anzahl von möglichst einfachen Symbolen zustande kommen.

Allerdings: Damit ein Bild seiner Bestimmung zu genügen vermag, muss es nicht nur aufgrund einer beschränkten Anzahl von möglichst einfachen Symbolen zustande kommen, sondern es muss sich auch auf das *Wesentliche* beschränken. Die Systemtheorie kommt dieser Erkenntnis insofern entgegen, als sie die Lösung für ein Problem systematisch vom Groben zum Detail zu entwickeln erlaubt. Dabei resultieren übersichtliche, Teilaspekte betreffende Bilder, die sich jederzeit in ein Gesamtkonzept integrieren lassen.

3 Realitätsabbildung mittels Daten: Die menschlichen Gesichtspunkte

In diesem Kapitel kommen Überlegungen zur Sprache, mit welchen die Realität in einer dem menschlichen Verständnis entgegenkommenden *konzeptionellen* (d.h. hardware- und softwareunabhängigen) Weise abzubilden ist.

Das Kapitel ist wie folgt gegliedert: Zunächst wird in Abschnitt 3.1 gezeigt, wie ein Realitätsausschnitt mittels *Konstruktionselementen zur Darstellung von Einzelfällen* abzubilden ist. Besagte Konstruktionselemente betreffen exemplarspezifische Feststellungen der Art *"Der Mitarbeiter namens X arbeitet in der Abteilung Y"*.

Weil eine Abbildung der Realität mit Konstruktionselementen zur Darstellung von Einzelfällen ausserordentlich mühsam ist, werden in Abschnitt 3.2 *Konstruktionselemente* vorgestellt, die stellvertretend *für viele Einzelfälle* in Erscheinung treten können. Damit sind abstrakte und kompakte, dennoch auch Nichtinformatikern verständliche Datenmodelle definierbar, mit denen allgemein gültige Aussagen der Art *"Ein Mitarbeiter hat einen Namen und arbeitet in einer Abteilung"* festzuhalten sind.

Sämtliche Konstruktionselemente werden anhand eines durchgehenden Beispiels, welches die medizinische Betreuung von Patienten durch Ärzte zum Inhalt hat, im Detail vorgestellt. Zusätzliche Beispiele ermöglichen eine Vertiefung der erarbeiteten Erkenntnisse.

Abschnitt 3.3 befasst sich abschliessend mit der Frage, wie *konzeptionelle Datenmodelle* mit Hilfe von *Konstruktionselementen zur Darstellung mehrerer Einzelfälle* zu konstruieren sind.

3.1 Konstruktionselemente zur Darstellung von Einzelfällen

Man stelle sich vor, für ein Spital sei ein Informationssystem zu realisieren. Selbstverständlich wird man zu diesem Zwecke zunächst abklären, wofür denn überhaupt Informationen zu berücksichtigen sind. Man wird mit andern Worten *Informationsobjekte* – oder wie man in der Informatik zu sagen pflegt: ***Entitäten*** – wie *Ärzte, Patienten, Medikamente, Räume, Instrumente* etc. definieren müssen. Sodann wird man zu bestimmen haben, wie einzelne Entitäten zu charakterisieren sind. Dies erfordert das Festlegen von ***Eigenschaften*** wie *Name, Wohnort, Geburtsdatum* etc. zusammen mit ***Eigenschaftswerten*** wie *Verena, Fritz, Maja, ..., Zürich, Basel, Bern, ..., 6.2.1938, 23.8.1976, ...* Sind Eigenschaften und Eigenschaftswerte festgelegt, so wird man diese den zuvor definierten Entitäten zuordnen müssen. Dadurch kommen sogenannte ***Fakten*** zustande. Schliesslich wird man Entitäten miteinander in ***Beziehung*** setzen wollen, um beispielsweise zum Ausdruck zu bringen, welche Ärzte welche Patienten behandeln.

Die im vorstehenden Text fett gedruckten Begriffe

- ***Entität***
- ***Eigenschaft***
- ***Faktum***
- ***Beziehung***

repräsentieren *Konstruktionselemente zur Darstellung von Einzelfällen.* Wir wollen im folgenden zu diesen Konstruktionselementen weitere Einzelheiten zur Kenntnis nehmen und beantworten zu diesem Zwecke zunächst die Frage:

Was ist eine Entität?

Entitäten repräsentieren die für eine Unternehmung relevanten *Informationsobjekte.* Demzufolge:

Eine *Entität* ist ein individuelles und identifizierbares Exemplar von Dingen, Personen oder Begriffen der realen oder der Vorstellungswelt [45], für welches betriebsbezogene Informationen von Bedeutung sind.

Abb. 3.1.1 zeigt einige Beispiele für Entitäten. Offenbar kann eine Entität sein:

Eine Entität kann sein:	Beispiele
Ein Individuum	 Einwohner, Mitarbeiter, Student, Dozent
Ein reales Objekt	 Maschine, Gebäude, Produkt
Ein abstraktes Konzept	Fachgebiet "Informatik" Vorlesung "Mathematik"
Ein Ereignis	Immatrikulation eines Studenten Rechnungsverbuchung

Abb. 3.1.1 Beispiele für Entitäten.

- Ein *Individuum* wie beispielsweise ein Einwohner, ein Mitarbeiter, ein Student, ein Dozent, usw.
- Ein *reales Objekt* wie beispielsweise eine Maschine, ein Gebäude, ein Produkt, usw.
- Ein *abstraktes Konzept* wie beispielsweise ein Fachgebiet, eine Vorlesung, usw.

- Ein *Ereignis* wie beispielsweise die Immatrikulation eines Studenten, eine Rechnungsverbuchung, usw.

Aus der Sicht eines Modellentwerfers ist eine *Entität* in jedem Fall:

- Eine eindeutig identifizierbare Einheit
- Eine Einheit, deren Existenz auf einem geeigneten Speichermedium aufgrund eines Schlüsselwertes darstellbar sein muss
- Eine Einheit, für die Informationen zu sammeln und auf einem geeigneten Speichermedium festzuhalten sind

Was den Aspekt *eindeutig identifizierbare Einheit* betrifft, so bestimmt die jeweilige Sachlage, was als Einheit in Erscheinung treten soll. So wäre beispielsweise entsprechend Abb. 3.1.2 denkbar, dass für eine Anwendung A *Schulklassen*, für eine Anwendung B hingegen *einzelne Schüler* als Entitäten von Bedeutung sind. Es versteht sich, dass dieser Sachverhalt auch in einem Datenmodell gebührend zum Ausdruck kommen muss.

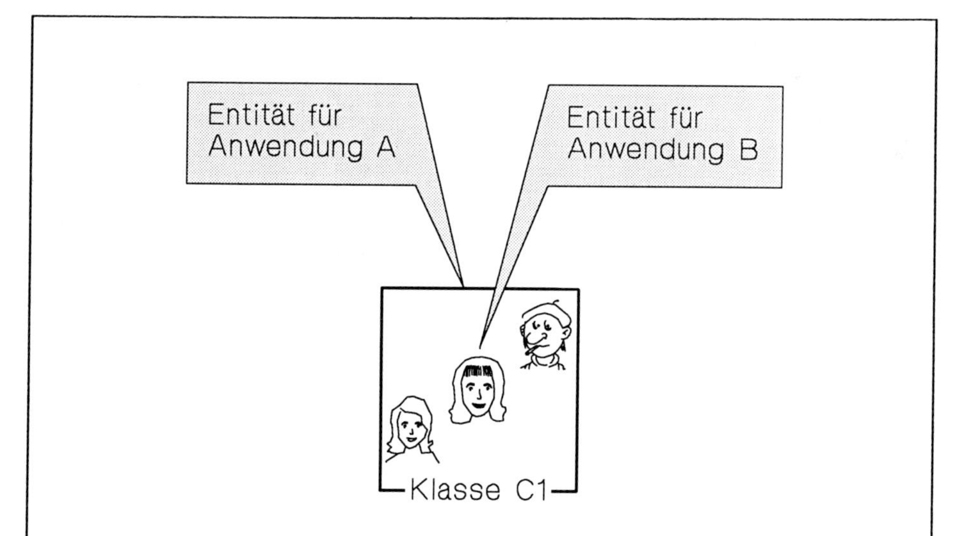

Abb. 3.1.2 Was als Entität in Erscheinung tritt, wird von der Sachlage her bestimmt. Die Abbildung illustriert, dass für eine Anwendung A *Schulklassen*, für eine Anwendung B hingegen *einzelne Schüler* als Entitäten von Bedeutung sind.

Doch nun zurück zu unserem Ärzte-Patienten-Beispiel. Abb. 3.1.3 zeigt zwei unser Beispiel betreffende Entitäten.

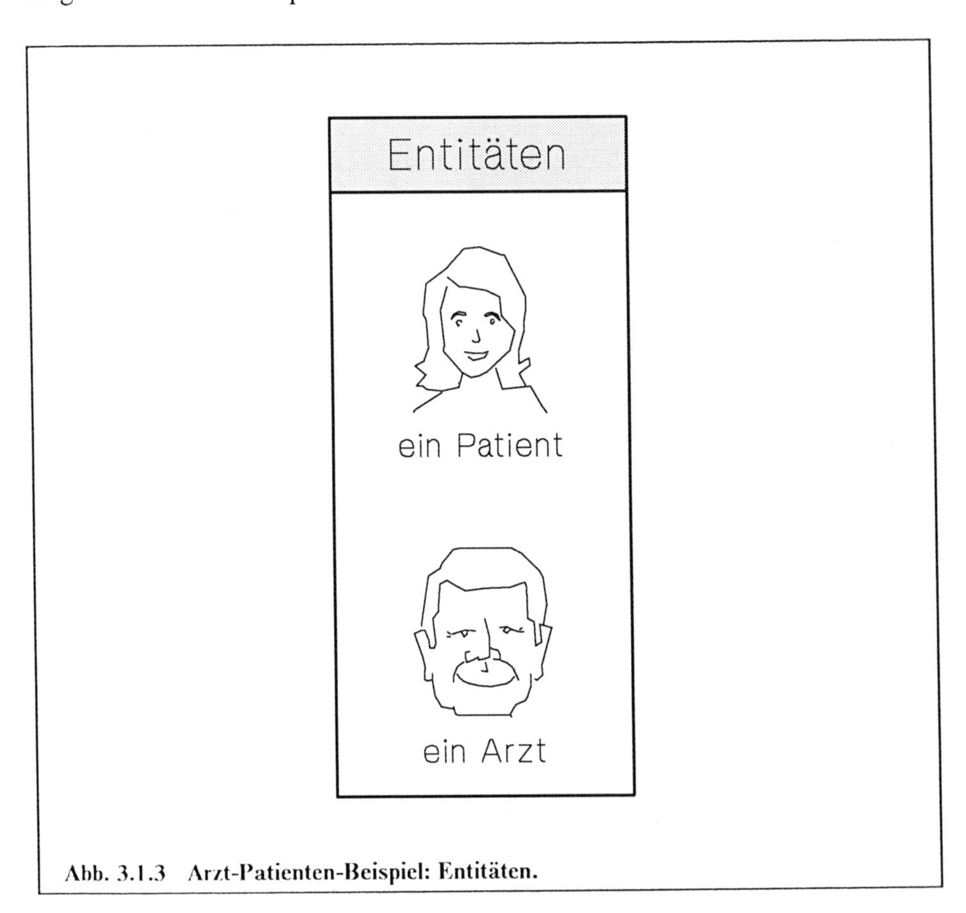

Abb. 3.1.3 Arzt-Patienten-Beispiel: Entitäten.

Was ist eine Eigenschaft?

Eine *Eigenschaft* wird Entitäten zugeordnet und ermöglicht deren

- *Charakterisierung*
- *Klassierung* (kommt in Abschnitt 3.2 zur Sprache)
- *Identifizierung* (im Falle einer Schlüsseleigenschaft)

Abb. 3.1.4 zeigt einige Eigenschaften, mit denen die Entitäten des Arzt-Patienten-Beispiels zu charakterisieren sind. Man sieht, dass eine Eigenschaft einen Namen und mindestens einen Eigenschaftswert aufweist. In der Regel wird der Name mit Grossbuchstaben, Eigenschaftswerte hingegen mit Kleinbuchstaben festgehalten.

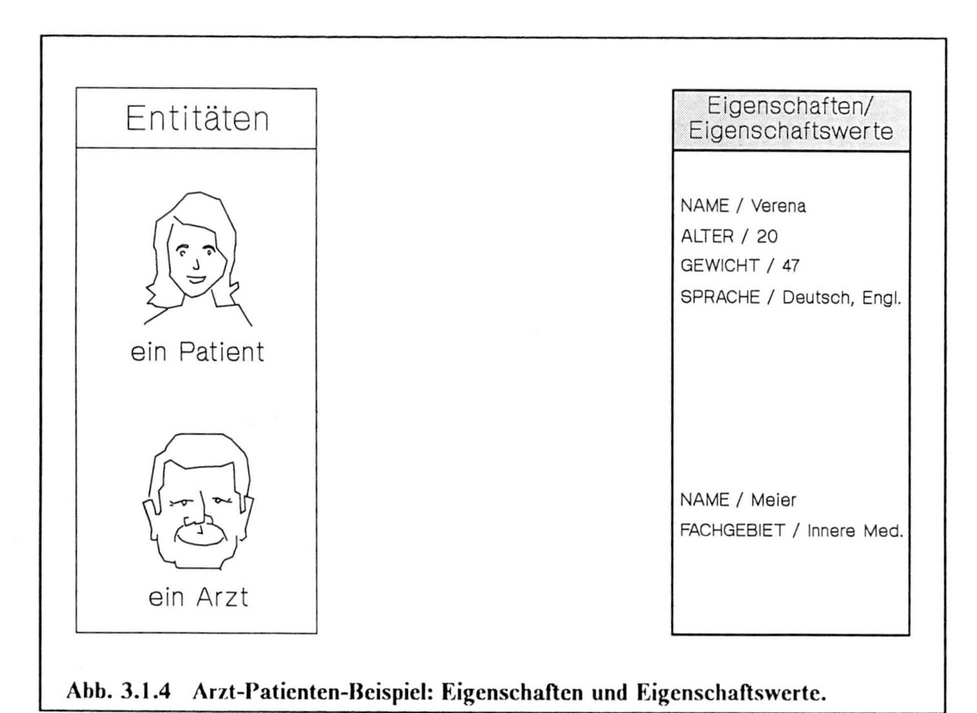

Abb. 3.1.4 Arzt-Patienten-Beispiel: Eigenschaften und Eigenschaftswerte.

Was ist ein Faktum?

Wird einer Entität eine Eigenschaft mit einem Eigenschaftswert zugeordnet, so kommt ein *Faktum* zustande. Demzufolge:

> Ein *Faktum* ist eine Behauptung, derzufolge eine Entität für eine Eigenschaft einen bestimmten Eigenschaftswert aufweist.

An einem *Faktum* sind also immer eine Entität und eine Eigenschaft mit einem oder mehreren Eigenschaftswerten beteiligt. Die Entitäts-Eigenschafts-Paare (also die *Fakten*) aus Abb. 3.1.5 bedeuten, dass die gezeigte Patientin *Verena* heisst, *20 Jahre* alt ist, ein Gewicht von *47 kg* aufweist und die Sprachen *Deutsch* und *Englisch* spricht.

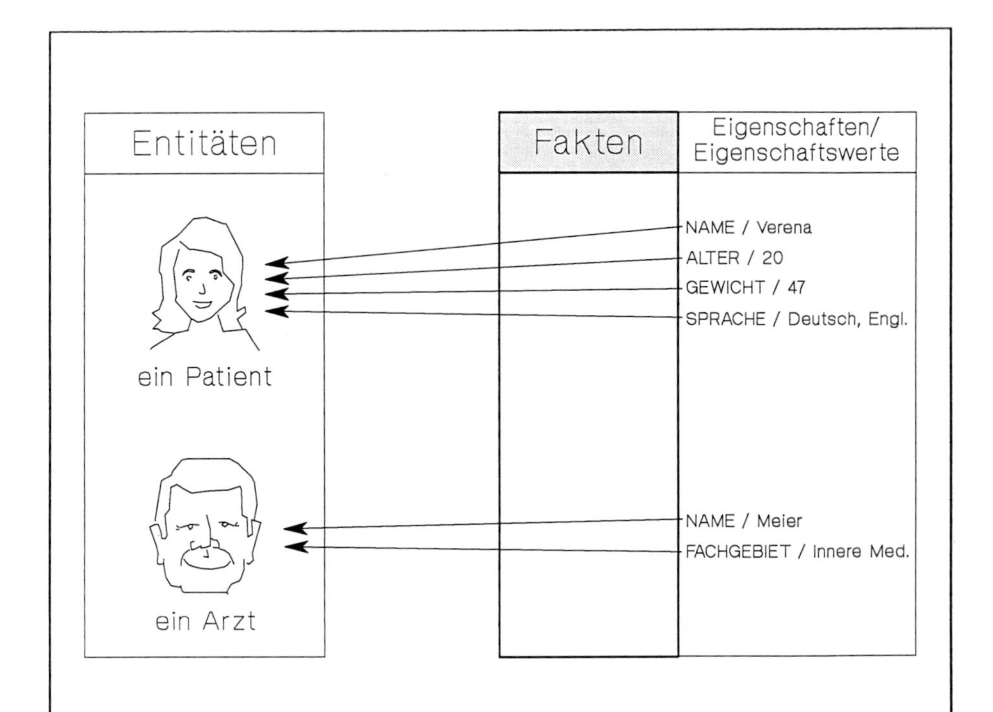

Abb. 3.1.5 Arzt-Patienten-Beispiel: Fakten. Ein Faktum ist eine Behauptung, derzufolge eine spezifische Entität für eine spezifische Eigenschaft einen bestimmten Eigenschaftswert aufweist.

Man beachte, dass ein und derselbe Eigenschaftswert durchaus mehreren Entitäten zuzuordnen ist, wodurch eben entsprechend viele *unterschiedliche Fakten* zustande kommen.

Was ist eine Beziehung?

An einer *Beziehung* sind zwei oder mehr Entitäten beteiligt. Man sagt:

> Eine *Beziehung* assoziiert wechselseitig zwei (möglicherweise mehr als zwei) Entitäten.

In unserem Beispiel halten wir entsprechend Abb. 3.1.6 eine individuelle Beziehung zwischen einem Arzt und einem Patienten formal wie folgt fest:

< Arzt, Patient >

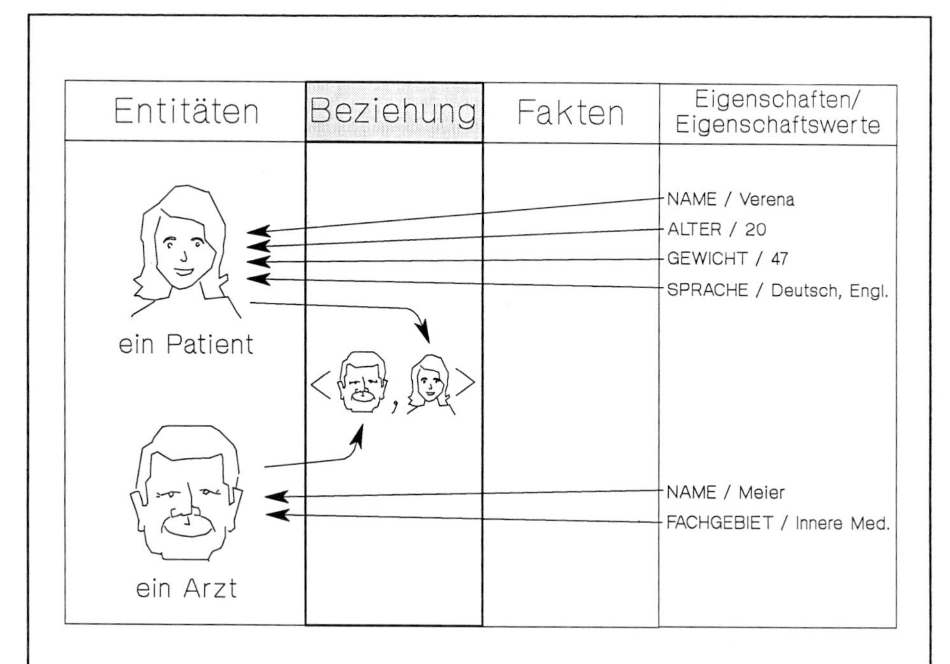

Abb. 3.1.6 Arzt-Patienten-Beispiel: Beziehung zwischen Entitäten. Die an einer Beziehung partizipierenden Entitäten – im Beispiel die Ärztin Meier und die Patientin Verena – werden innerhalb der Zeichen < sowie > aufgeführt.

Der vorstehende Ausdruck repräsentiert ein sogenanntes *Beziehungselement* und besagt, dass ein bestimmter Arzt einen bestimmten Patienten behandelt und umgekehrt, dass ein bestimmter Patient von einem bestimmten Arzt behandelt wird.

Berücksichtigen wir neben einem Patienten und einem Arzt auch das Behandlungszimmer, so kommt folgendes Beziehungselement zustande:

< Arzt, Patient, Zimmer >

An einem Beziehungselement sind also in der Regel zwei (möglicherweise auch mehr als zwei) Entitäten beteiligt. Im Spezialfall sind sogar Beziehungselemente denkbar, die nur eine Entität betreffen. So wäre der Sachverhalt, demzufolge ein Arzt sich selber behandelt, wie folgt darzustellen:

< Arzt, Arzt >

Abb. 3.1.7 illustriert, dass auch für ein Beziehungselement Fakten möglich sind. So kommt in Abb. 3.1.7 aufgrund der dem Beziehungselement zugeordneten Eigenschaft KRANKHEIT/*Angina* ein Faktum zustande, welches besagt, dass der gezeigte Arzt für den von ihm behandelten Patienten die Krankheit Angina diagnostiziert.

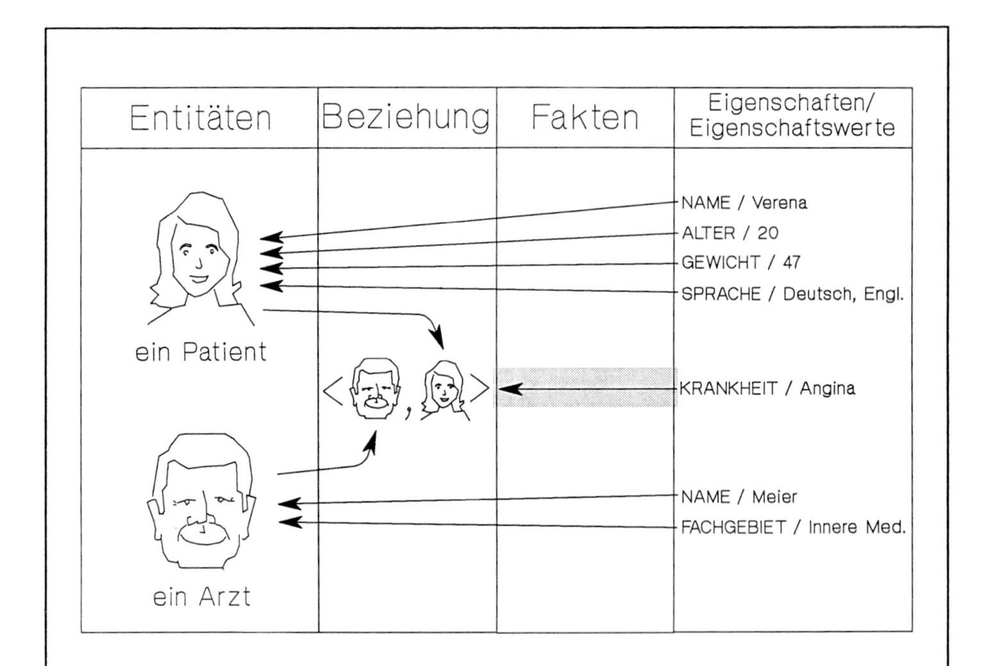

Abb. 3.1.7 Arzt-Patienten-Beispiel: Faktum für Beziehungselement. Ein Faktum kann auch eine Behauptung sein, derzufolge ein spezifisches Beziehungselement für eine spezifische Eigenschaft einen bestimmten Eigenschaftswert aufweist.

Abb. 3.1.8 zeigt zusammenfassend alle *Konstruktionselemente zur Darstellung von Einzelfällen.* Da derartige Konstruktionselemente keinen effizienten Modellierungsprozess ermöglichen (bei deren Verwendung müsste man sich ja mit sämtlichen Ärzten und Patienten im einzelnen auseinandersetzen), arbeitet man entsprechend Abb. 3.1.8 anstelle einzelner Entitäten mit *Entitätsmengen*, anstelle einzelner Beziehungselemente mit *Beziehungsmengen*, anstelle einzelner Fakten mit *Attributen* (wobei zwischen Entitäts- und Beziehungsattributen unterschieden wird) und anstelle einzelner Eigenschaften mit *Domänen* (auch *Wertebereiche* genannt).

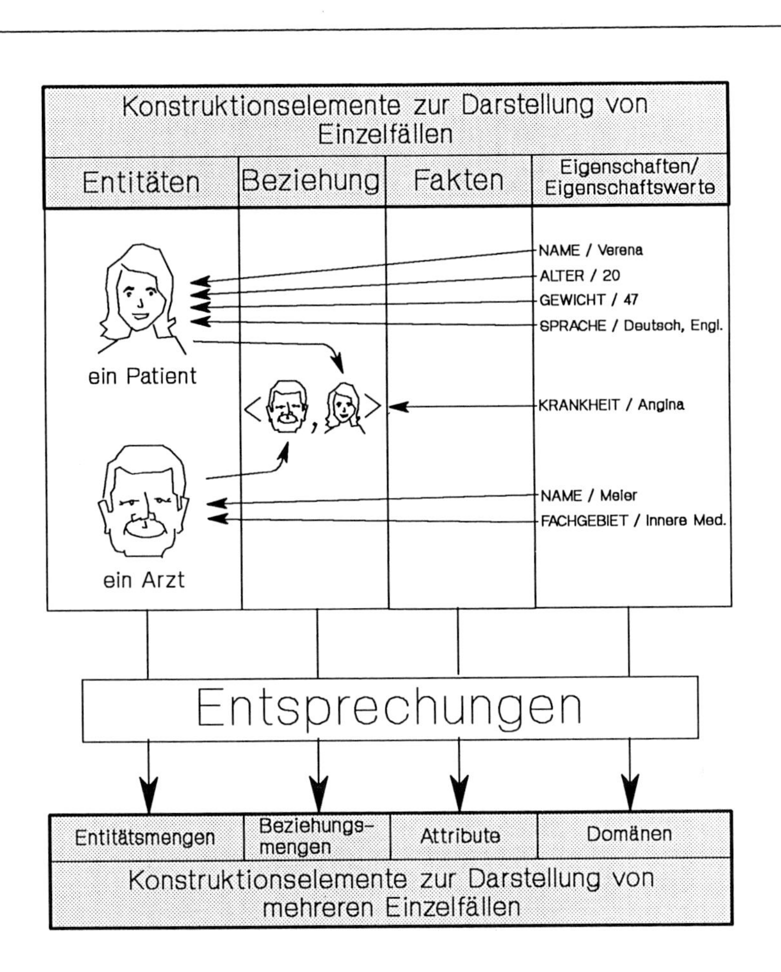

Abb. 3.1.8 Den Einzelfall betreffende Konstruktionselemente. Die Abbildung illustriert, dass für das Festhalten von Sachverhalten, die einzelne Realitäts- oder Vorstellungselemente betreffen, die Begriffe *Entität*, *Beziehung*, *Faktum* sowie *Eigenschaft* erforderlich sind. Ein effizienter Modellierungsprozess erfordert aber die Verwendung von Mengen. So gelangen anstelle einzelner Entitäten *Entitätsmengen*, anstelle einzelner Beziehungselemente *Beziehungsmengen*, anstelle einzelner Fakten *Attribute* (d. h. Entitäts- und Beziehungsattribute) und anstelle einzelner Eigenschaften *Domänen* zum Einsatz.

3.2 Konstruktionselemente zur Darstellung mehrerer Einzelfälle

Zu den Konstruktionselementen, die stellvertretend für mehrere Einzelfälle in Erscheinung treten können, zählt man:

- ***Entitätsmengen***
- ***Domänen*** (auch *Wertebereiche* genannt)
- ***Entitätsattribute***
- ***Beziehungsmengen***
- ***Beziehungsattribute***

Wir wollen uns im folgenden im Detail mit diesen Konstruktionselementen beschäftigen und beantworten zu diesem Zwecke zunächst die Frage:

Was ist eine Entitätsmenge?

Man sagt, dass unterschiedliche aber aufgrund der gleichen Eigenschaften charakterisierte Entitäten vom gleichen *Typ* sind. Damit ist eine *Entitätsmenge* wie folgt zu definieren:

> Eine *Entitätsmenge* ist eine eindeutig benannte Kollektion von Entitäten gleichen Typs.

Im Arzt-Patienten-Beispiel werden alle Patienten aufgrund der gleichen Eigenschaften wie NAME, ALTER, GEWICHT charakterisiert und sind demzufolge entsprechend Abb. 3.2.1 als eine Entitätsmenge namens PATIENT aufzufassen. Desgleichen repräsentiert die Gesamtheit aller Ärzte eine Entitätsmenge (in Abb. 3.2.1 mit ARZT bezeichnet).

Es ist durchaus möglich, dass Entitätsmengen überlappen können. So ist für das Arzt-Patienten-Beispiel denkbar, dass ein Arzt zugleich auch Patient sein kann. Abb. 3.2.2 illustriert, dass es ratsam ist, den überlappenden Entitätsmengen ARZT und PATIENT eine weitere Entitätsmenge PERSON zu überlagern, welche die überlappenden Entitätsmengen umfasst. Mit der überlagerten Entitätsmenge ist zu verhindern, dass ein bestimmtes Faktum (beispielsweise der Name einer

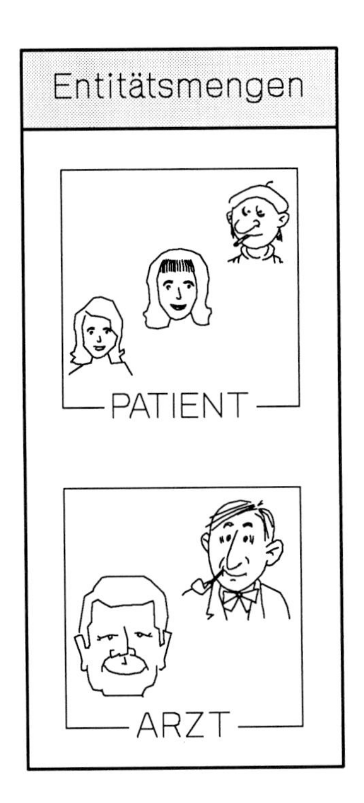

Abb. 3.2.1 Arzt-Patienten-Beispiel: Entitätsmengen. Eine Entitätsmenge stellt eine benannte Kollektion von Entitäten gleichen Typs dar.

Person) redundant festzuhalten ist (beispielsweise für eine Person als Arzt und für die gleiche Person als Patient).

Mit der Überlagerung von Entitätsmengen ist nicht nur Redundanz zu vermeiden. Vielmehr ermöglicht diese Technik auch eine stufenweise *Generalisierung* sowie *Spezialisierung* von Informationen. Abb. 3.2.2 ist zu entnehmen, wie diese Aussage zu interpretieren ist. Wir unterstellen, dass die umfassende Menge PERSON personenspezifische Daten betrifft, die sowohl für Ärzte wie auch für Patienten zutreffen. Ganz anders verhält es sich für eine Untermenge wie ARZT oder PATIENT, sind doch hier spezialisierte, nur Ärzte bzw. Patienten betreffende Aussagen vorzufinden. Der Übergang von einer umfassenden Menge zu einer Untermenge kommt also einer *Spezialisierung von Daten* gleich, während der umgekehrte Vorgang einer *Generalisierung von Daten* entspricht. Wir werden später auf die geschilderten Spezialisierungs- und Generalisierungseffekte nochmals zu sprechen kommen und

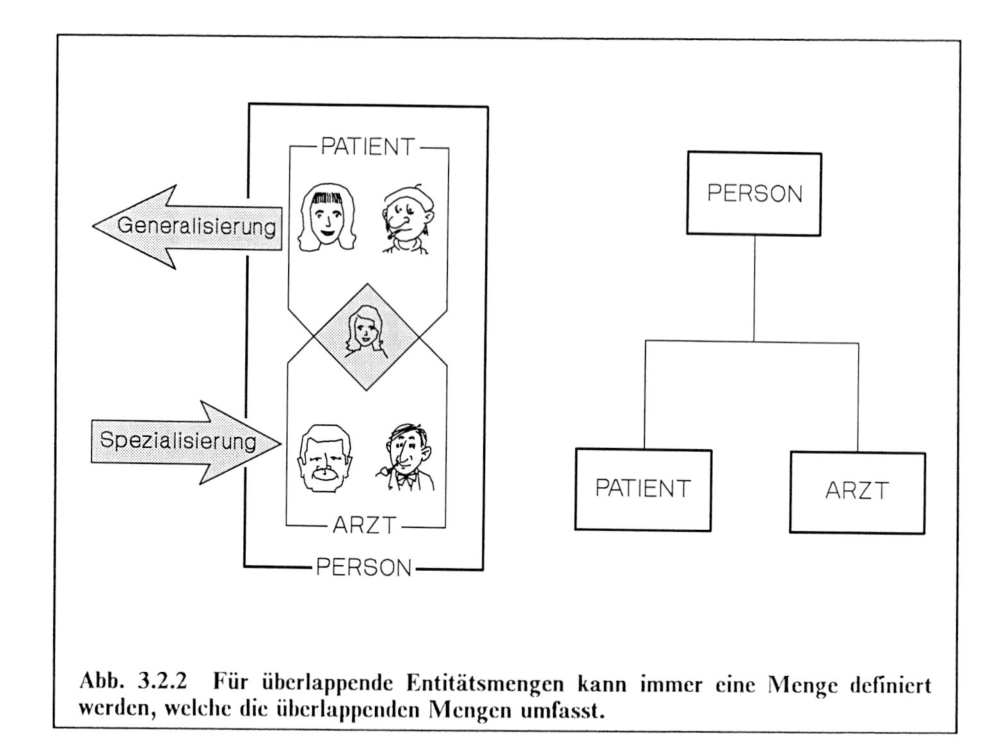

Abb. 3.2.2 Für überlappende Entitätsmengen kann immer eine Menge definiert werden, welche die überlappenden Mengen umfasst.

dabei erkennen, dass letztere beim Aufbau globaler Datenmodelle eine wichtige Rolle spielen.

Die folgenden Beispiele zeigen, dass mit der Überlagerung von Entitätsmengen auch *Verdichtungen von Informationen* zu erzielen sind.

Im linken Teil von Abb. 3.2.3 ist die Entitätsmenge STUDENT zu erkennen. Sie enthält als Entitäten individuelle Studenten, die alle aufgrund von gleichartigen Eigenschaften charakterisiert werden. Im rechten Teil von Abb. 3.2.3 ist der Entitätsmenge STUDENT eine Entitätsmenge KLASSE überlagert, deren Entitäten Schulklassen mit mehreren Studenten darstellen. Die Überlagerung hat im vorliegenden Beispiel also eine *Verdichtung* von Studenten zu Schulklassen zur Folge und führt damit zu einem völlig neuen Entitätstyp.

In diesem Zusammenhang sei an eine Aussage in Abschnitt 3.1 erinnert, derzufolge die jeweilige Sachlage bestimmt, was als Entität in Erscheinung treten soll. Mit der in Abb. 3.2.3 gezeigten Anordnung ist unterschiedlichen Bedürfnissen insofern Rechnung zu tragen, als einer Anwendung X *Schulklassen*, einer anderweitigen Anwendung Y aber *einzelne Schüler* als Entitäten zur Verfügung zu stellen sind.

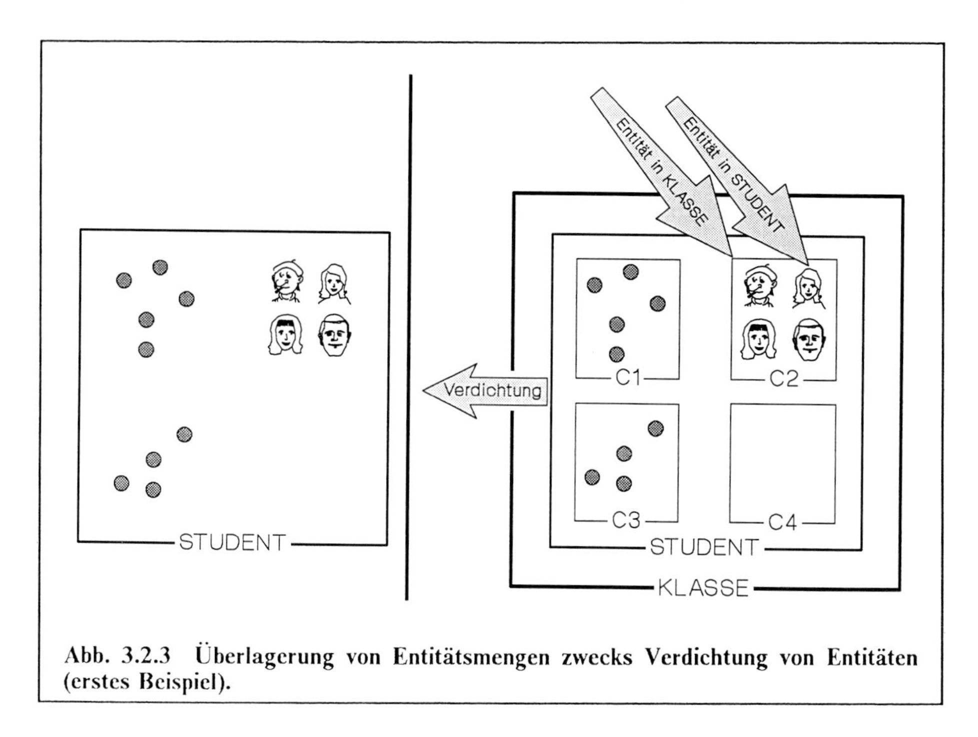

Abb. 3.2.3 Überlagerung von Entitätsmengen zwecks Verdichtung von Entitäten (erstes Beispiel).

Das folgende Beispiel zeigt, dass sich mit der Überlagerung von Entitätsmengen zwecks Verdichtung von Entitäten unter Umständen auch Redundanz vermeiden lässt.

Abb. 3.2.4 zeigt auf der linken Seite die Entitätsmenge KURSANGEBOT. Sie enthält als Entitäten Kursangebote unterschiedlichen Typs. So wird der Kurstyp *Informatik* als Kurs im Frühling, Sommer und Herbst angeboten. Für den Kurstyp *Mathematik* finden Kurse im Sommer und im Winter statt, während für den Kurstyp *Englisch* Kurse im Frühling und im Herbst zu besuchen sind. Stünde nur die Entitätsmenge KURSANGEBOT zur Verfügung, so wären die Bezeichnungen der Kurse für jede Kursdurchführung (also redundant) festzuhalten. Überlagert man aber entsprechend Abb. 3.2.4 (rechter Teil) der Entitätsmenge KURSANGEBOT eine Entitätsmenge KURSTYP, so sind die Beschreibungen der Kursangebote pro Kurstyp nur einmal zu berücksichtigen.

Konstellationen der in Abb. 3.2.4 gezeigten Art kommen in der Praxis recht häufig vor. So könnte man sich beispielsweise für eine Fertigungsunternehmung anstelle der Kurstypen *Produkte* und anstelle der Kursangebote *Produktaufmachungen* wie flüssig, fest, pulverförmig, etc. vorstellen. Analog könnte man sich für eine Bankunternehmung an-

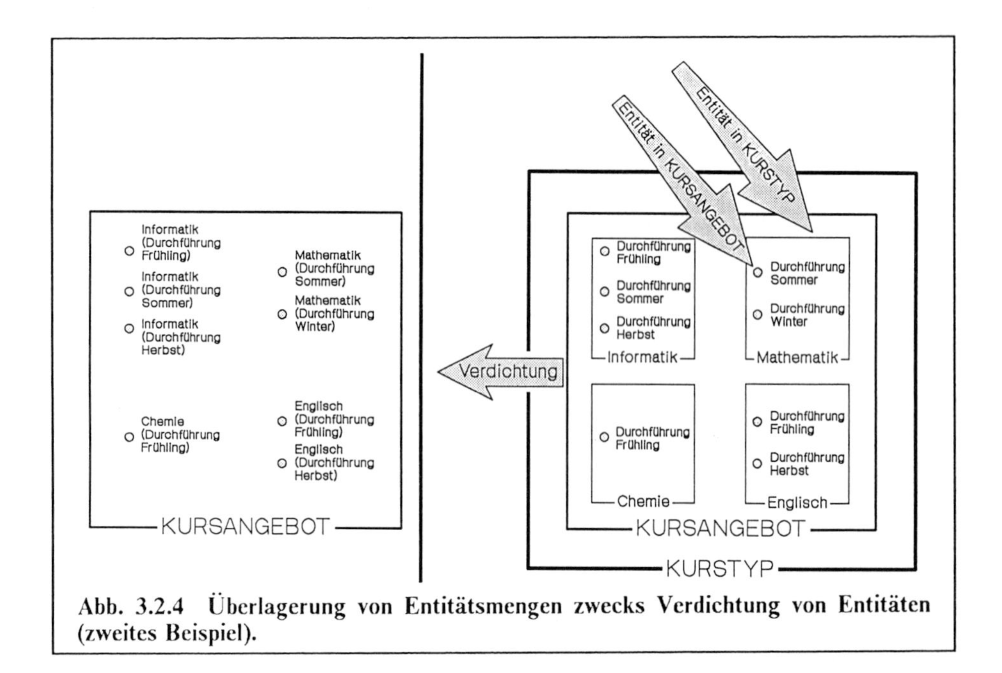

Abb. 3.2.4 Überlagerung von Entitätsmengen zwecks Verdichtung von Entitäten (zweites Beispiel).

stelle der Kurstypen *Valoren* (z.B. Gold, Aktie der Firma X, etc.) und anstelle der Kursangebote *Subvaloren* (z.B. Barrengold, körniges Gold, ..., Namensaktie der Firma X, Inhaberaktie der Firma X, etc.) vorstellen.

Abb. 3.2.5 illustriert, dass die mit der Überlagerung von Entitätsmengen zu erzielenden Effekte wie

- *Generalisierung*
- *Spezialisierung*
- *Verdichtung*

ausserordentlich bedeutsam sind, wenn es darum geht, die unterschiedlichen Bedürfnisse der *strategischen, taktischen* und *operationellen Ebene* einer Unternehmung zu befriedigen. So sind mit der Überlagerungstechnik detaillierte Daten der operationellen Ebene zu verdichten und in generalisierter Form der strategischen und taktischen Ebene zur Verfügung zu stellen. Umgekehrt lassen sich mit der gleichen Technik grobe Daten der strategischen und taktischen Ebene differenzieren und in spezialisierter Form der operationellen Ebene zuführen.

Doch nochmals zurück zu der in Abb. 3.2.2 gezeigten Anordnung. Diese lässt sich insofern mit einer hierarchischen Struktur vergleichen, als die Untermengen ARZT und PATIENT von der umfassenden

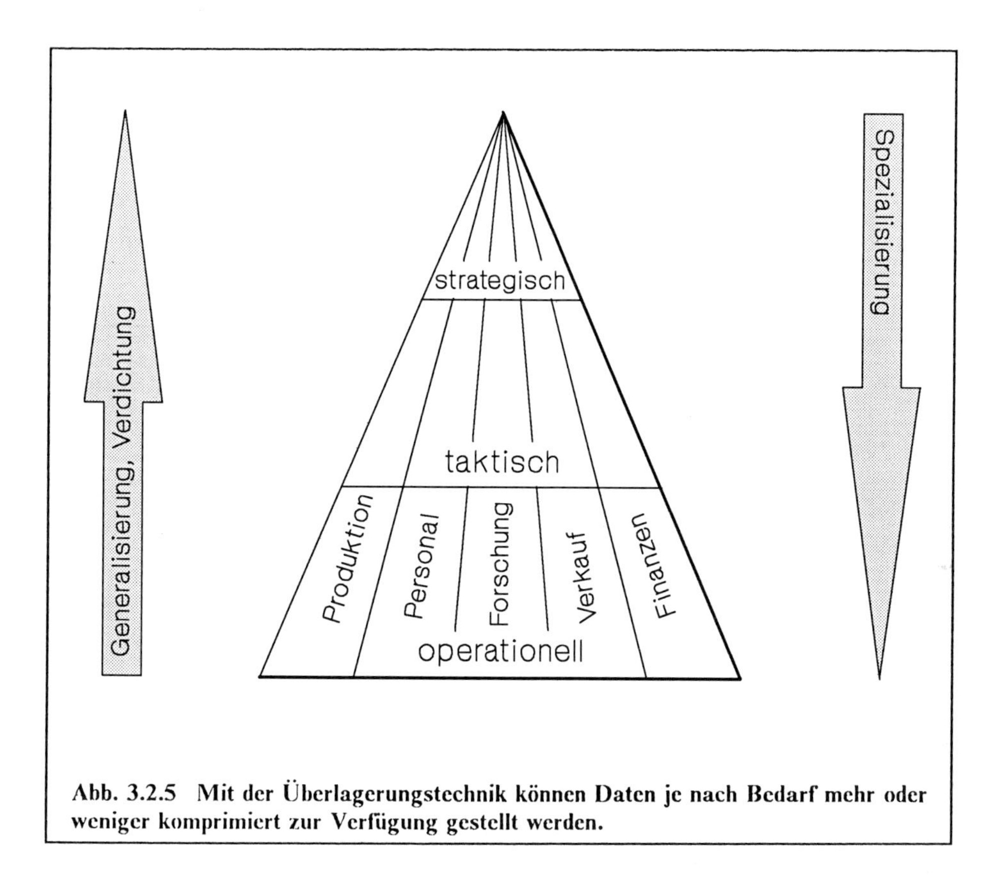

Abb. 3.2.5 Mit der Überlagerungstechnik können Daten je nach Bedarf mehr oder weniger komprimiert zur Verfügung gestellt werden.

Menge PERSON abhängig sind. Dies bedeutet, dass Informationen über einen Arzt oder einen Patienten nur dann sinnvoll sind, wenn besagter Arzt oder Patient als Person bekannt ist. Um diesem Sachverhalt auch in einem Datenmodell gebührend Rechnung tragen zu können, arbeitet man mit folgenden Begriffen:

- ***unabhängige Entität*** oder ***Kernentität***
- ***abhängige Entität***

Zu diesen Begriffen folgende Erläuterungen:

a) Unabhängige Entität oder Kernentität

Aus der Sicht eines Modellentwerfers ist eine *Kernentität*:

- Eine eindeutig identifizierbare Einheit
- Eine Einheit, deren Existenz auf einem geeigneten Speichermedium aufgrund eines Schlüsselwertes *unabhängig von der Existenz anderweitiger Entitäten* darstellbar sein muss
- Eine Einheit, für die Informationen zu sammeln und auf einem geeigneten Speichermedium festzuhalten sind

Für das in Abb. 3.2.2 gezeigte Beispiel treffen die vorstehenden Punkte nur für *Personen*, nicht aber für *Ärzte* und *Patienten* zu. Entsprechend sind *Personen* im Sinne von *Kernentitäten* aufzufassen.

Bei der Realitätsmodellierung treten Entitätsmengen mit Kernentitäten – wir wollen sie im folgenden *Kernentitätsmengen* nennen – als eigentliche *Modellaufhänger* oder *Ankerpunkte* in Erscheinung. Die Anzahl der Kernentitätsmengen ist beschränkt und wird selbst bei einem unternehmungsweiten Datenmodell kaum mehr als zehn betragen.

b) Abhängige Entität

Im Unterschied zu einer *Kernentität*, welche immer unabhängig (man sagt auch: eigenständig) in Erscheinung zu treten vermag, ist die Existenz einer *abhängigen Entität* immer nur durch die Existenz einer Kernentität oder einer anderweitigen abhängigen Entität möglich. Mithin ist eine *abhängige Entität*:

- Eine eindeutig identifizierbare Einheit
- Eine Einheit, deren Existenz auf einem geeigneten Speichermedium aufgrund eines Schlüsselwertes *in Abhängigkeit von der Existenz einer anderweitigen Entität* darstellbar sein muss
- Eine Einheit, für die Informationen zu sammeln und auf einem geeigneten Speichermedium festzuhalten sind

Für das in Abb. 3.2.2 gezeigte Beispiel treffen die vorstehenden Punkte für *Ärzte* und *Patienten*, nicht aber für *Personen* zu. Entsprechend sind *Ärzte* und *Patienten* im Sinne von *abhängigen Entitäten* aufzufassen.

Was ist eine Domäne (auch Wertebereich genannt)?

> Eine *Domäne* stellt eine eindeutig benannte Kollektion aller Eigenschaftswerte einer Eigenschaft dar.

Abb. 3.2.6 illustriert Domänen für die Eigenschaften NAME, WERT (Erklärung folgt), SPRACHE, KRANKHEIT sowie FACHGEBIET. Man beachte, dass ein bestimmter Name innerhalb der Domäne NAME nur einmal erscheint, selbst wenn mehrere Personen denselben Namen aufweisen sollten.

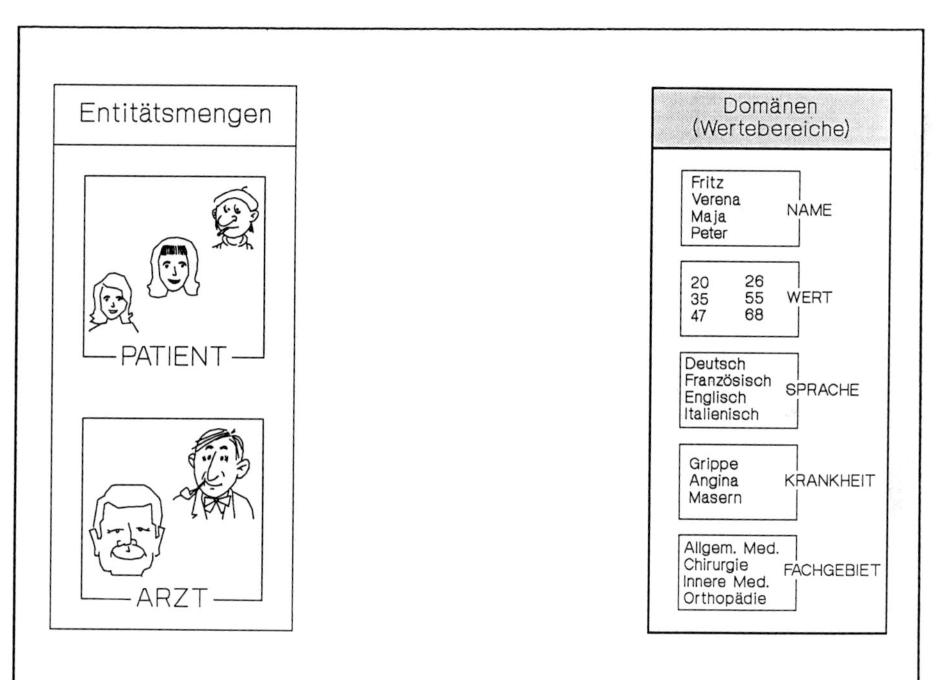

Abb. 3.2.6 Arzt-Patienten-Beispiel: Domänen. Eine Domäne repräsentiert eine eindeutig benannte Kollektion von Werten, die eine Eigenschaft annehmen kann.

Was ist ein Entitätsattribut?

Der obere Teil von Abb. 3.2.7 zeigt einige *Konstruktionselemente zur Darstellung von Einzelfällen.* Diesen Konstruktionselementen sind im unteren Teil der gleichen Abbildung Konstruktionselemente gegenübergestellt, die stellvertretend für mehrere Einzelfälle in Erscheinung treten können. Zu erkennen ist:

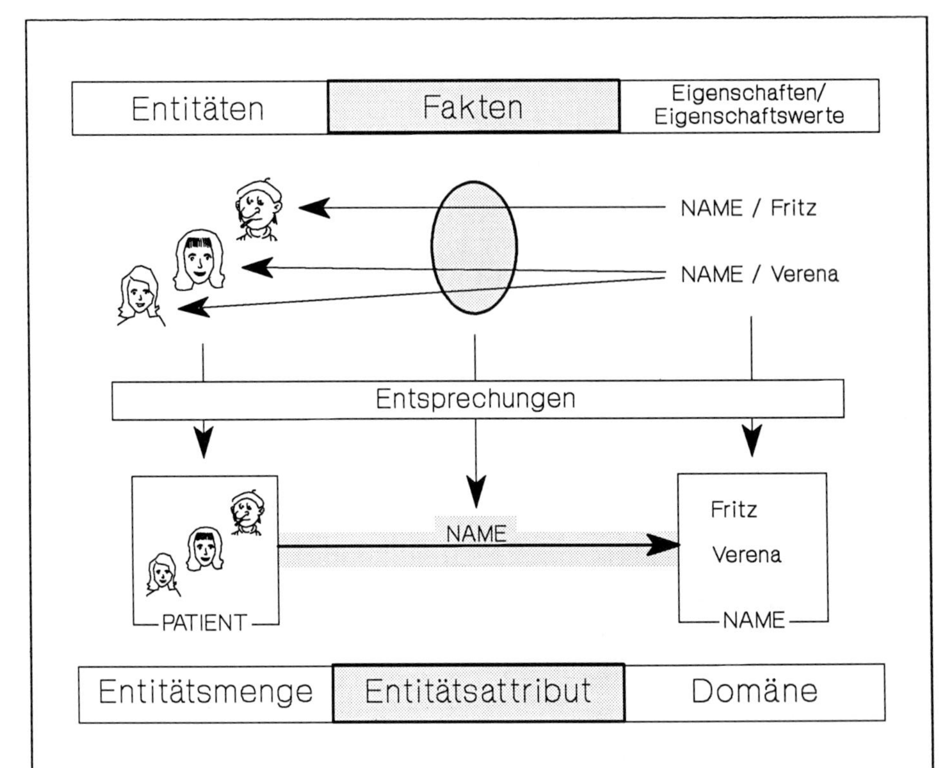

Abb. 3.2.7 Prinzip von Entitätsattributen. Ein Entitätsattribut stellt die Menge aller Fakten dar, die durch Zuordnung der Werte einer Eigenschaft zu den Entitäten einer Entitätsmenge zustande kommen.

> Ein *Entitätsattribut* ist eine benannte Kollektion von Fakten, die allesamt aufgrund einer Zuordnung der Werte einer Eigenschaft zu den Entitäten einer Entitätsmenge zustande kommen.

Im folgenden wird gezeigt, dass einem Entitätsattribut verschiedene sogenannte *Assoziationstypen* (mitunter auch *Beziehungstypen* genannt) zugrunde liegen können. Man unterscheidet:

- ***Einfache Assoziationen*** (man sagt auch: Typ 1 Assoziationen)
- ***Konditionelle Assoziationen*** (Typ C Assoziationen)
- ***Komplexe Assoziationen*** (Typ M Assoziationen)

Zu diesen Begriffen folgende Erläuterungen:

a) Einfache (Typ 1) Assoziationen

Weist ein Patient jederzeit exakt einen Namen auf, steht also entsprechend Abb. 3.2.8 jeder Patient jederzeit mit einem Namen in Beziehung, so liegt eine *einfache Assoziation* von der Menge PATIENT zur Menge NAME vor. Diese Assoziation ist formal wie folgt festzuhalten:

$$\text{PATIENT} \longrightarrow \text{NAME}$$

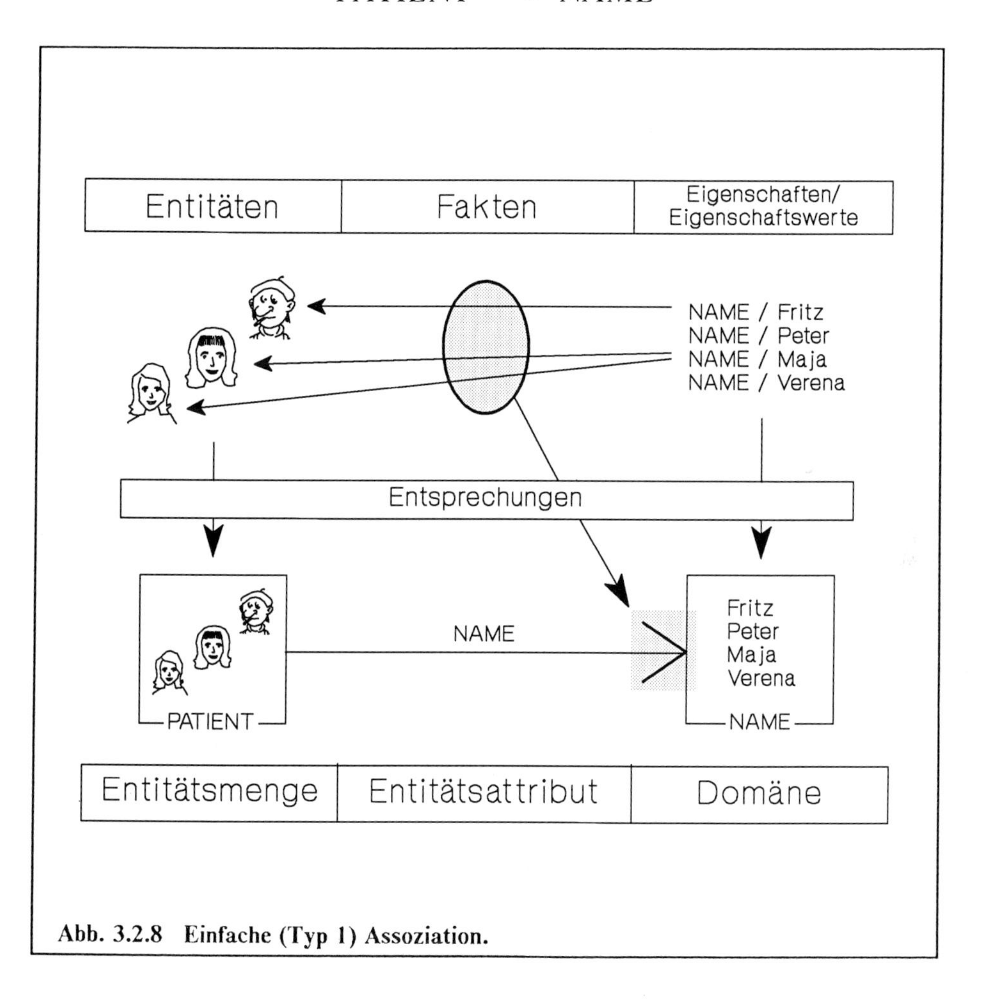

Abb. 3.2.8 Einfache (Typ 1) Assoziation.

b) Konditionelle (Typ C) Assoziationen

Weist ein Patient jederzeit höchstens einen, möglicherweise auch keinen Namen auf (im Falle eines ohnmächtigen Patienten ist dessen Name unter Umständen nicht sofort festzustellen), steht also entsprechend Abb. 3.2.9 ein Patient höchstens mit einem, möglicherweise auch keinem Namen in Beziehung, so liegt eine *konditionelle Assoziation* von der Menge PATIENT zur Menge NAME vor. Diese Assoziation ist formal wie folgt festzuhalten:

PATIENT ——) NAME

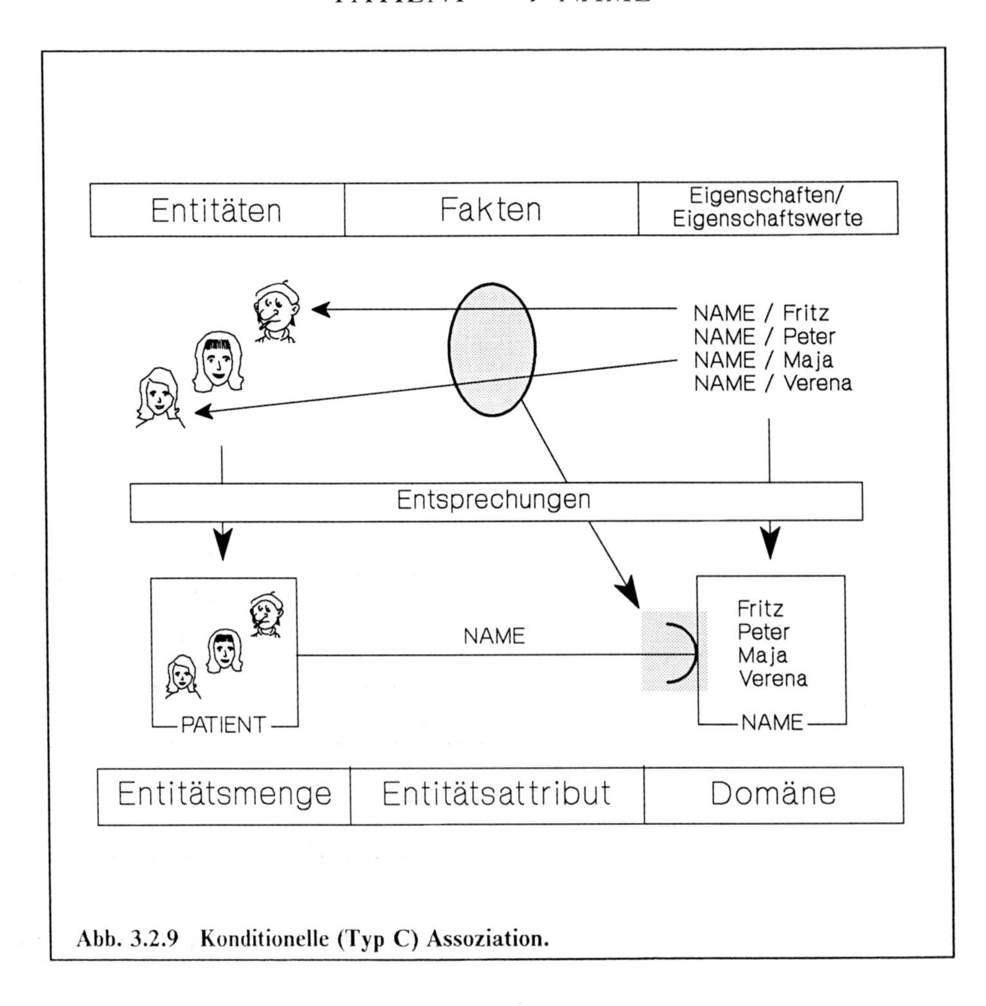

Abb. 3.2.9 Konditionelle (Typ C) Assoziation.

c) Komplexe (Typ M) Assoziationen

Kann ein Patient beliebig viele Namen aufweisen, steht also entsprechend Abb. 3.2.10 ein Patient mit keinem, einem oder mehreren Namen in Beziehung, so liegt eine *komplexe Assoziation* von der Menge PATIENT zur Menge NAME vor. Diese Assoziation ist formal wie folgt festzuhalten:

$$\text{PATIENT} \twoheadrightarrow \text{NAME}$$

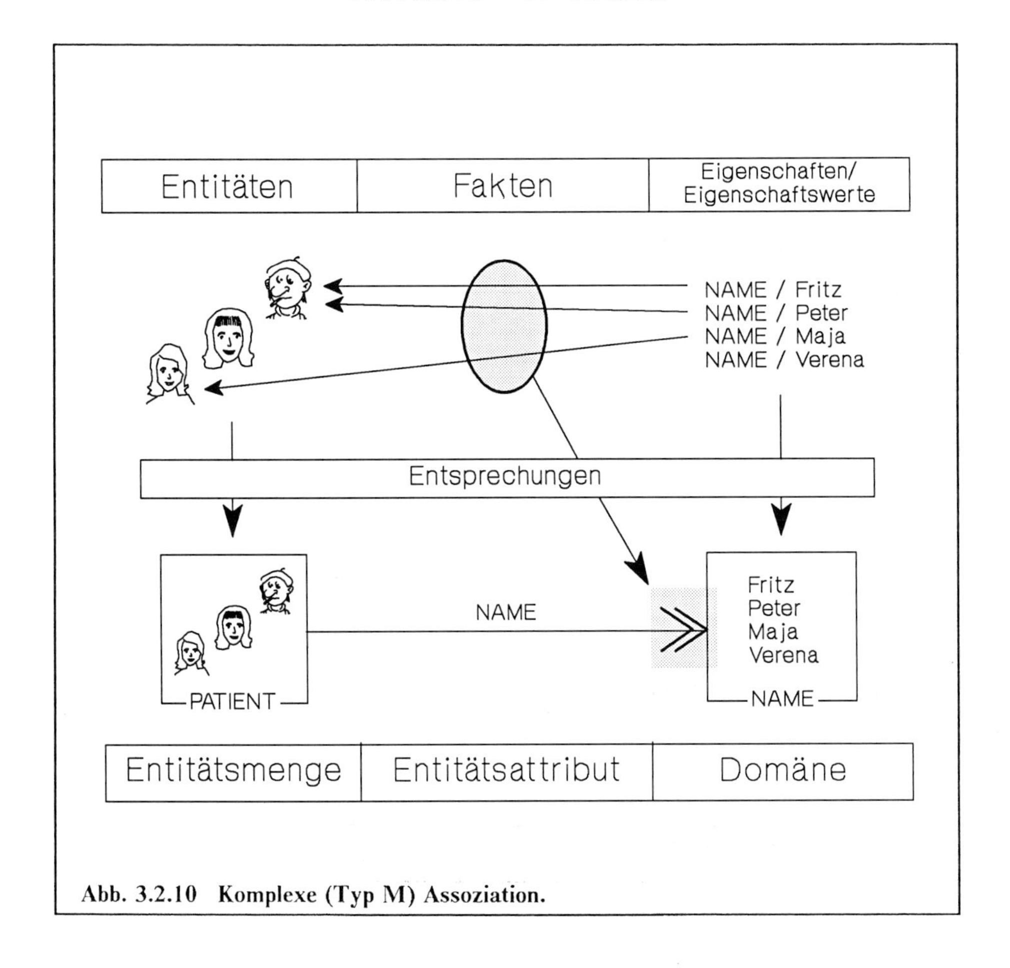

Abb. 3.2.10 Komplexe (Typ M) Assoziation.

Abb. 3.2.11 zeigt weitere das Arzt-Patienten-Beispiel betreffende Entitätsattribute. Zu erkennen ist:

- Ein Entitätsattribut assoziert eine Entitätsmenge in der Regel mit *einer* Domäne,

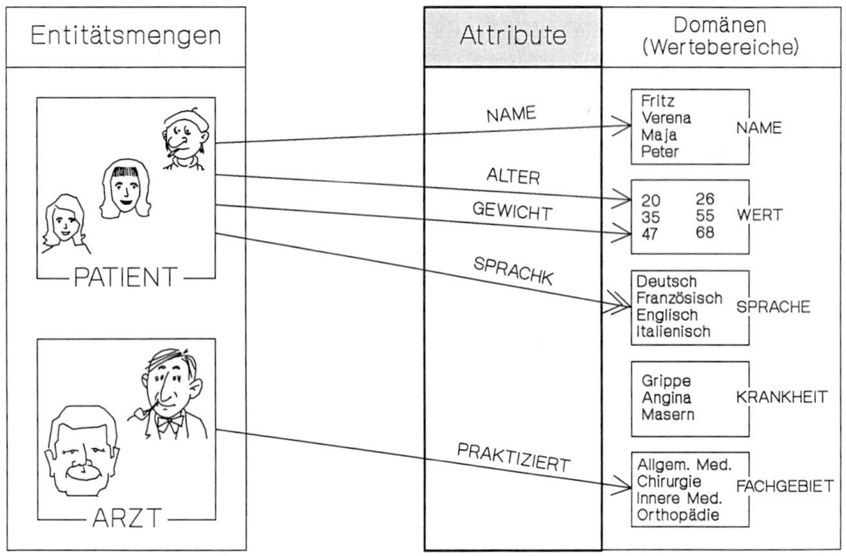

Abb. 3.2.11 Arzt-Patienten-Beispiel: Entitätsattribute. Ein Entitätsattribut stellt eine Beziehung zwischen einer Entitätsmenge und einer (allenfalls mehreren) Domäne(n) dar.

- Ein Entitätsattribut weist einen Namen auf, der in der Regel mit dem Domänennamen übereinstimmt (Beispiel: NAME),

- Der Name eines Entitätsattributes braucht nicht unbedingt mit dem Namen der Domäne übereinzustimmen (Beispiel: ALTER, GEWICHT, SPRACHK (für Sprachkenntnisse stehend), PRAKTIZIERT),

- Einem Entitätsattribut kann eine einfache (Typ 1) Assoziation (Beispiel: NAME, ALTER, GEWICHT, PRAKTIZIERT), eine konditionelle (Typ C) oder eine komplexe (Typ M) Assoziation (Beispiel: SPRACHK) zugrunde liegen,

- Eine Entitätsmenge kann aufgrund eines Attributs durchaus mit mehreren Domänen in Beziehung stehen. So wäre beispielsweise denkbar, dass mit dem Attribut SPRACHK neben den gesprochenen Sprachen auch die Qualität der Sprachkenntnisse auszuweisen ist. Abb. 3.2.12 zeigt, wie man sich in diesem Fall das entsprechende Entitätsattribut vorzustellen hat.

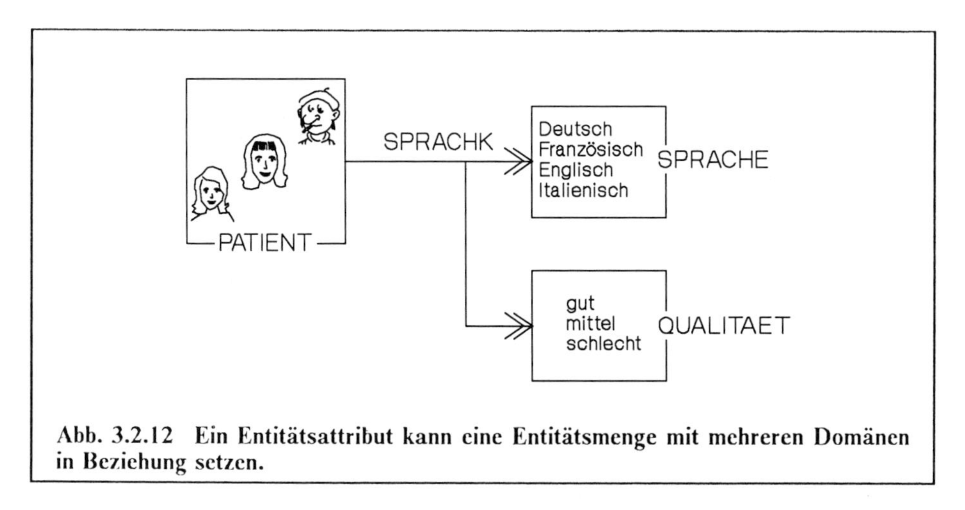

Abb. 3.2.12 Ein Entitätsattribut kann eine Entitätsmenge mit mehreren Domänen in Beziehung setzen.

An dieser Stelle sei nochmals in Erinnerung gerufen, dass sich im Falle von überlappenden Entitätsmengen mit der Überlagerung einer zusätzlichen, umfassenden Entitätsmenge Redundanz vermeiden lässt. Abb. 3.2.13 illustriert diesen Sachverhalt für das Arzt-Patienten-Beispiel. Offensichtlich ist die Entitätsmenge PERSON für alle Attribute zu verwenden, die sowohl für Ärzte wie auch für Patienten von Bedeutung sind. Demgegenüber sind die abhängigen Entitätsmengen ARZT und PATIENT an Attributen zu beteiligen, die nur für Ärzte oder Patienten zutreffen.

Doch nun weiter zur Frage:

Was ist eine Beziehungsmenge?

Beziehungselemente, an denen Entitäten der gleichen Entitätsmenge(n) beteiligt sind, sind vom gleichen *Typ*, sofern sie allesamt ein und dieselbe Beziehungsart betreffen (beispielsweise: *Ärzte behandeln Patienten* oder: *Studenten besuchen Vorlesungen*). Damit lässt sich eine *Beziehungsmenge* wie folgt definieren:

> Eine *Beziehungsmenge* ist eine eindeutig benannte Kollektion von Beziehungselementen gleichen Typs.

Beispielsweise sind an den Beziehungselementen der in Abb. 3.2.14 gezeigten Beziehungsmenge BEHANDELT Entitäten der Entitätsmengen

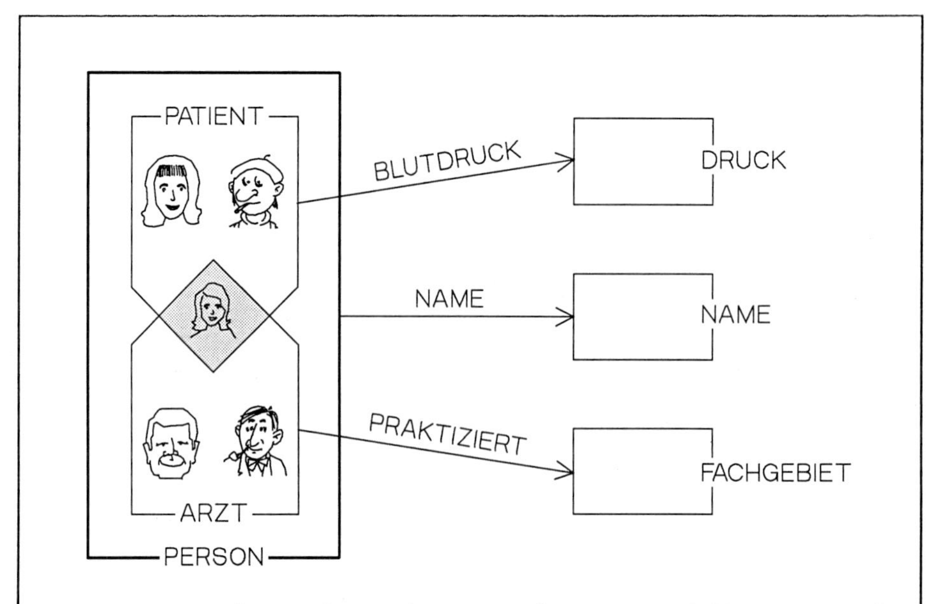

Abb. 3.2.13 Mögliche Entitätsattribute für Entitätsmengen mit Untermengen. In der Abbildung betrifft das Entitätsattribut NAME sowohl Ärzte wie auch Patienten, während das Entitätsattribut BLUTDRUCK (resp. PRAKTIZIERT) nur für die Untermenge PATIENT (resp. ARZT) zutrifft.

ARZT und PATIENT beteiligt, wobei in jedem Fall zum Ausdruck kommt, welcher Arzt welchen Patienten *behandelt.* Der von PATIENT (bzw. ARZT) nach BEHANDELT weisende Doppelpfeil ⟶⟫ bedeutet, dass ein Patient (bzw. ein Arzt) mit einer beliebigen Anzahl von Beziehungselementen in BEHANDELT assoziert sein kann. Auf die Realität übertragen bedeutet dies, dass ein Patient in der Regel von mehreren Ärzten behandelt wird (bzw. dass ein Arzt in der Regel mehrere Patienten behandelt). Die Beziehungsmenge BEHANDELT ermöglicht, sowohl die einen bestimmten Patienten behandelnden Ärzte, als auch die von einem bestimmten Arzt behandelten Patienten ausfindig zu machen.

Es versteht sich, dass die in Abb. 3.2.14 gezeigten Entitätsmengen nicht nur an der Beziehungsmenge BEHANDELT, sondern an beliebig vielen weiteren Beziehungsmengen beteiligt sein können.

Eine Beziehungsmenge, an der entsprechend Abb. 3.2.14 zwei Entitätsmengen beteiligt sind, repräsentiert den Normalfall. Grundsätzlich können an einer Beziehungsmenge aber beliebig viele Entitätsmengen beteiligt sein. Ist beispielsweise zum Ausdruck zu bringen, welche Ärzte welche Patienten in welchen Behandlungszimmern behandeln, so

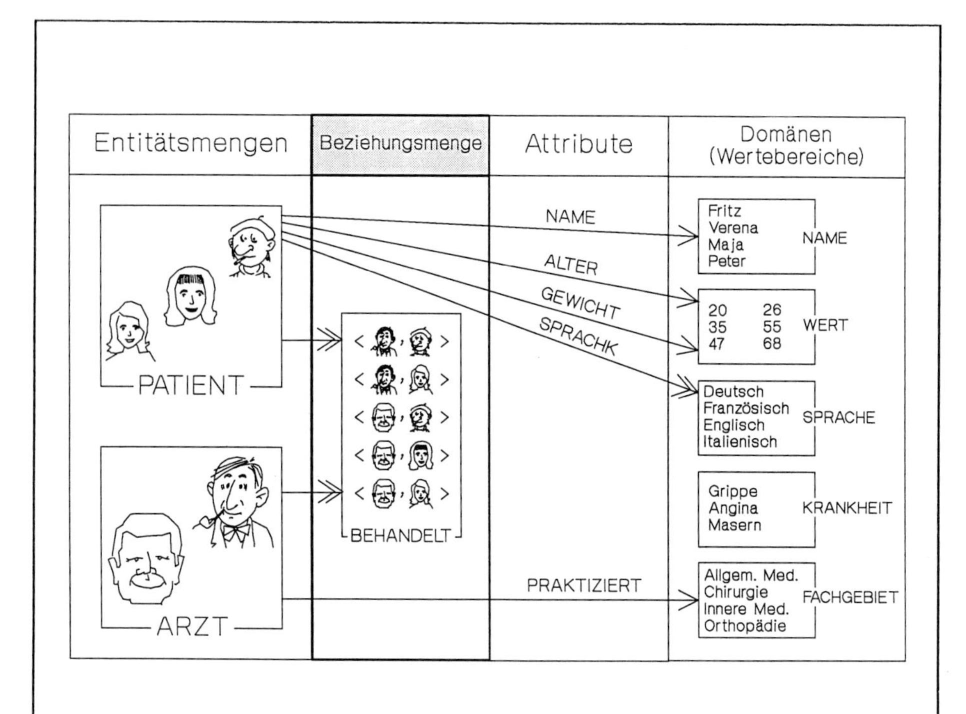

Abb. 3.2.14 Arzt-Patienten-Beispiel: Beziehungsmenge. Eine Beziehungsmenge stellt eine eindeutig benannte Kollektion von Beziehungselementen gleichen Typs dar.

wäre eine Beziehungsmenge erforderlich, an welcher die Entitätsmengen PATIENT, ARZT sowie BEHANDLUNGSZIMMER beteiligt sind.

Die folgenden Beispiele zeigen, dass in der Praxis auch Beziehungsmengen von Bedeutung sind, an denen nur eine Entitätsmenge beteiligt ist. Zu realisieren sind damit sogenannte *Aggregationen*, d.h. Gruppierungen von Elementen gleichen Typs.

Abb. 3.2.15 zeigt eine Entitätsmenge PRODUKT mit den Produkten (d.h. Entitäten) P1, P2, P3, ... Zu erkennen ist, dass sich ein Produkt in der Regel aus mehreren anderweitigen Produkten (sogenannten Komponenten) zusammensetzt. So erfordert beispielsweise die Produktion des Produktes P1 die Komponenten P3, P4 sowie P5. Man nennt eine Operation, welche die für die Herstellung eines bestimmten Produktes erforderlichen Komponenten zu bestimmen erlaubt, eine *Auflösung* (englisch: *Explosion*). Offensichtlich stehen die Entitäten der Entitätsmenge PRODUKT aufgrund einer Auflösungsassoziation komplex mit Entitäten der gleichen Entitätsmenge in Beziehung.

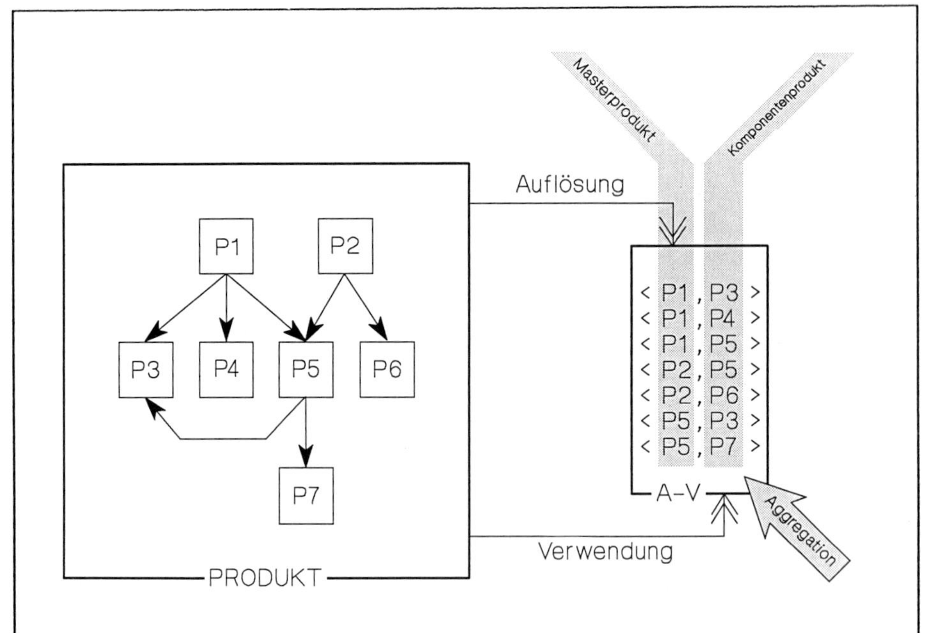

Abb. 3.2.15 Stückliste: Beispiel einer nur eine Entitätsmenge involvierenden Beziehungsmenge.

Abb. 3.2.15 ist weiter zu entnehmen, dass eine Komponente in der Regel in mehreren Produkten enthalten ist. So ist beispielsweise die Komponente P5 für die Produktion von P1 und P2 erforderlich. Ein *Verwendungsnachweis* (englisch: *Implosion*) ermöglicht die Ermittlung jener Produkte, deren Herstellung eine vorgegebene Komponente erfordert. Offensichtlich stehen die Entitäten der Entitätsmenge PRODUKT aufgrund einer Verwendungsassoziation komplex mit Entitäten der nämlichen Entitätsmenge in Beziehung.

Die in Abb. 3.2.15 mit AUFLÖSUNG gekennzeichnete komplexe Assoziation $\twoheadrightarrow$ besagt, dass ein Masterprodukt (beispielsweise P5) mit mehreren Beziehungselementen assoziert sein kann. Diese weisen an erster Stelle allesamt ein und dasselbe Masterprodukt auf (z.B. P5) und zeigen an zweiter Stelle jeweils auf ein für dessen Herstellung erforderliches Komponentenprodukt (z.B. P3 und P7).

Umgekehrt besagt die mit VERWENDUNG gekennzeichnete komplexe Assoziation $\twoheadrightarrow$, dass ein Komponentenprodukt (beispielsweise P5) mit mehreren Beziehungselementen assoziert sein kann. Diese weisen an zweiter Stelle allesamt ein und dasselbe Komponentenprodukt auf (z.B. P5) und zeigen an erster Stelle jeweils auf ein

Masterprodukt (z.B. P1 und P2), für dessen Herstellung besagtes Komponentenprodukt erforderlich ist.

Konstellationen der in Abb. 3.2.15 gezeigten Art sind in der Praxis recht häufig anzutreffen. Stellt man sich beispielsweise anstelle von Produkten *Konti*, anstelle der Auflösungsassoziation eine *Sollbeziehung* und anstelle der Verwendungsassoziation eine *Habenbeziehung* vor, so hat man es nicht mit Stücklisten, sondern mit *Geldüberweisungen* (Transaktionen) zu tun. Analog lässt sich die *zeitliche Abfolge von Ereignissen* darstellen, wenn man sich anstelle von Produkten *Ereignisse*, anstelle der Auflösungsassoziation die *Beziehung zu nachfolgenden Ereignissen* und anstelle der Verwendungsassoziation die *Beziehung zu vorausgehenden Ereignissen* denkt. Auch die *organisatorische* oder *personelle Gliederung einer Unternehmung* (Produkte entsprechen in diesem Fall *organisatorischen Einheiten* oder *Personen*, die Auflösungsassoziation einer *Unterstellungsbeziehung* und die Verwendungsassoziation einer *Berichtsbeziehung*) sowie die *Beteiligungen an anderweitigen Firmen* (Produkte entsprechen in diesem Falle *Firmen*, die Auflösungsassoziation einer *"Besitztbeziehung"* und die Verwendungsassoziation einer *"Gehörtbeziehung"*) sind mit Anordnungen der in Abb. 3.2.15 gezeigten Art darzustellen.

Doch nun weiter zur Frage:

Was ist ein Beziehungsattribut?

Das Prinzip eines Beziehungsattributes ist mit jenem eines Entitätsattributes vergleichbar. Demzufolge:

> Ein *Beziehungsattribut* ist eine benannte Kollektion von Fakten, die allesamt aufgrund einer Zuordnung der Werte einer Eigenschaft zu den Beziehungselementen einer Beziehungsmenge zustande kommen.

Einem Beziehungsattribut kann eine einfache (Typ 1), konditionelle (Typ C) oder komplexe (Typ M) Assoziation zugrunde liegen. So basiert beispielsweise das in Abb. 3.2.16 gezeigte Beziehungsattribut DIAGNOSE auf einer einfachen Assoziation. Dies bedeutet, dass jedes Beziehungselement der Beziehungsmenge BEHANDELT jederzeit mit einer Krankheit in Beziehung steht. Dies würde darauf hinweisen, dass ein Arzt für einen Patienten nur eine Krankheit diagnostizieren kann. Der Leser wird mit Recht einwenden, dass ein Arzt für einen Patienten durchaus mehrere Krankheiten diagnostizieren kann, und dass dem Beziehungsattribut demzufolge eine komplexe Assoziation zugrunde liegen müsse. Sosehr diesen Lesern auch beizupflichten ist, wollen wir im Interesse einer Vereinfachung nachfolgender Überlegungen für das in Abb. 3.2.16 gezeigte Beziehungsattribut DIAGNOSE trotzdem eine einfache Assoziation unterstellen.

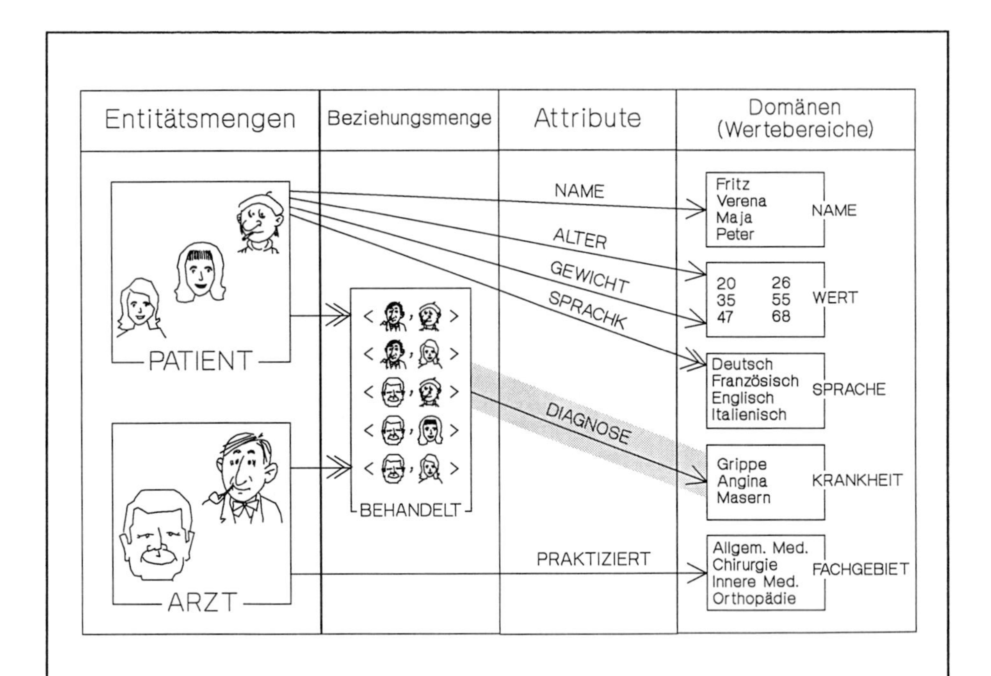

Abb. 3.2.16 Arzt-Patienten-Beispiel: Beziehungsattribut. Ein Beziehungsattribut stellt eine Beziehung zwischen einer Beziehungsmenge und einer (allenfalls mehreren) Domäne(n) dar.

Ein weiteres Beispiel für ein Beziehungsattribut ist Abb. 3.2.17 zu entnehmen. Gezeigt ist die bereits bekannte Stückliste aus Abb. 3.2.15, wobei der Anordnung jetzt aber auch die in Klammern aufgeführten Einheitsmengen der Komponenten zu entnehmen sind, die für die Herstellung einer Einheitsmenge (beispielsweise 1 kg) eines bestimmten Produktes erforderlich sind. So ist zu erkennen, dass die Herstellung einer Einheitsmenge P1 zwei Einheitsmengen P3, drei Einheitsmengen P4 sowie zwei Einheitsmengen P5 erfordert.

Die vorstehend beschriebenen Einheitsmengen charakterisieren also die Beziehung zwischen Produkten und den für deren Herstellung erforderlichen Komponenten. Demzufolge muss die Einheitsmenge im

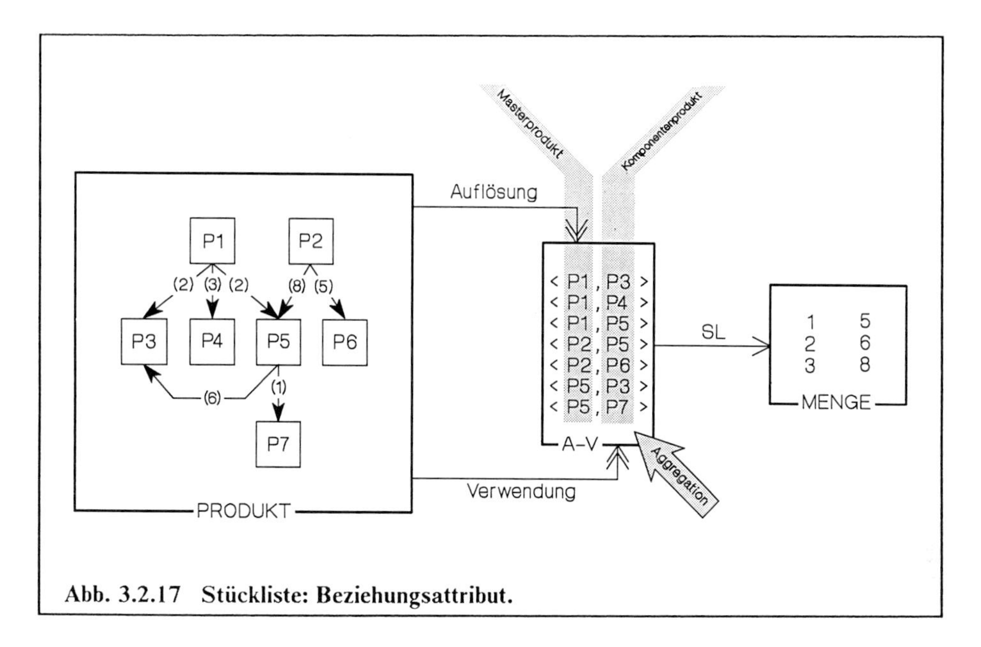

Abb. 3.2.17 Stückliste: Beziehungsattribut.

Sinne eines *Beziehungsattributes* behandelt werden. Nachdem offenbar für eine bestimmte Produkt-Komponenten-Beziehung nur eine Einheitsmenge von Bedeutung ist, liegt diesem Beziehungsattribut eine einfache Assoziation zugrunde.

Damit haben wir die Konstruktionselemente im einzelnen kennengelernt. In Abschnitt 3.3 wird nun zu zeigen sein, wie Konstruktionselemente zur Darstellung mehrerer Einzelfälle die Konstruktion von *anwendungsbezogenen* und von *globalen* (d.h. anwendungsübergreifenden, im Idealfall sogar unternehmungsweiten) *konzeptionellen Datenmodellen* ermöglichen.

3.3 *Aufbau konzeptioneller Datenmodelle*

Mit *Konstruktionselementen zur Darstellung mehrerer Einzelfälle* sind sowohl *anwendungsbezogene* wie auch *globale* (d.h. anwendungsübergreifende, im Idealfall: unternehmungsweite) *konzeptionelle Datenmodelle* aufzubauen. So oder so empfiehlt es sich, diese Datenmodelle vom *Groben zum Detail* (*top-down*) zu erarbeiten. Zu diesem Zwecke konzentriert man sich zunächst lediglich auf die *Entitätsmengen* und *Beziehungsmengen*, die im Rahmen einer Anwendung – bei umfassenderen Modellen bereichsweit oder eben unternehmungsweit – von Bedeutung sind. Das Ergebnis stellt, je nach Umfang der Studien, eine *anwendungsbezogene* oder eine *globale Datenarchitektur* dar. Was die Details (d.h. die *Entitätsattribute* und die *Beziehungsattribute*) anbelangt, so werden diese erst anschliessend im Rahmen einer sogenannten *Datenanalyse* erarbeitet und mit der Datenarchitektur vereinigt. Abb. 3.3.1 illustriert den geschilderten Sachverhalt anhand einer Pyramide.

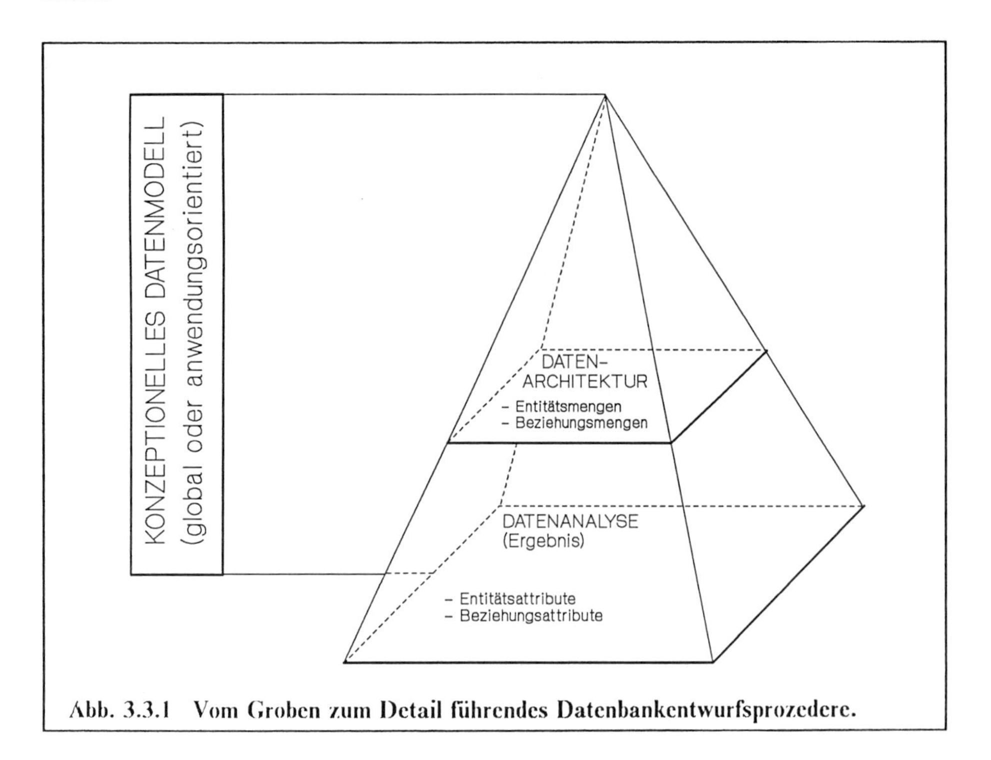

Abb. 3.3.1 Vom Groben zum Detail führendes Datenbankentwurfsprozedere.

Die Pyramidenform in Abb. 3.3.1 deutet an, dass der Detaillierungsgrad des Modells in dem Masse zunimmt, als man sich vom Pyramidenkopf dem Pyramidenboden zubewegt.

Abb. 3.3.2 illustriert anhand des in Abschnitt 3.2 diskutierten Arzt-Patienten-Beispiels, wie man sich die Darstellung der Datenarchitektur in der Praxis vorzustellen hat. Zu erkennen ist, dass man die Entitätsmengen zuoberst anordnet und darunter die Beziehungsmengen in Erscheinung treten lässt. Damit ist zum Ausdruck zu bringen, dass man bei der Entwicklung von Datenarchitekturen von den Entitätsmengen ausgeht und daran gewissermassen alles übrige "aufhängt" (verankert).

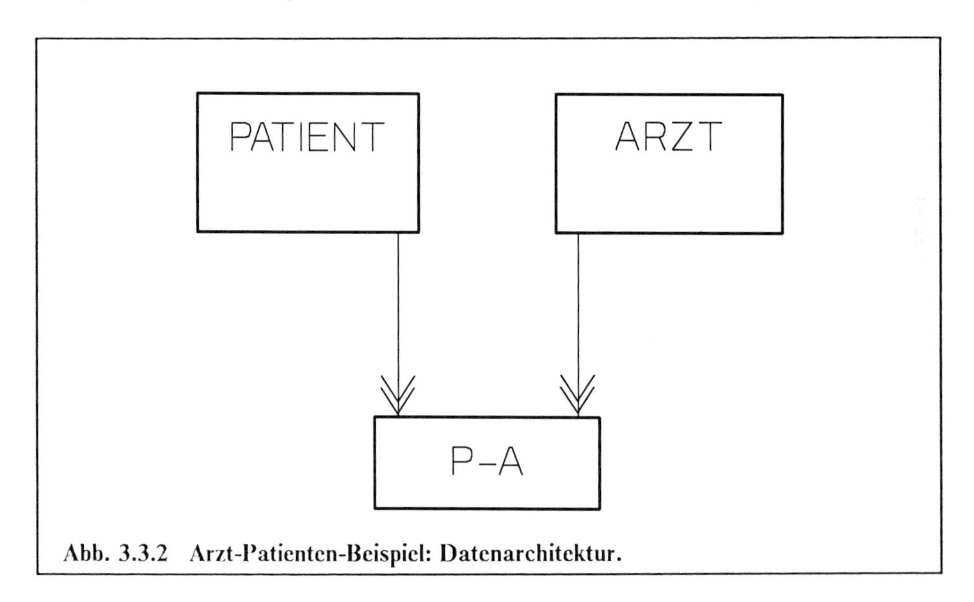

Abb. 3.3.2 Arzt-Patienten-Beispiel: Datenarchitektur.

Aus Abb. 3.3.3 geht hervor, wie man sich das Zustandekommen eines globalen Datenmodells im Idealfall vorzustellen hat. Zu erkennen ist, dass zunächst eine möglichst umfassende (unternehmungsweite) *Datenarchitektur* festzulegen ist, welche als zentraler Bezugs- und Orientierungspunkt in Erscheinung zu treten vermag (obere, schattiert gekennzeichnete Ebene der im Bilde gezeigten Pyramide). Die im Verlaufe der Zeit anwendungsbezogen ermittelten Details (d.h. die Entitätsattribute und die Beziehungsattribute) werden mit der Datenarchitektur abgestimmt und – so keine Diskrepanzen zu Tage treten – mit letzterer vereinigt. Auf diese Weise kommt nach und nach ein *globales* (d.h. ein anwendungsübergreifendes oder gar unternehmungsweites) *konzeptionelles Datenmodell* zustande, welches einen umfassenden Überblick bezüglich der datenspezifischen Aspekte einer Unternehmung zu gewährleisten vermag.

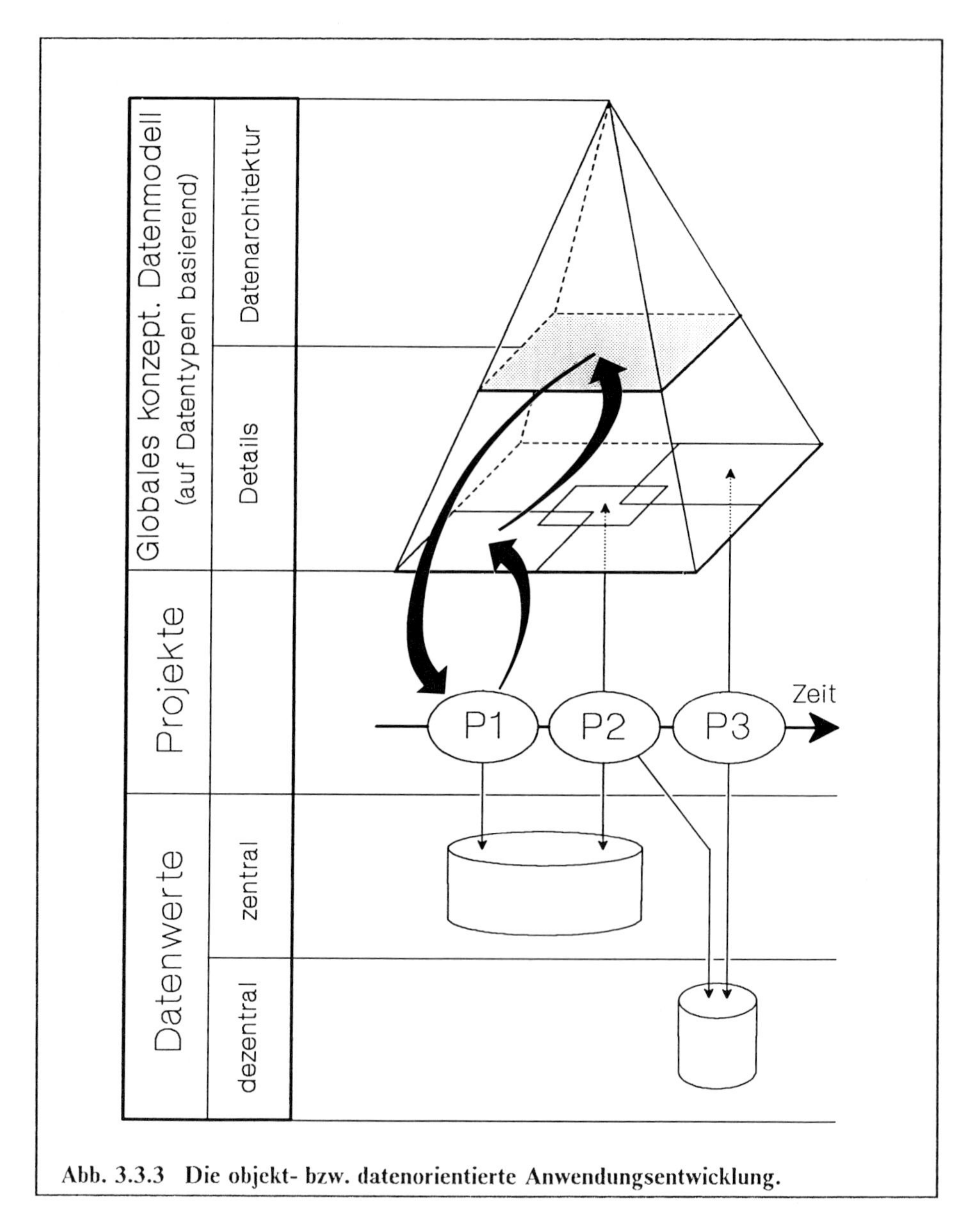

Abb. 3.3.3 Die objekt- bzw. datenorientierte Anwendungsentwicklung.

Weil man sich beim geschilderten Vorgehen an den für eine Unternehmung relevanten Objekten orientiert und diese in Form eines als Leitbild zu verwendenden Datenmodells zum Ausdruck bringt, ist von einer *objekt- bzw. datenorientierten Vorgehensweise* die Rede. Bedeutsam ist, dass das globale Datenmodell eine Vernetzung bewirkt, die teils – was die Anwendungen anbelangt – technischer, teils aber auch – was die

Menschen betrifft – geistig-ideologischer Art ist. Übrigens werden bei der Modellbildung Charakteristika hardware- und softwaremässiger Art ausser acht gelassen. Dadurch resultiert ein sogenanntes *konzeptionelles* (d.h. ein neutrales, hard- und softwareunabhängiges) *Datenmodell*, das wie folgt zu charakterisieren ist (man vergleiche auch die Ausführungen in [21]):

Ein konzeptionelles Datenmodell...

- beinhaltet *typenmässige* aber keine wertmässigen Aussagen über einen zu modellierenden Realitätsausschnitt
- ist unabhängig von der technischen Implementierung der Daten auf Speichermedien
- ist neutral gegenüber Einzelanwendungen und deren lokaler Sicht auf die Daten
- basiert auf eindeutigen, mit den Fachabteilungen festgelegten Fachbegriffen, die für das weitere Vorgehen verbindlich sind
- stellt das Informationsangebot der Gesamtunternehmung auf begrifflicher Ebene dar und fungiert als Schnittstelle zwischen Anwendungen und Anwender als Informationsnachfrager einerseits sowie Datenorganisation und Datenverwaltung als Informationsanbieter anderseits
- bildet die Grundlage für die Ableitung der bei der Datenspeicherung verwendeten *physischen Datenstrukturen* sowie der bei der Datenverarbeitung verwendeten *logischen Datenstrukturen*[1] (auch *Views* genannt)
- ist die gemeinsame sprachliche Basis für die Kommunikation der an der Organisation von Datenverarbeitungsabläufen beteiligten Personen

Wichtig ist, dass in einem konzeptionellen Datenmodell nur allgemein gültige (typenmässige) Aussagen der Art *"Ein Mitarbeiter hat einen*

[1] Einem Datenbankmanagementsystem ist mittels *physischer Datenstrukturen* bekanntzugeben, wie Daten auf externen Speichermedien zu speichern sind. Umgekehrt ist mit *logischen Datenstrukturen* festzuhalten, wie gespeicherte Daten einem Anwender als Informationsnachfrager zur Verfügung zu stellen sind.

Namen und arbeitet in einer Abteilung" vorzufinden sind. Was die aufgrund von Datenwerten zum Ausdruck kommenden exemplarspezifischen Aussagen der Art: *"Der Mitarbeiter namens X arbeitet in der Abteilung Y"* betrifft, so werden diese nach Massgabe des Verwendungsortes teils *zentral*, teils *dezentral* gespeichert.

Die objekt- bzw. datenorientierte Vorgehensweise hat also keineswegs einen zu monströsen Datenbanken führenden Datenzentralismus zur Folge. Die bereits in Abschnitt 1.1 zur Sprache gekommene Devise lautet vielmehr:

- *Zentralistische Verwaltung der Datentypen* zwecks Schaffung eines Gesamtkonzeptes und Gewährleistung eines umfassenden Überblicks bezüglich der verfügbaren Daten
- *Föderalistische Speicherung der Datenwerte* und damit Gewährleistung von grössen- und risikomässig begrenzten technischen Systemen

Zahlreiche namhafte Unternehmungen haben mittlerweile, den vorstehenden Ausführungen entsprechend, eine globale Datenarchitektur konzipiert und im Sinne eines Dreh- und Angelpunktes für verbindlich erklärt. Wenn wir im folgenden auf einige diesbezügliche Beispiele zu sprechen kommen, so geht es nicht sosehr um Einzelheiten als vielmehr um den Nachweis, dass globale Datenarchitekturen in unterschiedlichsten Branchen auch in komplexen Fällen zu realisieren sind, sofern man sich an die in Abschnitt 1.4 diskutierten Kriterien der konzeptionellen Arbeitsweise hält. Man muss also:

- Eine globale Datenarchitektur vom Groben zum Detail entwickeln
- Abstrahieren; das heisst, mit Begriffen arbeiten, die stellvertretend für viele Einzelfälle in Erscheinung treten können
- Von hardware- und softwarespezifischen Überlegungen absehen

Hält man sich konsequent an die vorstehenden Kriterien, so sind selbst komplexe globale Datenarchitekturen mit einfachen Darstellungen festzuhalten. Allerdings darf der hiefür erforderliche Aufwand nicht unterschätzt werden. "*In rasch wechselnder Folge*", so ist einem Arbeitsbericht der Schweizerischen Bundesbahnen zu entnehmen, "*werden Generalisierungen, Spezialisierungen und Aggregierungen von Informationsobjekten durchgeführt, wobei eine prinzipielle Schwierigkeit darin besteht, den Untersuchungsbereich geeignet festzulegen.*" Mit andern Worten: Der Erkenntnisprozess ist anspruchsvoll und verläuft nicht immer mühelos, zeitigt aber gerade deswegen eine ausserordentlich wertvolle Identifikation mit dem erzielten Ergebnis.

Nun aber zu den angekündigten Beispielen. Zur Sprache kommt die globale Datenarchitektur:

- Der *«Zürich» Versicherungs-Gesellschaft*

- Des *Schweizerischen Bankvereins*

Den genannten Unternehmungen sei für das Einverständnis, ihre globalen Datenarchitekturen wenigstens konzeptmässig bekanntzugeben, auch an dieser Stelle ganz herzlich gedankt.

Man beachte, dass in allen diskutierten Architekturen die Informationsobjekte PARTNER, ANGEBOT sowie ORGANISATION (d.h. die funktionelle Gliederung der Unternehmung) in irgend einer Form in Erscheinung treten. Die genannten Informationsobjekte sind offenbar für sehr viele Branchen von Bedeutung und dürften demzufolge in den Datenarchitekturen fast aller Unternehmungen vorzufinden sein.

Die globale Datenarchitektur der «Zürich» Versicherungs-Gesellschaft

Abb. 3.3.4 illustriert die globale Datenarchitektur der *«Zürich» Versicherungs-Gesellschaft* im Überblick. Als *Kernentitätsmengen* treten in Erscheinung:

- MIETOBJEKT
- PARTNER
- ANGEBOT (Versicherungsleistungen)
- ORGANISATION (Funktionelle Gliederung der Gesellschaft)

Neben den Kernentitätsmengen sind auch die wichtigsten Beziehungen zwischen diesen Mengen – wir wollen sie im folgenden *Kernbeziehungsmengen* nennen – zu erkennen. So sieht man, dass die Kernentitätsmengen MIETOBJEKT und PARTNER durch die Kernbeziehungsmenge VERTRAG miteinander in Beziehung stehen. An der Kernbeziehungsmenge POLICE sind die Kernentitätsmengen PART-

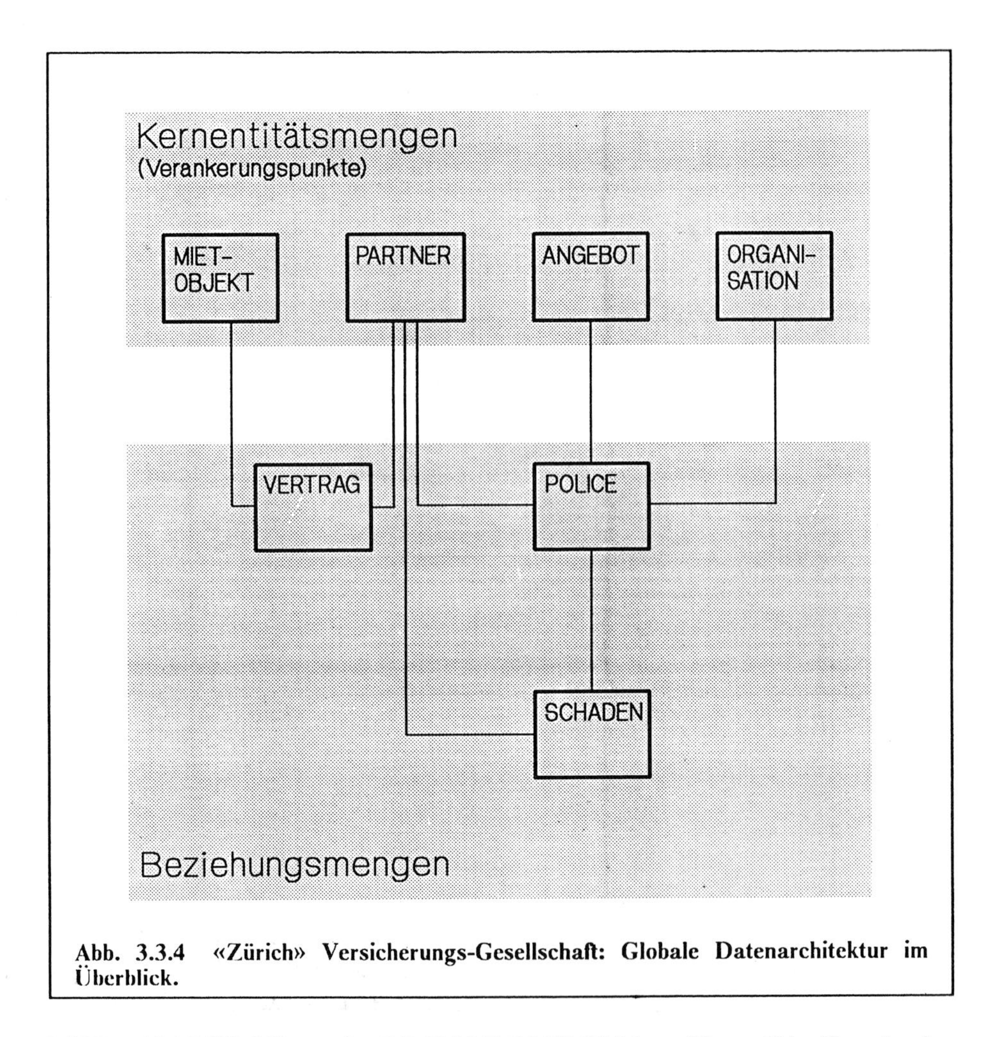

Abb. 3.3.4 «Zürich» Versicherungs-Gesellschaft: Globale Datenarchitektur im Überblick.

NER, ANGEBOT sowie ORGANISATION beteiligt. Die Kernbeziehungsmenge SCHADEN illustriert schliesslich, dass eine Beziehungsmenge neben Entitätsmengen (PARTNER) durchaus auch anderweitige Beziehungsmengen (POLICE) involvieren kann.

Verblüffend ist die Einfachheit und Kompaktheit des in Abb. 3.3.4 gezeigten Modells. Allerdings darf dieser Sachverhalt nicht zur Annahme verleiten, der Aufwand zur Erstellung eines derartigen Modells sei vernachlässigbar. Das Gegenteil ist der Fall! So stellt das gezeigte Modell das Ergebnis intensiver Studien und Diskussionen dar, die sich über Wochen hinzogen. Erst als ein allseitiger Konsens bezüglich des Modells vorlag, wurde dieses stufenweise verfeinert. Dabei wurde strikte darauf geachtet, die nächstfolgende Verfeinerungsstufe erst dann in

Angriff zu nehmen, nachdem ein allseitiger Konsens bezüglich der eben bearbeiteten Stufe vorlag. An den Diskussionen waren neben Informatikern auch Sachbearbeiter und Entscheidungsträger beteiligt. Die sonst üblichen Kommunikationsprobleme liessen sich dank permanenter Visualisierung der erarbeiteten Entitäts- und Beziehungsmengen entscheidend entschärfen. Zugegeben: Der Erkenntnisprozess verlief harziger und mühsamer als die vorstehenden und nachfolgenden Ausführungen erahnen lassen. Aber, und das ist das Entscheidende, mit dem *kooperativ* zustande gekommenen Ergebnis vermochten sich schlussendlich nicht nur die Informatiker, sondern ebensosehr die Sachbearbeiter und Entscheidungsträger zu identifizieren.

Ergänzend sei nachstehend das Prinzip der stufenweisen Verfeinerungen anhand der Mengen ANGEBOT, POLICE sowie SCHADEN erläutert.

Abb. 3.3.5 ist zu entnehmen, dass sich für die Mengen ANGEBOT, POLICE sowie SCHADEN die Untermengen MF (Motorfahrzeuge), LUK (Leben, $\text{Unfall}_{\text{einzel}}$, $\text{Krankheit}_{\text{einzel}}$) sowie HUKS (Haft, $\text{Unfall}_{\text{kollektiv}}$, $\text{Krankheit}_{\text{kollektiv}}$, Sach) definieren lassen. Mit letzteren ist es möglich, differenziertere, auf die verschiedenen Versicherungstypen bezogene Daten zu berücksichtigen.

Abb. 3.3.6 zeigt eine weitere Verfeinerung, indem für die in Abb. 3.3.5 schattiert gekennzeichneten Mengen MF (Motorfahrzeuge) die Untermengen AM (Auto/Moto), LFZ (Luftfahrzeuge) sowie WFZ (Wasserfahrzeuge) ausgewiesen werden.

Schliesslich illustriert Abb. 3.3.7, dass sich die in Abb. 3.3.6 schattiert gekennzeichneten Mengen AM (Auto/Moto) in die Untermengen HAFT, KASKO sowie UNF (Unfall) gliedern lassen.

Es versteht sich, dass die in Abb. 3.3.7 nur grob in Erscheinung tretenden Mengen wie MIETOBJEKT, PARTNER, VERTRAG, ORGANISATION, aber auch die Untermengen LUK, HUKS, LFZ und WFZ ebenfalls zu verfeinern sind, falls diesbezüglich differenziertere Daten von Interesse sind.

Aus der vorstehenden Diskussion sind folgende Schlussfolgerungen zu ziehen:

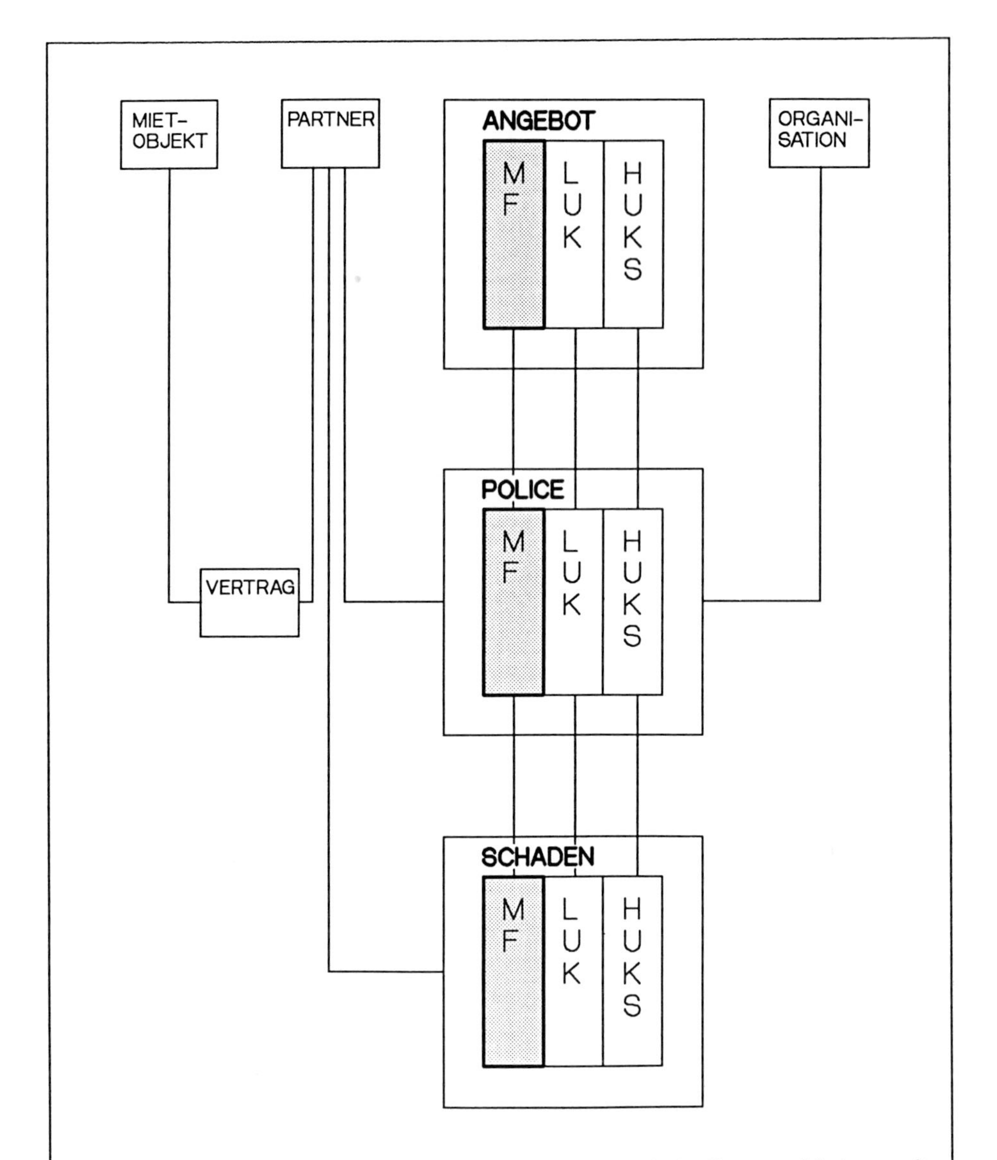

Abb. 3.3.5 «Zürich» Versicherungs-Gesellschaft: Globale Datenarchitektur mit Verfeinerung bzgl. ANGEBOT, POLICE, SCHADEN. Innerhalb der genannten Mengen werden die Untermengen

- MF = Motorfahrzeuge
- LUK = Leben, $\text{Unfall}_{\text{einzel}}$, $\text{Krankheit}_{\text{einzel}}$
- HUKS = Haft, $\text{Unfall}_{\text{kollektiv}}$, $\text{Krankheit}_{\text{kollektiv}}$, Sach

unterschieden.

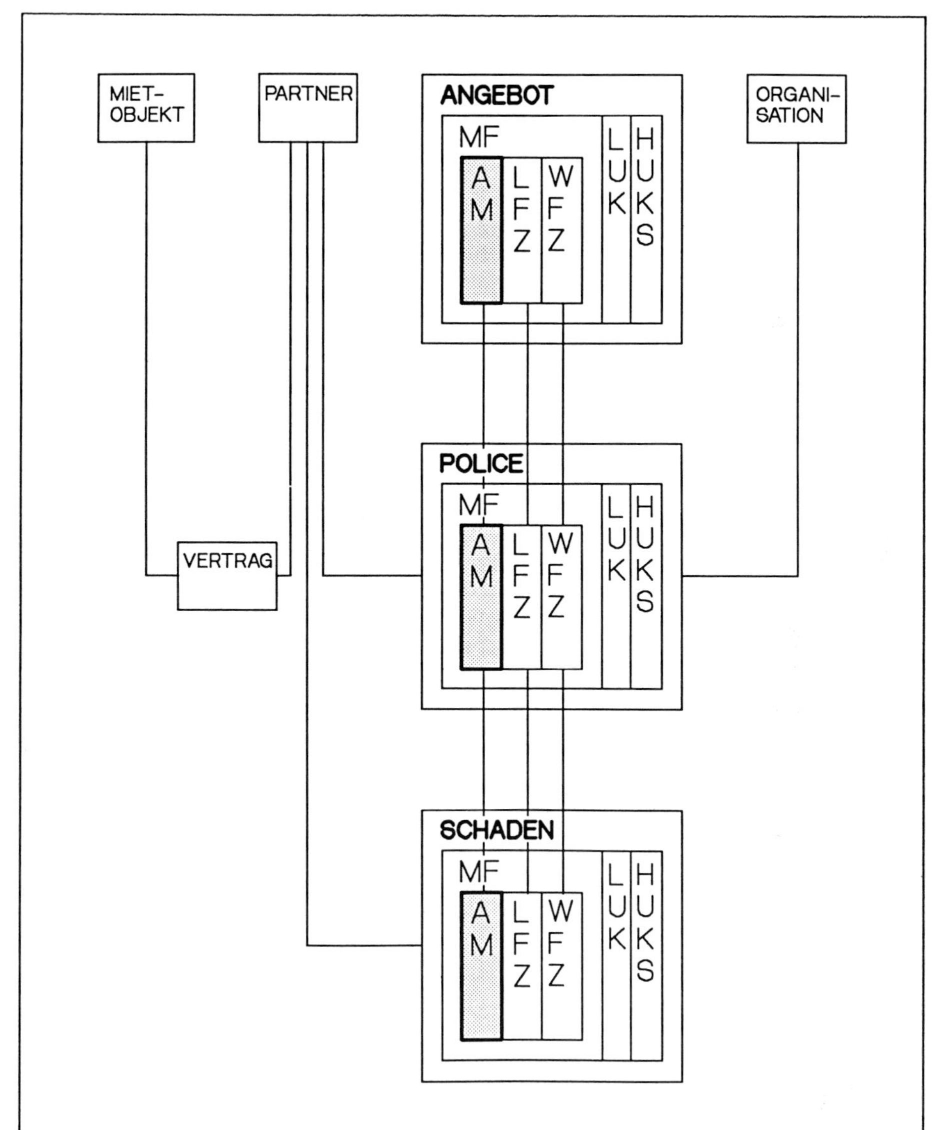

Abb. 3.3.6 «Zürich» Versicherungs-Gesellschaft: Globale Datenarchitektur mit Verfeinerung bzgl. MF (Motorfahrzeuge). Innerhalb der Mengen MF (Motorfahrzeuge) werden die Mengen

- AM = Auto/Moto
- LFZ = Luftfahrzeuge
- WFZ = Wasserfahrzeuge

unterschieden.

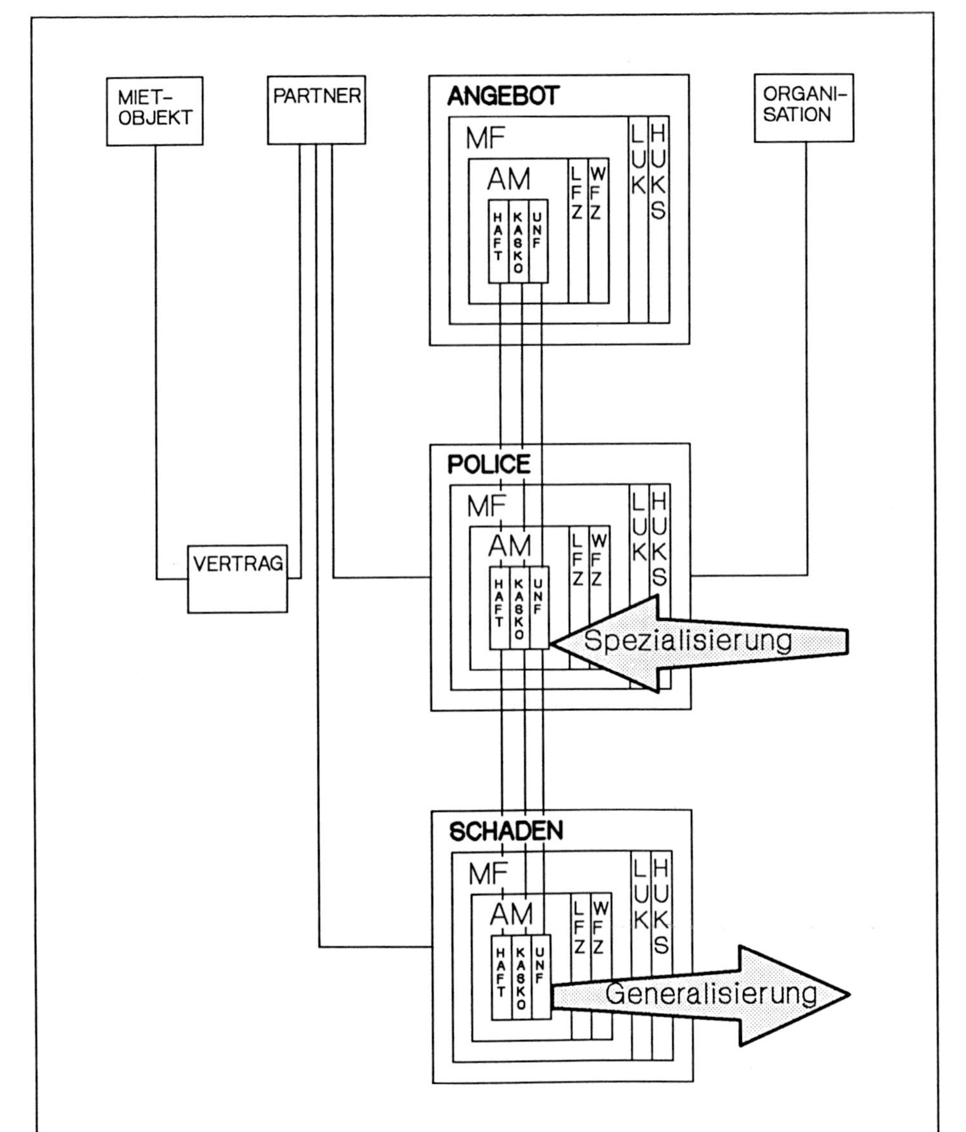

Abb. 3.3.7 «Zürich» Versicherungs-Gesellschaft: Globale Datenarchitektur mit Verfeinerung bzgl. AM (Auto/Moto). Innerhalb der Mengen AM (Auto/Moto) werden die Untermengen

- HAFT
- KASKO
- UNF = Unfall

unterschieden.

1. Das systemtheoretische Vorgehensprinzip *Vom Groben zum Detail* (englisch: *top-down*) gewährleistet, dass die Gesamtzusammenhänge auch bei fortschreitenden Verfeinerungen jederzeit ersichtlich bleiben. Dies trifft insbesondere dann zu, wenn man entsprechend Abb. 3.3.7 bei der Verfeinerung eines bestimmten Sachverhaltes dessen Umgebung weiterhin grob in Erscheinung treten lässt.

2. Das "zwiebelförmig" aufgebaute Modell kommt den unterschiedlichen datenspezifischen Bedürfnissen der *strategischen, taktischen* und *operationellen Ebene* in idealer Weise entgegen. So ermöglicht jeder Sprung von einer inneren "Kapsel" auf eine umfassendere "Kapsel" eine Generalisierung der Daten. Dies ist insofern von Bedeutung, als sich damit detaillierte Daten der operationellen Ebene in verdichteter Form der taktischen bzw. strategischen Ebene zur Verfügung stellen lassen. Umgekehrt kommt der Übergang von einer umfassenden "Kapsel" zu einer inneren "Kapsel" einer Spezialisierung von Daten gleich.

Die globale Datenarchitektur des Schweizerischen Bankvereins

Abb. 3.3.8 illustriert die globale Datenarchitektur des *Schweizerischen Bankvereins* im Überblick. Als Kernentitätsmengen treten in Erscheinung:

- ARTIKEL
- PARTNER
- DIENSTLEISTUNG
- KONTRAKT
- GESCHAEFTSFALL

Die übrigen Konstruktionselemente aus Abb. 3.3.8 repräsentieren Kernbeziehungsmengen. Man sieht, dass Aggregationen ermöglichende Beziehungsmengen (d.h. nur eine Entitätsmenge involvierende Beziehungsmengen) eine wichtige Rolle spielen.

Was die Konstruktionselemente im einzelnen zu bedeuten haben, ist separaten Darstellungen zu entnehmen. So zeigt Abb. 3.3.9 beispiels-

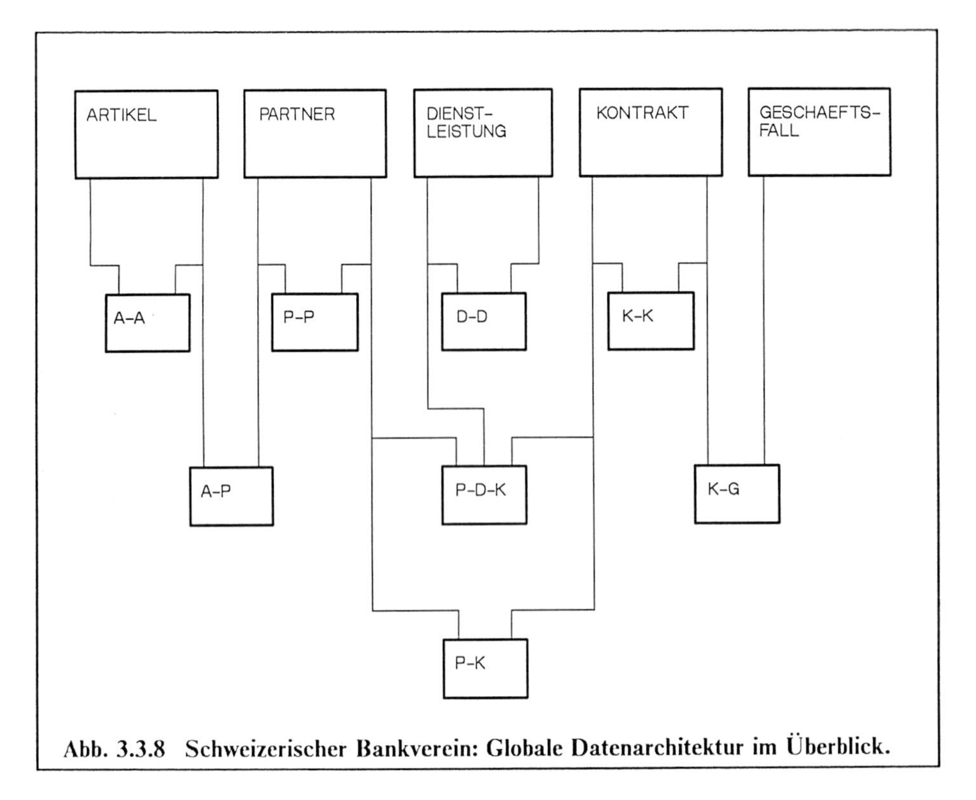

Abb. 3.3.8 Schweizerischer Bankverein: Globale Datenarchitektur im Überblick.

weise, dass in der Kernentitätsmenge ARTIKEL bankrelevante Werte wie Wertschriften, Geld, Waren, Edelmetalle, Futures und Options zu unterscheiden sind. Was die Wertschriften anbelangt, so sind diese ihrerseits in Aktien und Obligationen zu unterteilen.

Abb. 3.3.10 zeigt die Gliederung der Kernentitätsmenge PARTNER. Partner sind offenbar alle natürlichen Personen (also Kunden, Konkurrenten, Mitarbeiter des Bankvereins) sowie Organisationen, an denen der Bankverein interessiert ist und über die er Daten sammeln will. Dies gilt auch für die Organisationseinheiten des Bankvereins.

In Abb. 3.3.11 sind die Attribute der Kernentitätsmenge PARTNER vorzufinden. Damit sind Attributswerte eines Partners zu berücksichtigen, unabhängig davon, ob dieser als Kunde, Konkurrent, Mitarbeiter, etc. von Bedeutung ist.

Grundsätzlich ist die in Abb. 3.3.11 gezeigte Attributsliste nicht mehr der Datenarchitektur zuzuzählen, basiert eine solche doch nur auf Entitätsmengen und Beziehungsmengen. Die Abbildung illustriert aber, wie man sich die Vereinigung der im Rahmen einer Datenanalyse er-

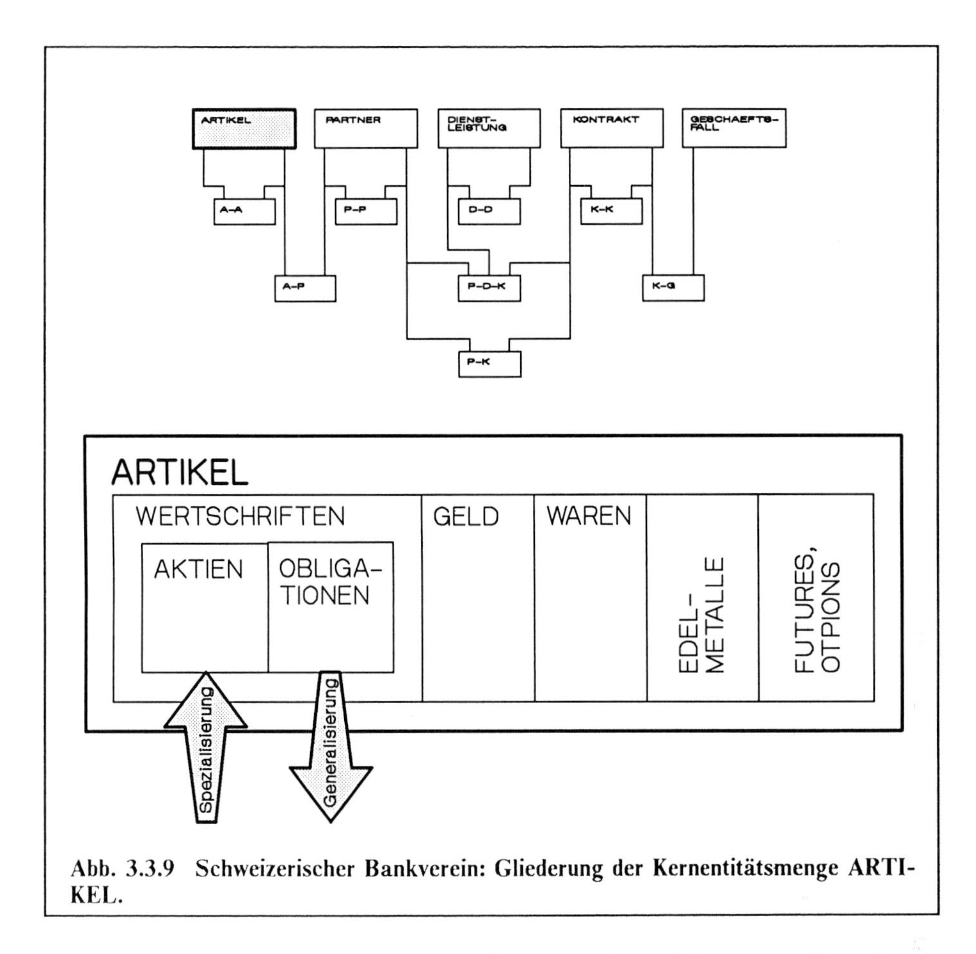

Abb. 3.3.9 Schweizerischer Bankverein: Gliederung der Kernentitätsmenge ARTIKEL.

mittelten Details (d.h. Entitätsattribute und Beziehungsattribute) mit der Datenarchitektur vorzustellen hat.

Abb. 3.3.12 sind die Attribute der abhängigen Entitätsmenge NATUERLICHE PERSON zu entnehmen. Die damit zu berücksichtigenden Attributswerte sind nur für natürliche Personen von Interesse. Für die vollständige Beschreibung einer natürlichen Person sind Attributswerte der Attributsliste PERSON wie auch der Attributsliste NATUERLICHE PERSON erforderlich.

Aus Abb. 3.3.13 geht hervor, dass mit der Kernbeziehungsmenge P-P Partner miteinander in Beziehung zu setzen sind. Von Bedeutung sind folgende Beziehungsarten:

- Die hierarchisch organisatorische Unterstellung der Mitarbeiter
- Die hierarchisch fachliche Unterstellung der Mitarbeiter

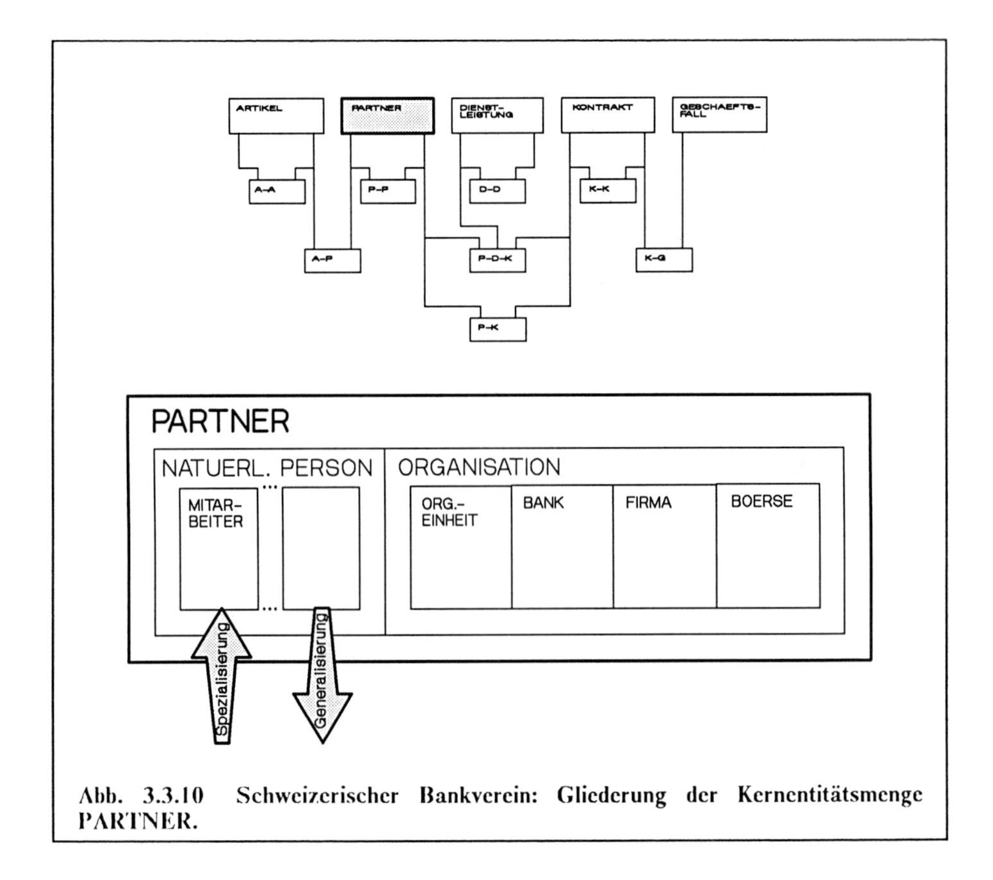

Abb. 3.3.10 Schweizerischer Bankverein: Gliederung der Kernentitätsmenge PARTNER.

- Kundenberatung
- Kundenbetreuung

Mit der in Abb. 3.3.13 gezeigten Anordnung sind alle vorgenannten Beziehungsarten gleichermassen zu berücksichtigen. Man wird einer derartigen Anordnung dann den Vorzug geben, wenn allen Beziehungsarten keine oder aber identische Beziehungsattribute zugrunde liegen. Ist dies nicht der Fall, so wird man Beziehungsmengen definieren, an denen entsprechend Abb. 3.3.14 Untermengen der Kernentitätsmenge PARTNER beteiligt sind.

Zum Abschluss dieses Beispiels noch ein Kommentar aus einem Arbeitsbericht des Schweizerischen Bankvereins: *"Obwohl die Bankumwelt als sehr dynamisch bezeichnet werden kann, sind die grundlegenden Informationszusammenhänge weitgehend stabil. Diese werden in der globalen Datenarchitektur dargestellt. Ziel der globalen Datenarchitektur ist keineswegs, ein total integriertes "Mammut-System" zu erreichen, wie dies ein Traum der 60er Jahre war. Es ist von elementarer Bedeutung,*

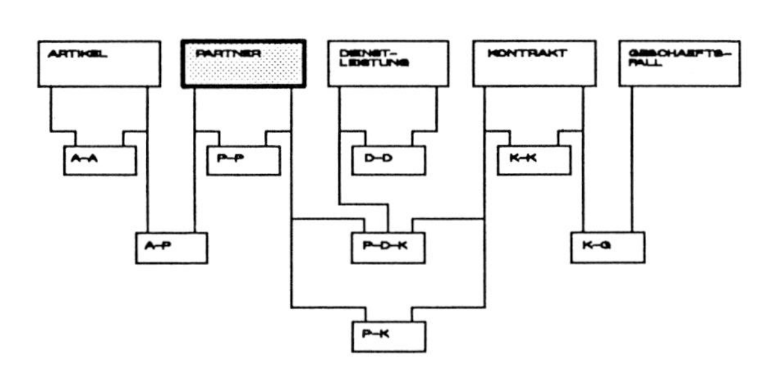

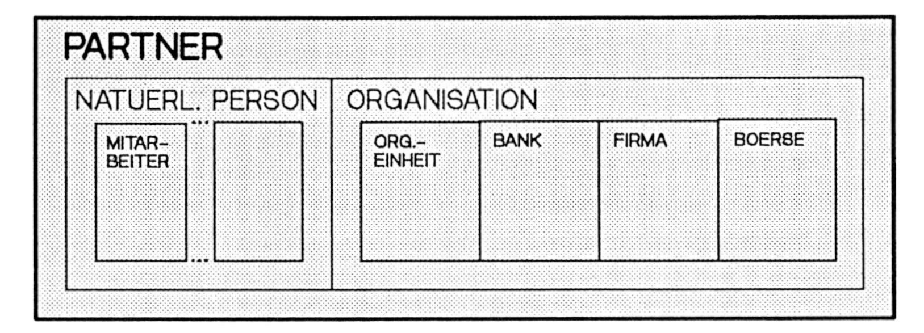

Attributliste: PARTNER
PNO (Partnernummer)
GUELTIGKEITSDATUM
PARTNERKURZBEZEICHNUNG (Name, Ort)
DOMIZIL
NATIONALITAET
PARTNERART (Mitarbeiter, Org.-Einheit, Bank, ...)
SPRACHE
PNO (Federführende Stelle)
...

Abb. 3.3.11 Schweizerischer Bankverein: Attributsliste für Kernentitätsmenge PARTNER.

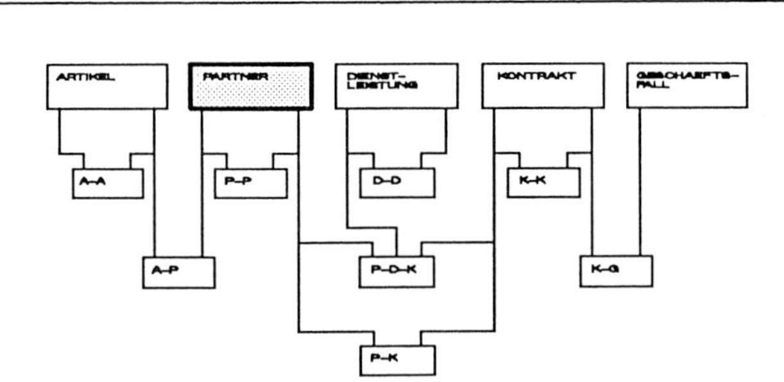

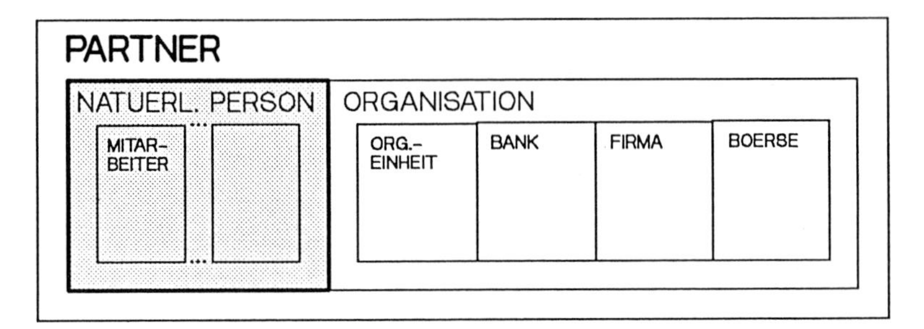

Attributliste: Natürliche Person
NONP (Nummer Natürliche Person)
PNO (Partnernummer)
ANREDE
TITEL
NAME
VORNAME
NAME LEDIG
GESCHLECHT
...

Abb. 3.3.12 Schweizerischer Bankverein: Attributsliste für abhängige Entitätsmenge NATUERLICHE PERSON.

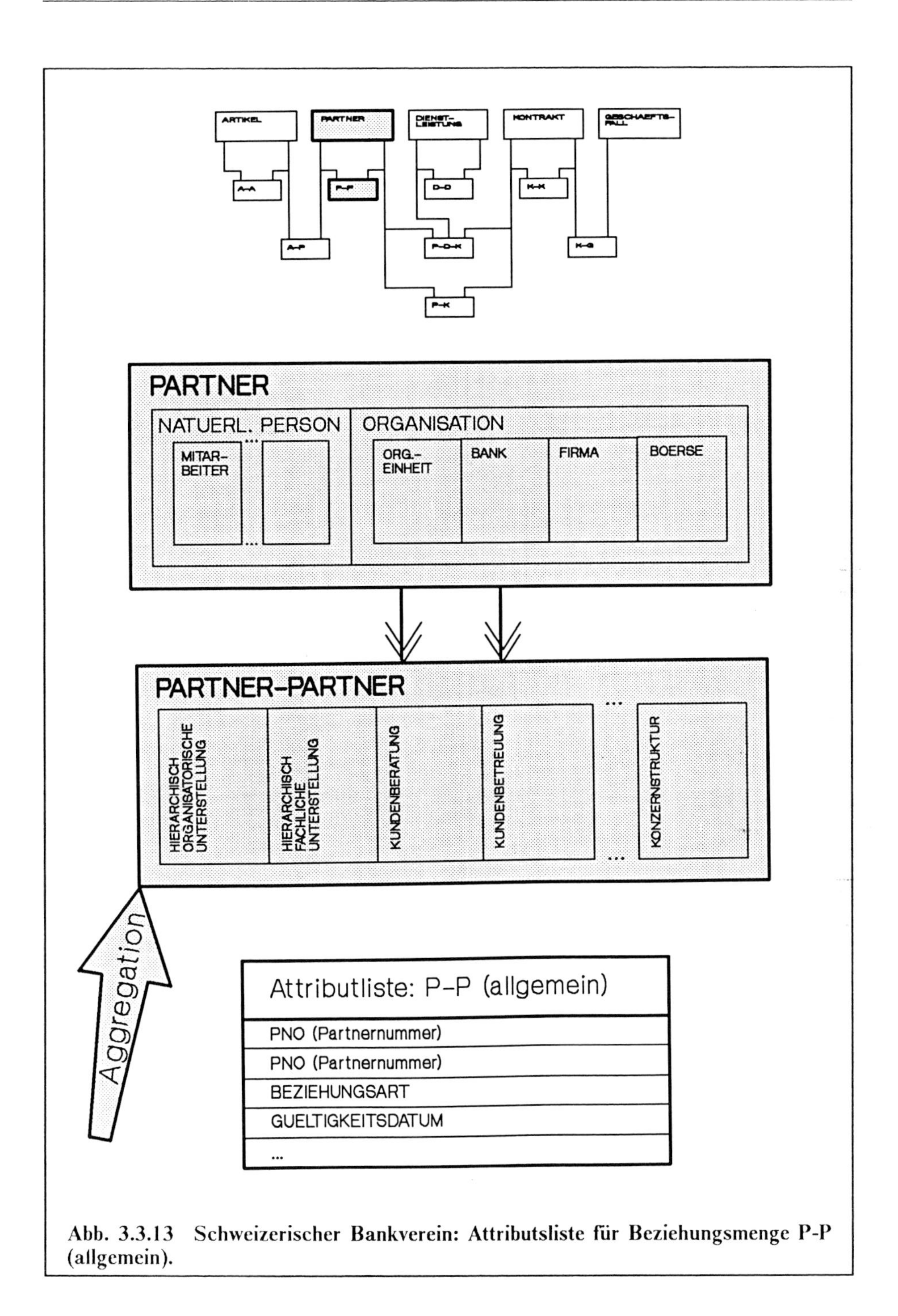

Abb. 3.3.13 Schweizerischer Bankverein: Attributsliste für Beziehungsmenge P-P (allgemein).

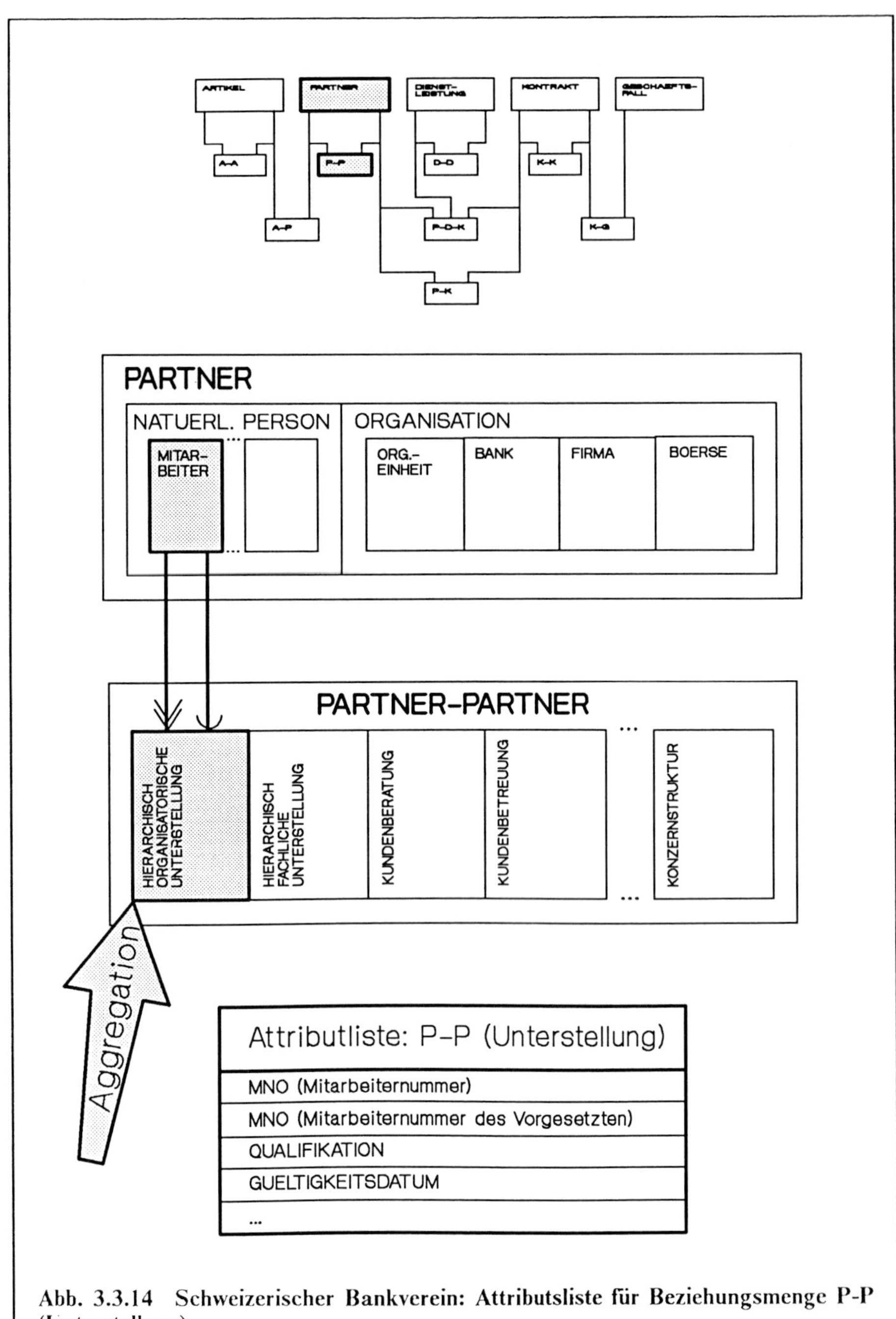

Abb. 3.3.14 Schweizerischer Bankverein: Attributsliste für Beziehungsmenge P-P (Unterstellung).

dass sich das unternehmungsweite Informationssystem aus selbständigen und überschaubaren Einzelteilen zusammensetzt. Nur diese Subsysteme können die Anforderungen bezüglich Effizienz und Flexibilität überhaupt erfüllen. Auf der andern Seite müssen die Teilsysteme wechselseitig zusammenpassen, um ein sinnvolles Ganzes zu ergeben. Das Grundgerüst hierfür liefert die globale Datenarchitektur."

Interessant ist, dass wir uns bei der vorstehenden Realitätsmodellierung im Grunde genommen wiederum Erkenntnisse der Systemtheorie zunutze gemacht haben. Abb. 3.3.15 verdeutlicht diesen Sachverhalt am Datenmodell des Schweizerischen Bankvereins. Zu erkennen ist, dass eine Kernentitätsmenge wie PARTNER, ARTIKEL, KONTRAKT, etc. durchaus als System aufzufassen ist. Die aufgrund einer Gliederung nach innen resultierenden Subsysteme entsprechen abhängigen Entitätsmengen, während die Gliederung nach aussen zu einem Übersystem führt, welches als das globale konzeptionelle Datenmodell aufzufassen ist. Selbst das Teilsystemprinzip ist von Bedeutung, sind doch damit bestimmte, mehrere Subsysteme (abhängige Entitätsmengen) betreffende Sachverhalte in den Vordergrund zu stellen.

Nachdem Beziehungsmengen entsprechend Abb. 3.3.13 und Abb. 3.3.14 ähnlich zu gliedern sind wie Entitätsmengen, treffen die vorstehenden Überlegungen selbstverständlich auch für Beziehungsmengen zu. Es ist daher naheliegend, bezüglich des diskutierten Modellierungsprinzips von einer *System basierten Entitäten-Beziehungs-Modellierung* zu sprechen (englisch: *System based Entity Relationship Modelling*, kurz SERM).

Zum Abschluss dieses Kapitels sei nochmals an die im 1. Kapitel zitierte amerikanische Wirtschaftswissenschaftlerin Hazel Henderson erinnert. Mit Blick auf die grossen Bedrohungen der menschlichen Zivilisation wie *Atomkrieg, Hunger, Zerstörung der natürlichen Lebensgrundlagen, Klimakatastrophe* fordert Hazel Henderson bekanntlich *globales Denken und lokales Handeln.*

Eine Unternehmung, welche ihre Daten berechtigterweise als bedeutsames Vermögen ansieht und alle zu einer Beeinträchtigung besagten Vermögens Anlass gebenden Faktoren als Bedrohung auffasst, sollte sich bezüglich ihrer Daten an ein Prinzip halten, das in Anlehnung an Henderson's Aussage wie folgt zu formulieren ist: *Daten global planen und konzipieren aber lokal verfeinern und realisieren.*

Bejaht man dieses Prinzip, so steht man auch zur *objekt- bzw. datenorientierten Vorgehensweise.* Mit dieser sind ja Daten im Rahmen der Ermittlung einer Datenarchitektur global zu konzipieren und bei der anschliessenden Anwendungsentwicklung schrittweise lokal zu verfei-

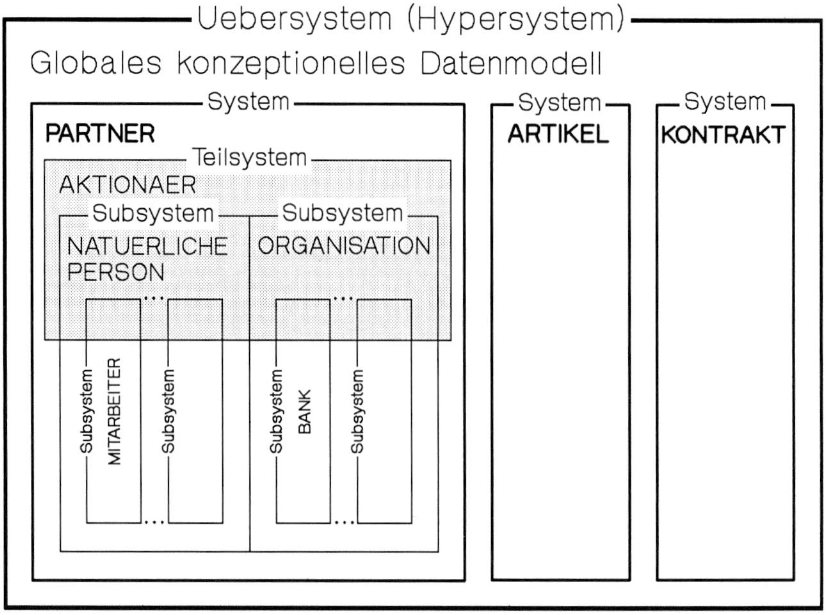

Abb. 3.3.15 System basierte Entitäten-Beziehungs-Modellierung, dargelegt am Datenmodell des Schweizerischen Bankvereins.

nern. Mit andern Worten: Mit der *objekt- bzw. datenorientierten* Vorgehensweise ist zu gewährleisten, dass ein Dreh- und Angelpunkt zustande kommt, auf den sich alles übrige beziehen lässt. Dies bedeutet keineswegs, dass globale konzeptionelle Datenmodelle nur im Zusammenhang mit dem Einsatz von Computern berechtigt sind. Wiederholt hat sich mittlerweile gezeigt, dass derartige Modelle – vor allem, wenn sie *kooperativ* zustande kommen – das Verständnis für die betrieblichen Zusammenhänge ausserordentlich zu fördern vermögen. Eine Unternehmung ist daher gut beraten, die Definition eines globalen konzeptionellen Datenmodells auch dann in die Wege zu leiten, wenn dessen Etablierung auf einem Computer gar nicht zur Debatte steht. Angesichts der nachweisbaren, positiven Auswirkungen muss man heute fast zwangsläufig zur Schlussfolgerung kommen, dass eine auf ein globales konzeptionelles Datenmodell verzichtende Unternehmung gegenüber der Konkurrenz, welche die vorteilhaften und günstigen Auswirkungen derartiger Modelle zu nutzen weiss, früher oder später in Rückstand geraten wird.

4 Realitätsabbildung mittels Daten: Die technischen Gesichtspunkte

Ging es im dritten Kapitel noch darum, die Realität in einer dem menschlichen Verständnis möglichst entgegenkommenden Weise abzubilden, so konzentriert sich das vorliegende Kapitel auf Überlegungen, die bei der maschinengerechten Umsetzung des Modells zu berücksichtigen sind. Zu diesem Zwecke wird die anderswo als mathematischer Formalismus auf der Ebene der Daten abstrakt behandelte *Relationentheorie* [2, 3] anhand eines Beispiels in einer auch dem Nichtmathematiker (und Nichtinformatiker) verständlichen Weise erläutert.

Das Kapitel ist wie folgt gegliedert: Abschnitt 4.1 führt zunächst in das Prinzip von *Relationen* ein. Sodann wird gezeigt, wie ein mit Konstruktionselementen zur Darstellung mehrerer Einzelfälle festgehaltener Realitätsausschnitt mit einer Relation darzustellen ist. Dabei werden zunächst bewusst zahlreiche Probleme in Kauf genommen, soll doch anschliessend am Beispiel diskutiert werden, wie eine problembehaftete Relation aufgrund von wohldefinierten Gesetzmässigkeiten schrittweise zu verbessern ist. Besagte Gesetzmässigkeiten – sie sind unter dem Begriff *Normalisierung von Relationen* bekannt geworden – sehen eine Zerlegung problembehafteter Relationen vor und führen über verschiedene Zwischenstufen zu einer Menge von ordnungsgemässen, einfacheren Relationen. Ordnungsgemässe Relationen – oder wie man in der Informatik zu sagen pflegt: *voll normalisierte Relationen* – sind wie folgt charakterisiert:

- Sie weisen keine *Redundanz* auf (d.h. ein bestimmter Sachverhalt wird nur einmal ausgewiesen)

- Sie halten einen mit Konstruktionselementen zur Darstellung mehrerer Einzelfälle festgehaltenen Realitätsausschnitt maschinengerecht fest und zwar dergestalt, dass die den Konstruktionselementen zugrunde liegenden Realitätsbeobachtungen keinesfalls aufgrund von Speicheroperationen wie Einschüben, Löschungen und Modifikationen zu verletzen sind

- Sie lassen sich wie eine präzise, verbale Realitätsbeschreibung interpretieren

- Ihre Definition setzt eine systematische Hinterfragung der Realität voraus, was zur Folge hat, dass verschiedenenorts definierte, den gleichen Realitätsausschnitt betreffende Relationen weitgehend übereinstimmen

In Abschnitt 4.2 wird gezeigt, dass ordnungsgemässe (also voll normalisierte) Relationen nicht nur aufgrund der in Abschnitt 4.1 diskutierten Zerlegung problembehafteter Relationen zu erzielen sind, sondern auch auf dem Wege einer sogenannten *Relationssynthese* entstehen können. Zu diesem Zwecke wird jedes Konstruktionselement mit einer ordnungsgemässen Relation – Informatiker sprechen in diesem Zusammenhang von *Elementarrelationen* – definiert. Letztere lassen sich sodann aufgrund von wohldefinierten Gesetzmässigkeiten kombinieren oder in bestehende Relationen integrieren. Ein derartiges Vorgehen ist für die Praxis attraktiv, weil damit die im Verlaufe der Zeit ermittelten Konstruktionselemente laufend in bereits vorliegenden Relationen zu berücksichtigen sind.

In Abschnitt 4.3 kommen wir nochmals auf die bereits in Abschnitt 1.3 diskutierte *Dezentralisierung der Datenverarbeitung* zu sprechen. So wird gezeigt, wie Daten örtlich dort zu speichern sind, wo sie am häufigsten gebraucht werden und wie einem berechtigten Benützer unternehmungsrelevante Daten zur Verfügung zu stellen sind, ohne dass der Standort der Daten bekanntzugeben ist.

4.1 Abbildung eines Realitätsausschnittes mittels Relationen

Ist ein mit Konstruktionselementen zur Darstellung mehrerer Einzelfälle definierter Realitätsausschnitt auf einem Computer festzuhalten, so drängt sich zunächst eine Umformung in eine maschinengerechte Datenstruktur auf. Dafür kommen neben *hierarchischen* und *netzwerkartigen Datenstrukturen* vor allem auch *Relationen* in Frage. Weil sich letztere in der Praxis infolge ihrer *Einfachheit, Präzision, Flexibilität* und *Benützerfreundlichkeit* immer mehr durchsetzen, beschränken wir uns im folgenden auf diesbezügliche Überlegungen. Allerdings: Bevor wir uns mit dem Prinzip von Relationen auseinandersetzen können, sind zunächst die Begriffe *Entitätsschlüssel* sowie *Tupel* zu erläutern.

Was ist ein Entitätsschlüssel?

> Ein *Entitätsschlüssel* ist ein Entitätsattribut, mit dessen Werten Entitäten einer Entitätsmenge eindeutig zu identifizieren sind.

Weil mit natürlichen Attributen wie NAME, WOHNORT etc. in der Regel keine eindeutige Identifikation zu erzielen ist, legt man einem Entitätsschlüssel normalerweise ein künstliches Attribut wie P# (Personalnummer) zugrunde. Dieses muss gemäss [45] folgenden Kriterien genügen:

- *Eindeutigkeit* (d.h. jeder Entität muss ein Schlüsselwert zuzuordnen sein, der anderweitig nie vorkommt. Der Schlüsselwert ist unveränderlich)
- *Laufende Zuteilbarkeit* (d.h. eine neuauftretende Entität erhält ihren Entitätsschlüsselwert sofort)
- *Kürze, Schreibbarkeit* (d.h. der Name eines Entitätsschlüssels soll einfach und mühelos zu schreiben sein)

Nachdem für das in Abschnitt 3.2 diskutierte Arzt-Patienten-Beispiel keine den vorstehenden Kriterien genügenden Attribute vorliegen, erweitern wir unser Beispiel mit den Attributen A# (Arztnummer) und P# (Patientennummer). Damit lassen sich die bislang bildlich in Erscheinung getretenen Ärzte und Patienten in den Entitätsmengen und Beziehungsmengen aufgrund von A#- und P#-Werten darstellen. Abb. 4.1.1 illustriert das Ergebnis. Man beachte, dass die A#- bzw. P#-Werte in sogenannten *Entitätsschlüsseldomänen* vorzufinden sind.

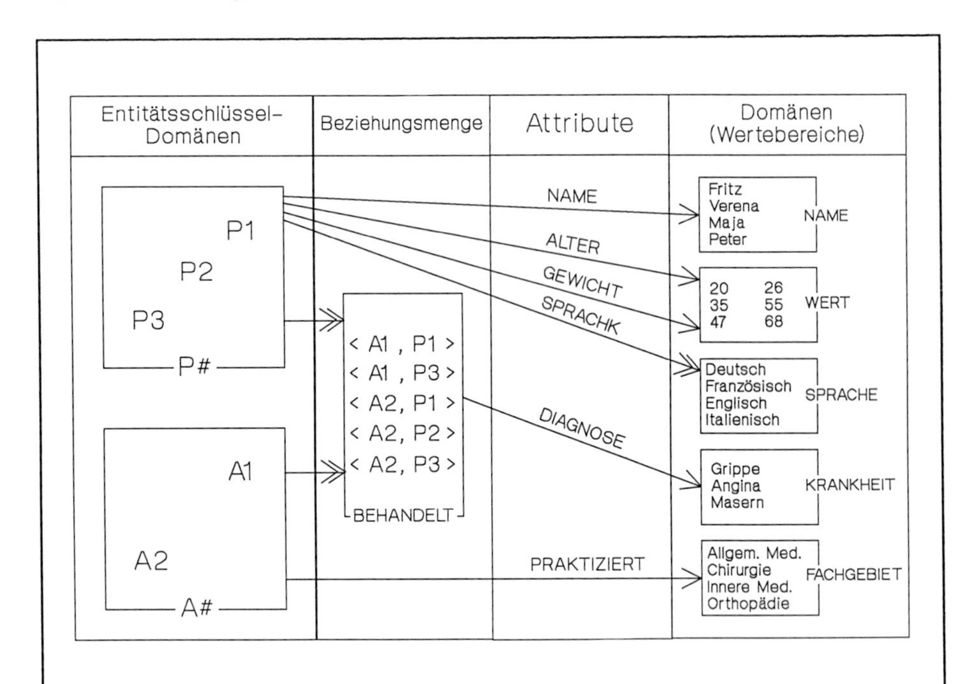

Abb. 4.1.1 Darstellung von Entitäten und Beziehungen mit Hilfe von geeigneten Entitätsschlüsselwerten. Die Abbildung bezieht sich auf das in Abschnitt 3.2 diskutierte Arzt-Patienten-Beispiel.

Was ist ein Tupel?

Ein *Tupel* ist eine *Liste* von Domänenwerten.

Abb. 4.1.2 zeigt ein Tupel, dessen Werte den Domänen PE# und NAME (je ein Wert) sowie ORT und DATUM (je zwei Werte) entstammen. Das Tupel bringt zum Ausdruck, dass die Person mit PE# = *101 Hans* heisst, in *Zürich* wohnt, am *26. Januar 1938* in *Basel* geboren wurde und am *8. März 1984* eine Tätigkeit in unserer Unternehmung aufgenommen hat.

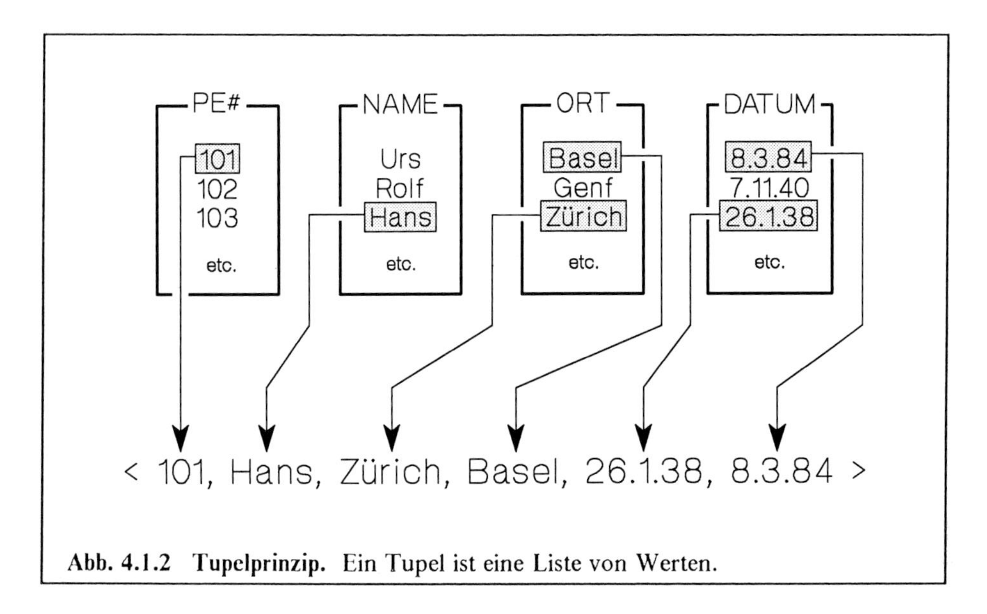

Abb. 4.1.2 Tupelprinzip. Ein Tupel ist eine Liste von Werten.

Nach diesen vorbereitenden Erläuterungen nun aber zur zentralen Frage:

Was ist eine Relation?

> Eine *Relation* ist eine *Menge* von Tupeln. Letztere werden normalerweise tabellenförmig angeordnet, sodass jede Tabellenzeile einem Tupel entspricht und jede Kolonne Werte ein und derselben Domäne aufweist.

Eine Relation ist wie folgt charakterisiert (die folgenden Erläuterungen beziehen sich auf die eingekreisten Ziffern in Abb. 4.1.3):

1. Sie hat einen eindeutigen *Namen* (z.B. PERSON)

2. Sie hat 0 - n *Tupel* (d.h. Tabellenzeilen). Die Ordnung der Tupel ist bedeutungslos, weil ein Tupel nicht aufgrund einer Position, sondern aufgrund von *Werten* (d.h. symbolisch) anzusprechen ist

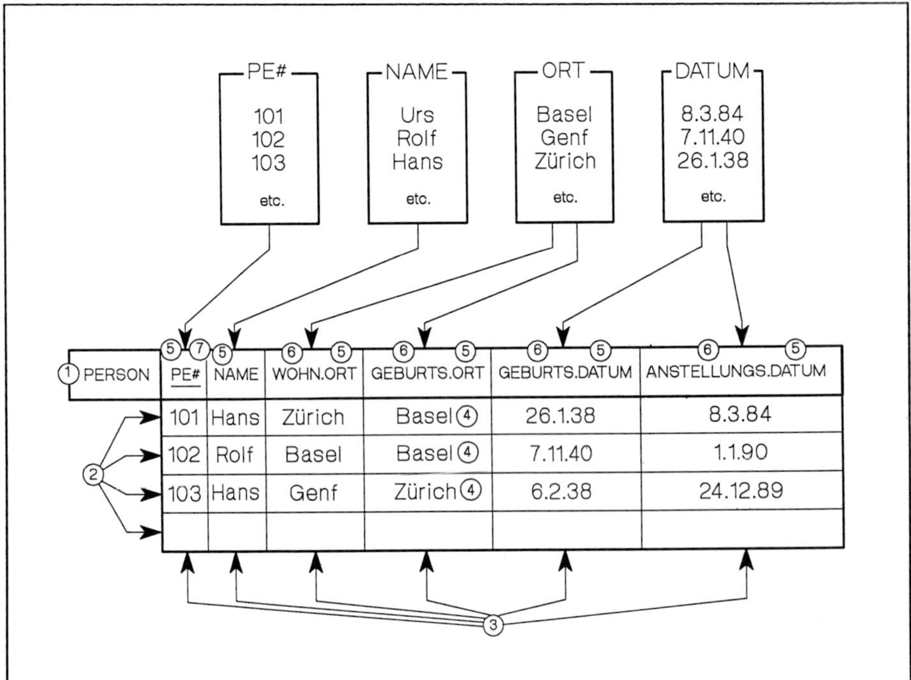

Abb. 4.1.3 Das Prinzip von Relationen (die eingekreisten Ziffern beziehen sich auf Erklärungen im Text).

3. Sie hat 1 - m Kolonnen, *Attribute* genannt. Die Ordnung der Attribute ist bedeutungslos, weil ein Attribut nicht aufgrund einer Position, sondern aufgrund eines *Attributnamens* (d.h. symbolisch) anzusprechen ist

4. Ein Attribut enthält *Attributswerte*, die allesamt ein und derselben Domäne entstammen. Dies bedeutet, dass alle Werte eines Attributs vom gleichen Typ sind (d.h. numerisch, alphabetisch oder alphanumerisch)

5. Innerhalb einer Relation hat jedes Attribut einen *eindeutigen Namen.* Dieser muss mit dem Namen der Domäne übereinstimmen, welcher die Werte für das Attribut entstammen

6. Beziehen mehrere Attribute ihre Werte aus ein und derselben Domäne (im Beispiel sind die Domänen ORT und DATUM an derartigen Attributen beteiligt), so setzt sich ein Attributsname aus einer *Rollenbezeichnung* und (abgetrennt durch einen Punkt oder ein anderweitiges Spezialzeichen) einem Domänennamen zusammen. Mit einer Rollenbezeichnung kann die Bedeutung der Werte

eines Attributes umschrieben werden (im Beispiel stellen die Begriffe WOHN, GEBURTS sowie ANSTELLUNGS Rollenbezeichnungen dar)

7. Eine Relation hat immer einen sogenannten *Primärschlüssel.* Ein Primärschlüssel ist ein Attribut (möglicherweise eine Kombination von Attributen), mit dessen Werten die Tupel einer Relation eindeutig zu *identifizieren* sind. Dies bedeutet, dass ein bestimmter Primärschlüsselwert in einer Relation nur einmal anzutreffen ist. Der Primärschlüssel einer Relation wird durch Unterstreichen des (der) Schlüsselattribute(s) kenntlich gemacht

Soweit die Bedeutung der eingekreisten Ziffern in Abb. 4.1.3. Darüber hinaus ist noch folgendes von Bedeutung:

- Ein Datenbankmanagementsystem verhindert, dass ein Tupel mit bereits existierendem Schlüsselwert in eine Relation einzubringen ist. Dies bedeutet für die in Abb. 4.1.3 gezeigte Relation, dass für eine aufgrund eines PE#-Wertes repräsentierte Person immer nur ein Name, ein Wohnort, ein Geburtsort, ein Geburtsdatum sowie ein Anstellungsdatum einzubringen ist. Die dem Schlüssel nicht angehörenden Attribute sind also allesamt vom Schlüssel einfach abhängig.

- Die in Abb. 4.1.3 gezeigte Relation ist formal wie folgt festzuhalten:

  ```
  PERSON ( PE#, NAME, WOHN.ORT, GEBURTS.ORT,
  
                GEBURTS.DATUM, ANSTELLUNGS.DATUM )
  ```

  Die Schreibweise ist im Sinne eines Tabellengerüsts zu interpretieren, wobei PERSON den Namen der Tabelle (also der Relation), PE#, NAME, etc. hingegen die Namen der Kolonnen (also der Attribute) repräsentieren.

Nun aber zu den Gesetzmässigkeiten, mit denen problembehaftete Relationen über verschiedene Zwischenstufen – die Informatiker sprechen von *Normalformen* – zu ordnungsgemässen (also *voll normalisierten*) Relationen zu zerlegen sind. Wir erweitern zu diesem Zwecke das in Kapitel 3 zur Erläuterung der Konstruktionselemente verwendete Arzt-Patienten-Beispiel und stellen es sodann mit einer einzigen Relation dar. Dabei nehmen wir bewusst zahlreiche Probleme in Kauf, soll doch anschliessend am Beispiel gezeigt werden, dass die angedeutete Zerlegung tatsächlich zu ordnungsgemässen Relationen führt. Die restlichen Ausführungen dieses Abschnittes betreffen also:

- Das erweiterte Arzt-Patienten-Beispiel
- Die 1. Zwischenstufe, d.h. die *unnormalisierte Form*
- Die 2. Zwischenstufe, d.h. die *erste Normalform* (abgekürzt 1NF)
- Die 3. Zwischenstufe, d.h. die *zweite Normalform* (2NF)
- Das Schlussergebnis, d.h. die *dritte Normalform* (3NF)

Das erweiterte Arzt-Patienten-Beispiel

Das in Abb. 4.1.4 gezeigte erweiterte Arzt-Patienten-Beispiel basiert auf folgenden *Konstruktionselementen* (die folgenden Erläuterungen beziehen sich auf die eingekreisten Ziffern in Abb. 4.1.4):

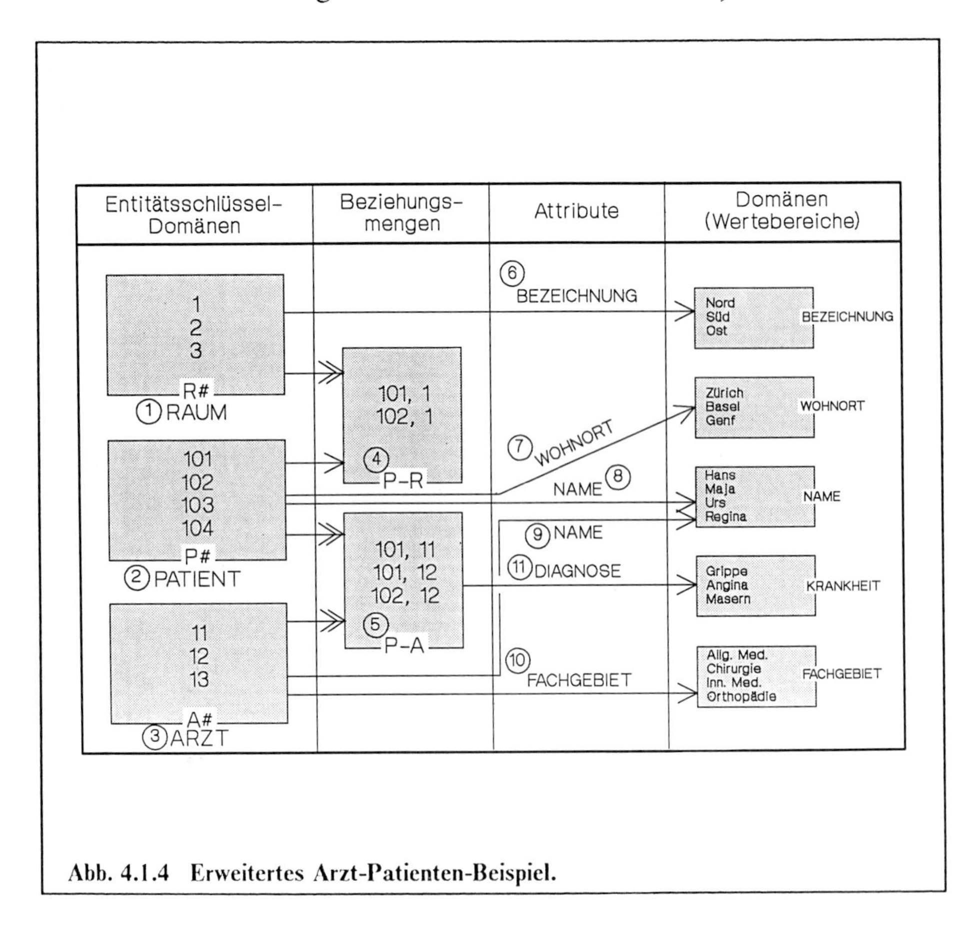

Abb. 4.1.4 Erweitertes Arzt-Patienten-Beispiel.

a) Die Entitätsmengen

1. RAUM mit dem Entitätsschlüssel R#

2. PATIENT mit dem Entitätsschlüssel P#

3. ARZT mit dem Entitätsschlüssel A#

b) Die Beziehungsmengen

4. P-R

An der Beziehungsmenge P-R sind die Entitätsmengen RAUM (respektive deren Entitätsschlüsseldomäne R#) und PATIENT (P#) beteiligt. Der von der Entitätsschlüsseldomäne P# zur Beziehungsmenge P-R zeigende Pfeil ⟶ bedeutet, dass jeder Patient in einem Raume liegt. Umgekehrt weist der von der Entitätsschlüsseldomäne R# zur Beziehungsmenge P-R zeigende Doppelpfeil ⟶→ darauf hin, dass ein Raum von mehreren Patienten belegt sein kann. Der Informatiker sagt, dass der Beziehungsmenge P-R eine *(1:M)-Abbildung* zugrunde liegt und hält diesen Sachverhalt wie folgt fest:

P# ↞⟶ R#

5. P-A

Der Beziehungsmenge P-A liegt die *(M:M)-Abbildung*

P# ↞⟶↠ A#

zugrunde, welche besagt, dass ein Patient in der Regel von mehreren Ärzten behandelt wird und ein Arzt mehrere Patienten behandeln kann.

c) Die Entitätsattribute

6. BEZEICHNUNG

Dem Entitätsattribut BEZEICHNUNG liegt die *(1:M)-Abbildung*

R# ↞⟶ BEZEICHNUNG

zugrunde, welche besagt, dass ein Raum eine Bezeichnung aufweist und eine Bezeichnung (beispielsweise *Operationsraum*) für mehrere Räume in Frage kommt.

7. WOHNORT

Dem Entitätsattribut WOHNORT liegt die *(1:M)-Abbildung*

$$P\# \twoheadleftarrow\!\!\longrightarrow \text{WOHNORT}$$

zugrunde, welche besagt, dass ein Patient einen Wohnort hat, ein Wohnort aber für mehrere Patienten in Frage kommt.

8. NAME (Patienten betreffend)

Dem Entitätsattribut NAME (Patienten betreffend) liegt die *(1:M)-Abbildung*

$$P\# \twoheadleftarrow\!\!\longrightarrow \text{NAME}$$

zugrunde, welche besagt, dass ein Patient einen Namen hat, ein Name aber mehreren Patienten zuzuordnen ist.

9. NAME (Ärzte betreffende)

Dem Entitätsattribut NAME (Ärzte betreffend) liegt die *(1:M)-Abbildung*

$$A\# \twoheadleftarrow\!\!\longrightarrow \text{NAME}$$

zugrunde, welche besagt, dass ein Arzt einen Namen hat, ein Name aber mehreren Ärzten zuzuordnen ist.

10. FACHGEBIET

Dem Entitätsattribut FACHGEBIET liegt die *(1:M)-Abbildung*

$$A\# \twoheadleftarrow\!\!\longrightarrow \text{FACHGEBIET}$$

zugrunde, welche besagt, dass ein Arzt für ein Fachgebiet zuständig ist, ein Fachgebiet aber von mehreren Ärzten zu praktizieren ist.

d) Das Beziehungsattribut

11. DIAGNOSE

Dem Beziehungsattribut DIAGNOSE liegt die *(1:M)-Abbildung*

$$P\#, A\# \twoheadleftarrow\!\!\longrightarrow \text{KRANKHEIT}$$

zugrunde, welche besagt, dass ein Arzt für einen Patienten nur eine Krankheit diagnostizieren kann (wir treffen diese nicht ganz realistische Annahme im Interesse einer Vereinfachung unseres Beispiels). Umgekehrt kann eine Krankheit mit mehreren Patienten-Ärzte-Paaren in Beziehung stehen.

Im folgenden wollen wir den in Abb. 4.1.4 gezeigten Realitätsausschnitt relational festhalten und besprechen zu diesem Zwecke zunächst das Prinzip von *unnormalisierten Relationen.*

Erste Zwischenstufe: Die unnormalisierte Form

Abb. 4.1.5 zeigt eine *unnormalisierte Relation* namens PATIENT-UN für den in Abb. 4.1.4 gezeigten Realitätsausschnitt. Jede Zeile (Tupel) enthält Aussagen über einen bestimmten Patienten. So besagt die erste Zeile:

> Der Patient mit P# = *101* heisst *Hans*, wohnt in *Zürich* und wird von den Ärzten mit A# = *11* und A# = *12* behandelt. Der Arzt mit A# = *11* heisst *Urs*. Er ist für das Fachgebiet *Allgemeine Medizin* zuständig und diagnostiziert für den Patienten mit P# = *101* die Krankheit *Grippe*. Die Ärztin mit A# = *12* heisst hingegen *Regina*, ist für das Fachgebiet *Chirurgie* zuständig und diagnostiziert für den gleichen Patienten die Krankheit *Angina*. Der Patient liegt im Raume mit R# = *1* und der Bezeichnung *Nord*.

Das mit einem Unterstreichungszeichen gekennzeichnete Attribut P# stellt den *Primärschlüssel* der Relation dar. Dies bedeutet, dass jedes Tupel aufgrund eines P#-Wertes eindeutig zu identifizieren ist.

Die eingekreisten Ziffern in Abb. 4.1.5 weisen darauf hin, mit welchen Attributen der Relation PATIENT-UN entsprechend numerierte Konstruktionselemente des Arzt-Patienten-Beispiels darzustellen sind. Beispielsweise sind am Entitätsattribut WOHNORT (Nr. 7) die Domänen P# und WOHNORT beteiligt. Entsprechend sind in der Relation PATIENT-UN für besagtes Entitätsattribut die Attribute P# und WOHNORT erforderlich.

Den Attributsnamen P.NAME und A.NAME liegen die Rollenbezeichnungen P und A (für Patient und Arzt stehend) sowie der Name der Domäne zugrunde, welcher die Attributswerte entstammen.

Was charakterisiert nun aber eine unnormalisierte Relation?

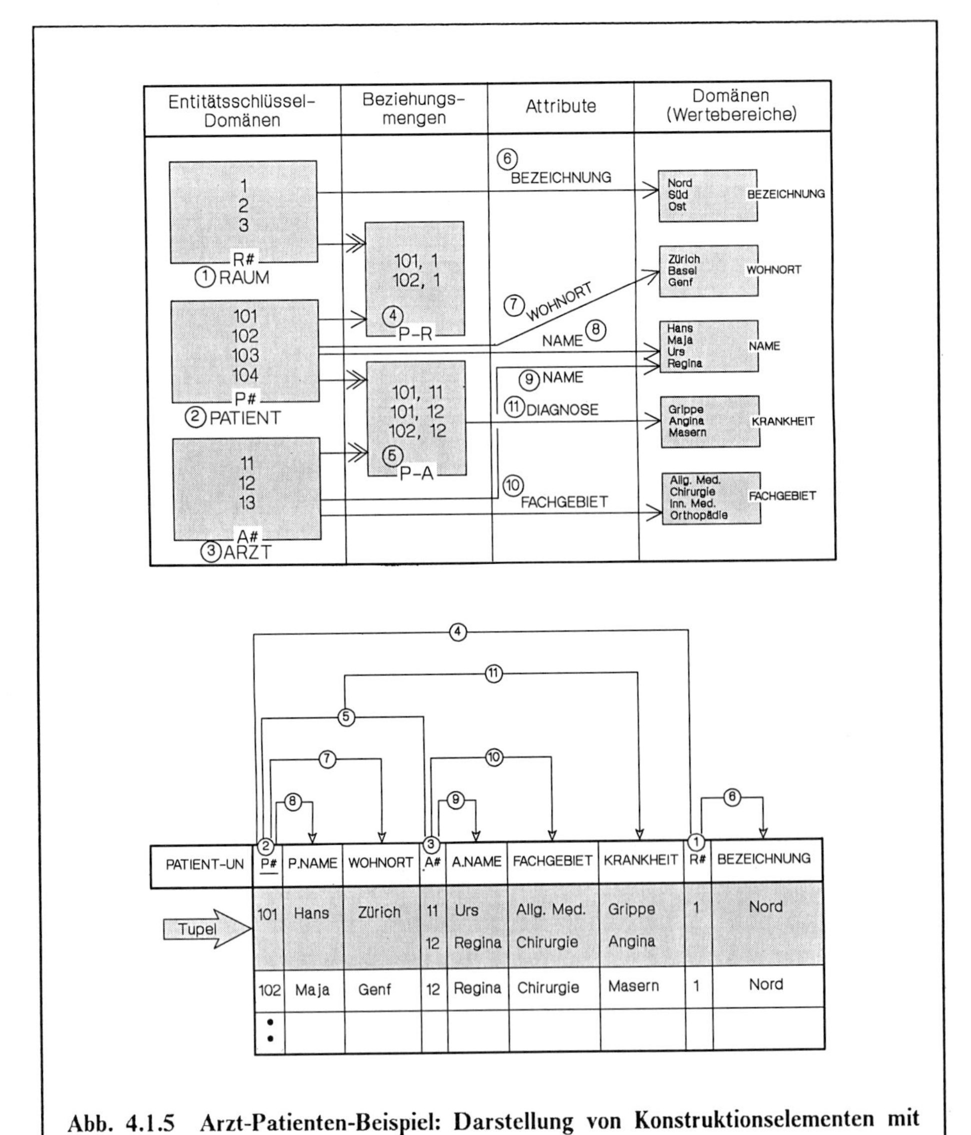

Abb. 4.1.5 Arzt-Patienten-Beispiel: Darstellung von Konstruktionselementen mit Hilfe einer unnormalisierten Relation.

Bei einer *unnormalisierten Relation* kann am Kreuzungspunkt eines Attributes (Kolonne) und eines Tupels (Zeile) eine Menge von Werten in Erscheinung treten.

Abb. 4.1.6 illustriert, dass die Relation PATIENT-UN das vorstehende Kriterium erfüllt, treten doch beispielsweise am Kreuzungspunkt des schattiert gekennzeichneten Attributs KRANKHEIT und des mit P# = *101* identifizierten Tupels die Werte *Grippe* und *Angina* in Erscheinung.

Attribut

PATIENT-UN	P#	P.NAME	WOHNORT	A#	A.NAME	FACHGEBIET	KRANKHEIT	R#	BEZEICHNUNG
Tupel	101	Hans	Zürich	11	Urs	Allg. Med.	Grippe	1	Nord
				12	Regina	Chirurgie	Angina		
	102	Maja	Genf	12	Regina	Chirurgie	Masern	1	Nord
	• •								

Abb. 4.1.6 Arzt-Patienten-Beispiel: Unnormalisierte Relation.

Eine unnormalisierte Relation weist folgende Nachteile auf:

1. Sie ist schwierig zu handhaben, weil die Anzahl der Attributswerte von Tupel zu Tupel variiert.

2. Sie weist in der Regel *Redundanz* auf. Beispielsweise erscheint der Name und das Fachgebiet der Ärztin mit A# = *12* mehrmals. Desgleichen wird die Bezeichnung des Raumes mit R# = *1* wiederholt ausgewiesen.

3. Die *Integrität* (d.h. Richtigkeit) der Relation lässt sich aufgrund von Speicheroperationen zerstören. Beispielsweise bewirkt der Einschub des Tupels

   < 103, Urs, Genf, 12, Maja, Inn. M., Angina, 1, Süd >

   dass die Ärztin mit A# = *12* mehrere Namen aufweist und für mehrere Fachgebiete zuständig ist. Damit werden aber Beobachtungen verletzt, die den in Abb. 4.1.4 mit den eingekreisten Ziffern 9 und 10 gekennzeichneten Konstruktionselementen zugrunde liegen. Ausserdem weist der Raum mit R# = *1* nach erfolgtem Einschub mehrere Bezeichnungen auf, was einer Verletzung der dem

Konstruktionselement 6 zugrunde liegenden Beobachtung gleichkommt.

Obschon das vorstehende Tupel gleich drei Realitätsbeobachtungen verletzt, wird es – den noch nicht existierenden Primärschlüsselwert P# = *103* aufweisend – von einem Datenbankmanagementsystem akzeptiert.

Nun aber zur nächsten Zwischenstufe, mit welcher wenigstens die unter Punkt 1 genannte schwierige Handhabbarkeit zu eliminieren ist.

Zweite Zwischenstufe: Die erste Normalform (1NF)

Sorgt man dafür, dass eine Relation am Kreuzungspunkt aller Attribute (Kolonnen) und aller Tupel (Zeilen) immer nur einen Wert aufweist, so respektiert die Relation mindestens die erste Normalform.

Abb. 4.1.7 illustriert eine in erster Normalform befindliche Relation namens PATIENT-1NF, welche bezüglich des Informationsgehaltes mit der in Abb. 4.1.6 gezeigten unnormalisierten Relation PATIENT-UN übereinstimmt. Die Transformation der Relation PATIENT-UN in die Relation PATIENT-1NF erfordert, dass ein aufgrund eines P#-Wertes repräsentierter Patient – zusammen mit seinem Namen, seinem Wohnort, dem R#-Wert seines Raumes inklusive dessen Bezeichnung – sooft aufzuführen ist, als besagter Patient von verschiedenen Ärzten behandelt wird. Dies bedeutet aber, dass ein P#-Wert für die Identifikation eines Tupels nicht mehr ausreicht. Vielmehr ist nunmehr mit einem *zusammengesetzten Schlüssel*, bestehend aus den Attributen P# und A#, zu arbeiten.

Man beachte, dass der zusammengesetzte Schlüssel der Relation PATIENT-1NF die Möglichkeit bietet, zu einem bestimmten P#-Wert (beispielsweise *101*) mehrere A#-Werte (beispielsweise *11* und *12*) und zu einem A#-Wert (beispielsweise *12*) mehrere P#-Werte (beispielsweise *101* und *102*) einzubringen. Offenbar stehen die Komponenten eines korrekten zusammengesetzten Schlüssels immer wechselseitig komplex miteinander in Beziehung. Tatsächlich sind gemäss Abb. 4.1.4 die den Attributen A# und P# entsprechenden Entitätsschlüsseldomänen an der Beziehungsmenge P-A beteiligt, für welche aber gilt:

$$P\# \twoheadleftarrow\!\!\twoheadrightarrow A\#$$

Die Tupel der Relation PATIENT-1NF weisen – im Gegensatz zu jenen der Relation PATIENT-UN – immer gleich viele Werte auf. Dies

PATIENT-1NF	P#	P.NAME	WOHNORT	A#	A.NAME	FACHGEBIET	KRANKHEIT	R#	BEZEICHNUNG
	101	Hans	Zürich	11	Urs	Allg. Med.	Grippe	1	Nord
Tupel	101	Hans	Zürich	12	Regina	Chirurgie	Angina	1	Nord
	102	Maja	Genf	12	Regina	Chirurgie	Masern	1	Nord
	:								

Attribut

Abb. 4.1.7 Arzt-Patienten-Beispiel: 1NF-Relation.

hat zur Folge, dass die Relation PATIENT-1NF gegenüber der Relation PATIENT-UN wesentlich leichter zu handhaben ist. Was die übrigen Nachteile der Relation PATIENT-UN anbelangt, so bleiben diese auch in der Relation PATIENT-1NF erhalten oder treten gar verstärkt in Erscheinung. So ist zu erkennen:

1. Die in erster Normalform befindliche Relation PATIENT-1NF weist *Redundanz* auf hinsichtlich der Attribute P.NAME, WOHNORT, A.NAME, FACHGEBIET, R# sowie BEZEICHNUNG.

2. Die *Integrität* der Relation lässt sich aufgrund von Speicheroperationen zerstören. Beispielsweise bewirkt der Einschub des Tupels

   < 102, Regina, Basel, 11, Hans, Orthop., Angina, 2, Nord >

   dass die Patientin mit P# = *102* mehrere Namen und mehrere Wohnorte aufweist sowie in mehreren Räumen vorzufinden ist. Damit werden aber durchwegs Beobachtungen verletzt, die den in Abb. 4.1.4 mit den eingekreisten Ziffern 4, 7 und 8 gekennzeichneten Konstruktionselementen zugrunde liegen. Zudem bewirkt der Einschub, dass der Arzt mit A# = *11* mehrere Namen aufweist und für mehrere Fachgebiete zuständig ist (Verletzung von Beobachtungen, die den Konstruktionselementen 9 und 10 zugrunde liegen). Schliesslich – aus Abb. 4.1.7 allerdings nicht ersichtlich – liesse sich mit dem Einschub auch bewirken, dass der Raum mit R# = *2* mehrere Bezeichnungen aufweist (Verletzung der Beobachtung, die dem Konstruktionselement 6 zugrunde liegt).

Obschon das vorstehende Tupel gleich sechs Realitätsbeobachtungen verletzt, wird das Tupel – den noch nicht existierenden Primärschlüsselwert < *102, 11*> aufweisend – akzeptiert.

Das vorstehende Kriterium, demzufolge eine Relation in erster Normalform ist, wenn sie am Kreuzungspunkt aller Kolonnen (Attribute) und aller Zeilen (Tupel) immer nur einen Wert aufweist, ist formal wie folgt festzuhalten (für eine Visualisierung der Definition sei auf Abb. 4.1.8 verwiesen):

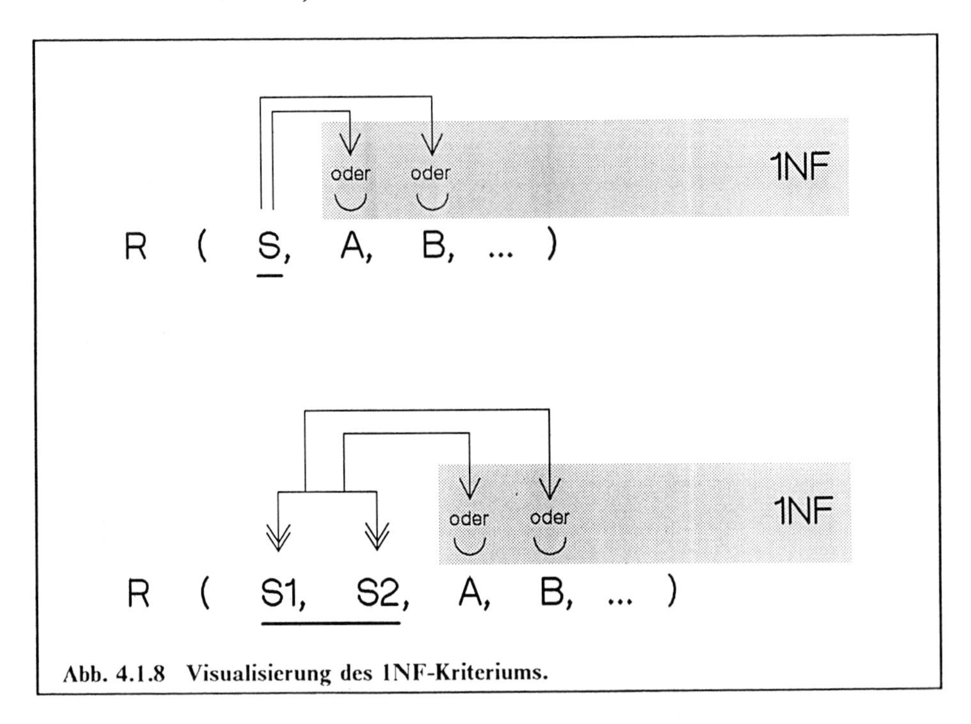

Abb. 4.1.8 Visualisierung des 1NF-Kriteriums.

In einer in erster Normalform befindlichen Relation (1NF-Relation) ist jedes Nichtschlüsselattribut vom Primärschlüssel einfach abhängig.

Die Erklärung für die vorstehende Definition ist einfach. So bewirken die Einfachbeziehungen, dass ein in einer Relation mit Sicherheit nur einmal auftretender Schlüsselwert immer nur mit einem A-, B-, C-, etc. Wert zu kombinieren ist. Dies führt aber dazu, dass am Kreuzungspunkt eines Attributes und eines Tupels zwangsläufig immer nur ein Wert vorzufinden ist.

Anmerkung: Aus der vorstehenden Definition folgt, dass eine Relation die erste Normalform nur verletzen kann, wenn neben dem Primärschlüssel mindestens ein zusätzliches Attribut vorliegt.

Dritte Zwischenstufe: Die zweite Normalform (2NF)

Wir wollen im folgenden zunächst die Gründe darlegen, die in der Relation PATIENT-1NF die zu Schwierigkeiten Anlass gebende Redundanz bewirken.

1. Abb. 4.1.9 zeigt, dass uns die der Beziehungsmenge P-A zugrunde liegende komplexe Beziehung

   $$P\# \twoheadrightarrow A\#$$

   zwingt, einen bestimmten P#-Wert – zusammen mit verschiedenen A#-Werten – mehrfach aufzuführen.

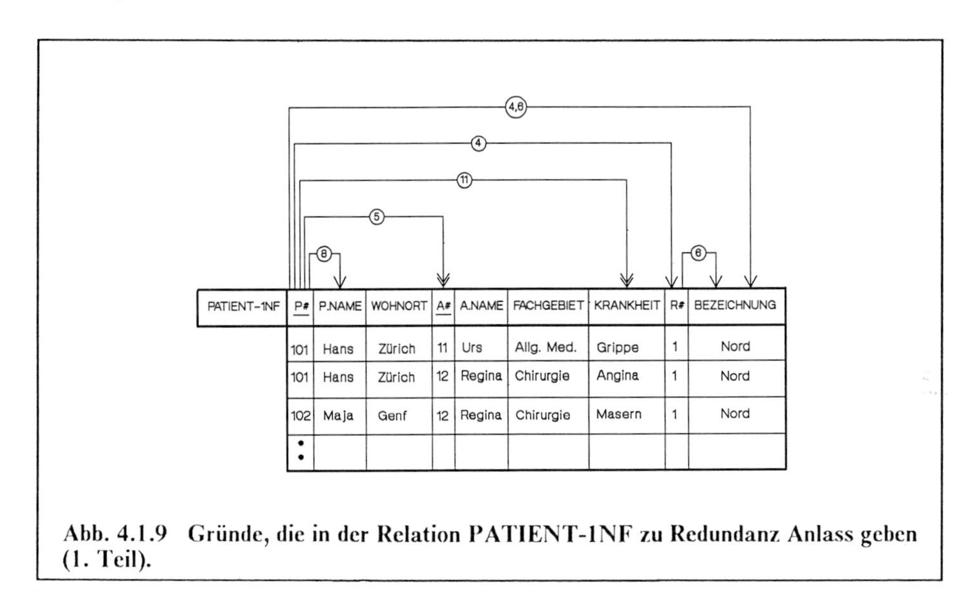

PATIENT-1NF	P#	P.NAME	WOHNORT	A#	A.NAME	FACHGEBIET	KRANKHEIT	R#	BEZEICHNUNG
	101	Hans	Zürich	11	Urs	Allg. Med.	Grippe	1	Nord
	101	Hans	Zürich	12	Regina	Chirurgie	Angina	1	Nord
	102	Maja	Genf	12	Regina	Chirurgie	Masern	1	Nord
	:								

Abb. 4.1.9 Gründe, die in der Relation PATIENT-1NF zu Redundanz Anlass geben (1. Teil).

2. Die Konstruktionselemente, denen eine einfache Beziehung der Art

   $$P\# \longrightarrow X$$

   zugrunde liegen, zwingen uns, einen wiederholt auftretenden P#-Wert immer mit dem gleichen X-Wert zu kombinieren.

Die vorstehenden Gründe verursachen Redundanz hinsichtlich der Attribute P.NAME, WOHNORT sowie R#. Indirekt ist den gleichen Gründen aber auch die Redundanz hinsichtlich des Attributes BEZEICHNUNG zuzuschreiben, zwingen uns doch die einfachen Beziehungen

P# ⟶ R# ⟶ BEZEICHNUNG

einen wiederholt auftretenden P#-Wert immer mit ein und derselben Bezeichnung zu kombinieren.

Man beachte, dass der für die Redundanz mitverantwortliche Punkt 2 für das Attribut KRANKHEIT nicht zutrifft, gilt doch für letzteres:

P# ⟶⟶ KRANKHEIT

Tatsächlich liegt für das Attribut KRANKHEIT keine Redundanz vor, wird doch jede für einen Patienten pro Arzt diagnostizierte Krankheit nur einmal ausgewiesen.

Im folgenden ist dargelegt, warum die Relation PATIENT-INF nicht nur Redundanz bezüglich der Attribute P.NAME, WOHNORT, R# und BEZEICHNUNG, sondern auch hinsichtlich der Attribute A.NAME sowie FACHGEBIET aufweist.

3. Abb. 4.1.10 zeigt, dass uns die der Beziehungsmenge P-A zugrunde liegende komplexe Beziehung

   A# ⟶⟶ P#

   zwingt, einen bestimmten A#-Wert – zusammen mit verschiedenen P#-Werten – mehrfach aufzuführen.

4. Die Konstruktionselemente, denen eine einfache Beziehung der Art

   A# ⟶ X

   zugrunde liegen, zwingen uns, einen wiederholt auftretenden A#-Wert immer mit dem gleichen X-Wert zu kombinieren.

Die Gründe 3 und 4 verursachen Redundanz hinsichtlich der Attribute A.NAME sowie FACHGEBIET.

Man beachte, dass der für die Redundanz mitverantwortliche Punkt 4 für das Attribut KRANKHEIT nicht zutrifft, gilt doch für letzteres:

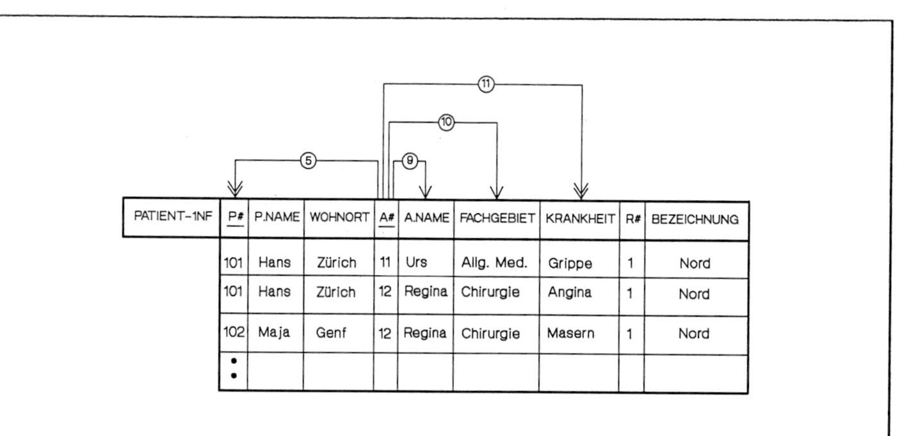

PATIENT-1NF	P#	P.NAME	WOHNORT	A#	A.NAME	FACHGEBIET	KRANKHEIT	R#	BEZEICHNUNG
	101	Hans	Zürich	11	Urs	Allg. Med.	Grippe	1	Nord
	101	Hans	Zürich	12	Regina	Chirurgie	Angina	1	Nord
	102	Maja	Genf	12	Regina	Chirurgie	Masern	1	Nord
	:								

Abb. 4.1.10 Gründe, die in der Relation PATIENT-1NF zu Redundanz Anlass geben (2. Teil).

$$A\# \twoheadrightarrow \text{KRANKHEIT}$$

Tatsächlich liegt für das Attribut KRANKHEIT keine Redundanz vor, wird doch jede von einem Arzt pro Patient diagnostizierte Krankheit nur einmal ausgewiesen.

Den vorstehenden Ausführungen ist zu entnehmen, dass in einer Relation mit zusammengesetztem Schlüssel für alle von einem Schlüsselteil einfach abhängigen Attribute Redundanz vorliegen kann. Nachdem Redundanz aber Verletzungen von Realitätsbeobachtungen ermöglicht, sind derartige Attribute in einer ordnungsgemässen Relation zu vermeiden.

Die vorstehenden Erkenntnisse betreffen die zweite Normalform und sind formal wie folgt festzuhalten (für eine Visualisierung der Definition sei auf Abb. 4.1.11 verwiesen):

> In einer in zweiter Normalform befindlichen Relation (2NF-Relation) ist jedes Nichtschlüsselattribut vom Gesamtschlüssel einfach abhängig (1NF), nicht aber von Schlüsselteilen.

Anmerkung: Aus der vorstehenden Definition folgt, dass eine Relation die zweite Normalform nur dann verletzen kann, wenn neben einem zusammengesetzten Primärschlüssel mindestens ein zusätzliches Attribut vorliegt.

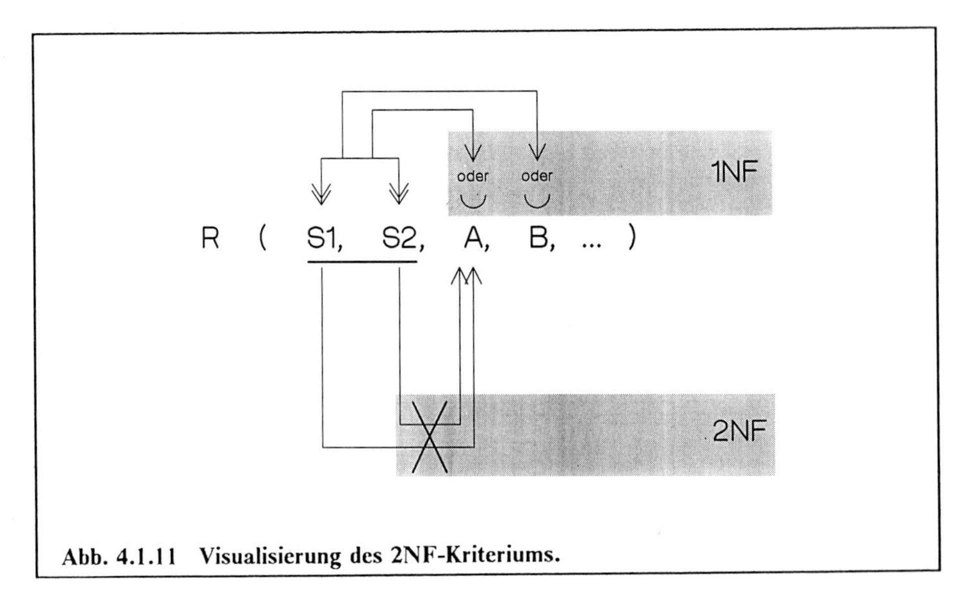

Abb. 4.1.11 Visualisierung des 2NF-Kriteriums.

Ist eine kompliziertere Relation zu normalisieren, so empfiehlt es sich, die Abhängigkeiten innerhalb der Relation entsprechend Abb. 4.1.12 zu visualisieren. Man sieht, dass jedes Attribut in einem Rechteck festzuhalten ist. Zudem sind die Rechtecke der Schlüsselattribute in einem umfassenden Rechteck aufzuführen. Einfache Abhängigkeiten sind mit dem Zeichen ⟶ darzustellen, während mit dem Zeichen ⟹ auf die Kästchen jener Attribute zu zeigen ist, die von keinem Schlüsselteil einfach abhängig sind.

Mit der in Abb. 4.1.12 gezeigten Graphik ist sofort zu erkennen, welche Attribute die zweite Normalform verletzen und daher aus der Relation zu eliminieren sind. Für unser Beispiel betrifft dies die Attribute NAME (Patienten betreffend), WOHNORT, R# und BEZEICHNUNG respektive NAME (Ärzte betreffend) sowie FACHGEBIET. Für alle eliminierten, vom Attribut P# einfach abhängigen Attribute ist eine neue Relation mit dem Primärschlüssel P# zu definieren, während alle eliminierten, vom Attribut A# einfach abhängigen Attribute in einer neuen Relation mit A# als Primärschlüssel aufzuführen sind. Abb. 4.1.13 zeigt das Ergebnis der diskutierten Normalisierung.

Wichtig sind folgende Feststellungen:

1. Die Attribute NAME (Patienten betreffend), WOHNORT sowie R#, für die in der Relation PATIENT-1NF Redundanz festzustellen war, geben in der Relation PATIENT-2NF zu keinen Schwierigkeiten Anlass.

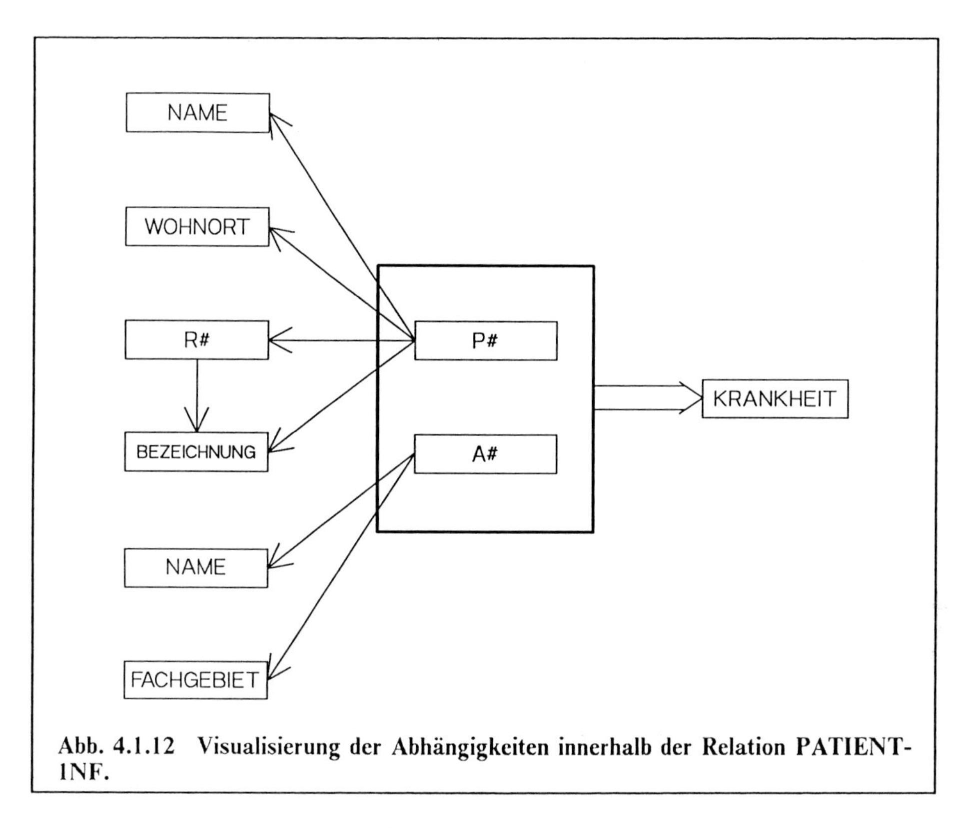

Abb. 4.1.12 Visualisierung der Abhängigkeiten innerhalb der Relation PATIENT-1NF.

2. Die Attribute NAME (Ärzte betreffend) sowie FACHGEBIET, für die in der Relation PATIENT-1NF Redundanz festzustellen war, geben in der Relation ARZT zu keinen Schwierigkeiten Anlass.

3. Das Attribut BEZEICHNUNG, für das in der Relation PATIENT-1NF Redundanz festzustellen war, bewirkt auch in der Relation PATIENT-2NF Redundanz. Damit lässt sich aber die Integrität der Relation PATIENT-2NF zerstören. Beispielsweise bewirkt der Einschub des Tupels

$$< 103, \text{Urs Basel}, 1, \text{Süd} >$$

dass der Raum mit R# = *1* mehrere Bezeichnungen aufweist. Dies verletzt aber die Beobachtung, die dem in Abb. 4.1.4 mit der eingekreisten Ziffer 6 gekennzeichneten Konstruktionselement zugrunde liegt.

Obschon das vorstehende Tupel eine Realitätsbeobachtung verletzt, wird das Tupel – den noch nicht existierenden Primär-

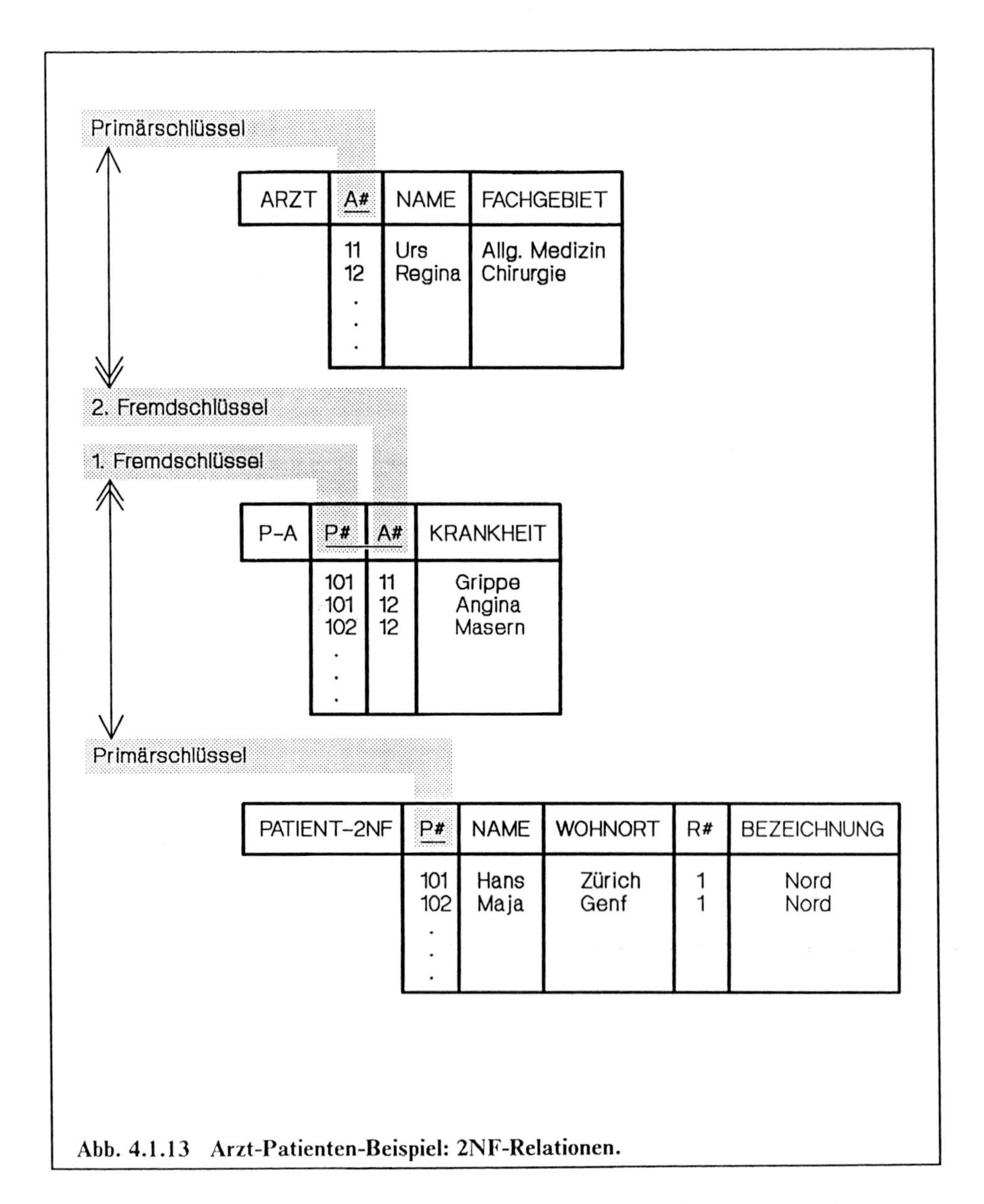

Abb. 4.1.13 Arzt-Patienten-Beispiel: 2NF-Relationen.

schlüsselwert P# = *103* aufweisend – von einem Datenbankmanagementsystem akzeptiert.

4. Die in Abb. 4.1.13 gezeigten Relationen stehen aufgrund des sogenannten *Primärschlüssel-Fremdschlüssel-Prinzips* miteinander in Beziehung. Von einer derartigen Beziehung ist dann die Rede, wenn ein und dasselbe Attribut in einer Relation als Primärschlüs-

sel und anderswo nicht als Primärschlüssel – oder wie man eben sagt: als *Fremdschlüssel* – anzutreffen ist. Beispielsweise stehen die Relationen PATIENT-2NF und P-A aufgrund des Primärschlüssel-Fremdschlüssel-Prinzips miteinander in Beziehung, weil das Attribut P# in der Relation PATIENT-2NF als Primärschlüssel und in der Relation P-A als Fremdschlüssel zu erkennen ist.

Man beachte, dass die Tupel der Primärschlüsselrelation aufgrund eines Schlüsselwertes in der Regel mit mehreren Tupeln der Fremdschlüsselrelation in Beziehung stehen. Umgekehrt stehen die Tupel der Fremdschlüsselrelation aufgrund eines Schlüsselwertes immer nur mit einem Tupel der Primärschlüsselrelation in Beziehung. Dies hat zur Folge, dass einer Primärschlüssel-Fremdschlüssel-Beziehung folgende (1:M)-Abbildung zugrunde liegt:

$$\text{FREMDSCHLÜSSEL} \twoheadleftarrow\!\!\rightarrow \text{PRIMÄRSCHLÜSSEL}$$

Schlussergebnis: Die dritte Normalform (3NF)

Wir wollen im folgenden wiederum zunächst die Gründe darlegen, die in der Relation PATIENT-2NF die zu Schwierigkeiten Anlass gebende, das Attribut BEZEICHNUNG betreffende Redundanz bewirken.

1. Abb. 4.1.14 zeigt, dass uns die der Beziehungsmenge P-R zugrunde liegende komplexe Beziehung

   $$R\# \twoheadrightarrow P\#$$

   zwingt, einen bestimmten R#-Wert – zusammen mit verschiedenen P#-Werten – mehrfach aufzuführen.

2. Weil dem Entitätsattribut BEZEICHNUNG die einfache Beziehung

   $$R\# \longrightarrow \text{BEZEICHNUNG}$$

   zugrunde liegt, sind wir gezwungen, einen wiederholt auftretenden R#-Wert immer mit der gleichen Bezeichnung zu kombinieren.

Die vorstehenden Gründe verursachen Redundanz hinsichtlich des Attributes BEZEICHNUNG. Offenbar kommt Redundanz immer dann zustande, wenn zwischen Nichtschlüsselattributen einer Relation einfache Beziehungen vorliegen.

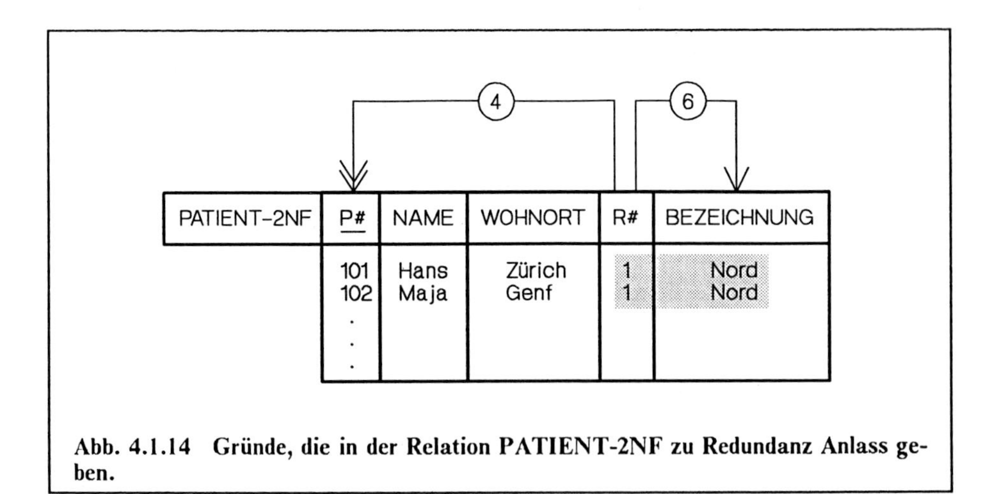

Abb. 4.1.14 Gründe, die in der Relation PATIENT-2NF zu Redundanz Anlass geben.

Die vorstehenden Erkenntnisse betreffen die dritte Normalform und sind formal wie folgt festzuhalten (für eine Visualisierung der Definition sei auf Abb. 4.1.15 verwiesen):

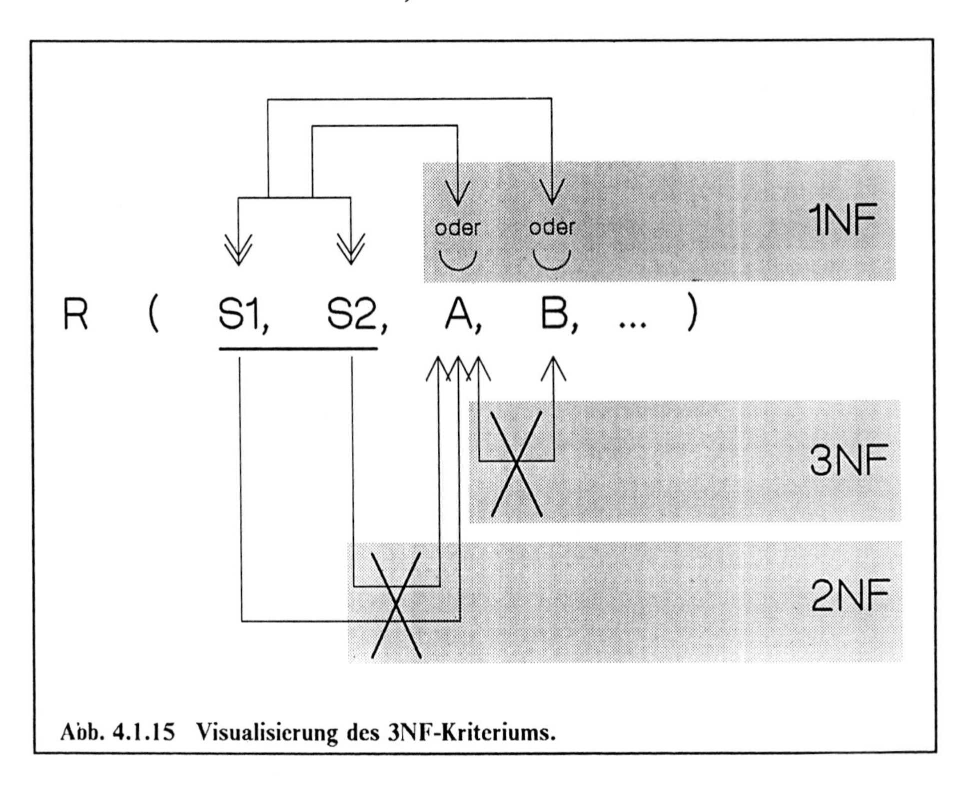

Abb. 4.1.15 Visualisierung des 3NF-Kriteriums.

> In einer in dritter Normalform befindlichen Relation (3NF-Relation) ist jedes Nichtschlüsselattribut vom Gesamtschlüssel einfach abhängig (1NF), nicht aber von Schlüsselteilen (2NF). Zudem liegen keine einfachen Beziehungen zwischen Nichtschlüsselattributen vor.

Anmerkung: Aus der vorstehenden Definition folgt, dass eine Relation die dritte Normalform nur dann verletzen kann, wenn neben dem Primärschlüssel mindestens zwei zusätzliche Attribute vorliegen.

Verletzt eine Relation die dritte Normalform, so ist das einfach abhängige Nichtschlüsselattribut aus der Relation zu eliminieren und in einer neuen Relation aufzuführen. Primärschlüssel der neuen Relation ist das Nichtschlüsselattribut der ursprünglichen Relation, von dem das eliminierte Attribut einfach abhängig war. Abb. 4.1.16 illustriert das Ergebnis.

Wichtig sind folgende Feststellungen:

1. Das Attribut BEZEICHNUNG, für das in der Relation PATIENT-2NF Redundanz festzustellen war, gibt in der Relation RAUM zu keinen Schwierigkeiten Anlass.

2. Die in Abb. 4.1.16 gezeigten Relationen stehen aufgrund des *Primärschlüssel-Fremdschlüssel-Prinzips* miteinander in Beziehung, weil das Attribut R# in der Relation RAUM als Primärschlüssel und in der Relation PATIENT als Fremdschlüssel vorzufinden ist.

Wir fassen zusammen: Für den in Abb. 4.1.4 mit Konstruktionselementen festgehaltenen Realitätsausschnitt sind insgesamt folgende, in Abb. 4.1.17 im Detail gezeigte 3NF-Relationen erforderlich:

```
ARZT ( A#, NAME, FACHGEBIET )

P-A ( P#, A#, KRANKHEIT )

PATIENT ( P#, NAME, WOHNORT, R# )

RAUM ( R#, BEZEICHNUNG )
```

Zum Abschluss dieses Abschnittes wollen wir die früher gemachten Aussagen bezüglich ordnungsgemässer (d.h. voll normalisierter) Rela-

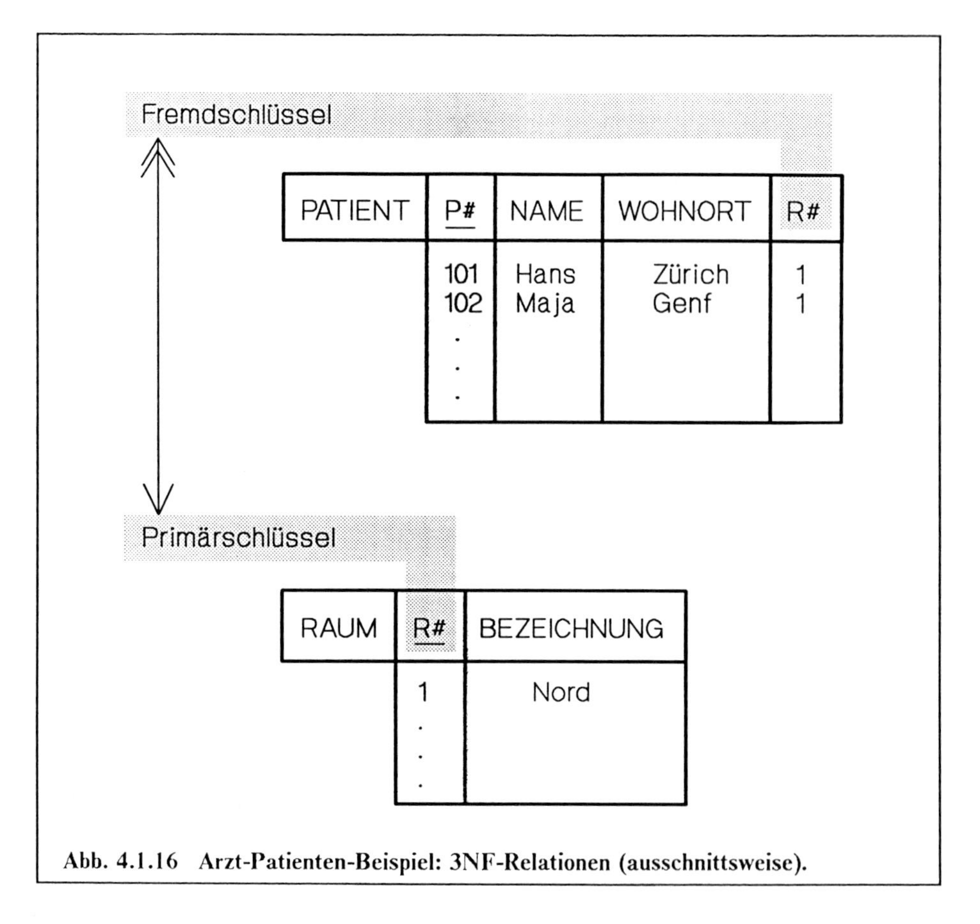

Abb. 4.1.16 Arzt-Patienten-Beispiel: 3NF-Relationen (ausschnittsweise).

tionen überprüfen. Wir sagten zu Beginn dieses Kapitels, dass derartige Relationen wie folgt charakterisiert seien:

- Sie weisen keine *Redundanz* auf.

Man überzeuge sich, dass mit den in Abb. 4.1.17 gezeigten, in dritter Normalform befindlichen Relationen jeder Sachverhalt, der für das Arzt-Patienten-Beispiel denkbar ist, tatsächlich nur einmal festzuhalten ist.

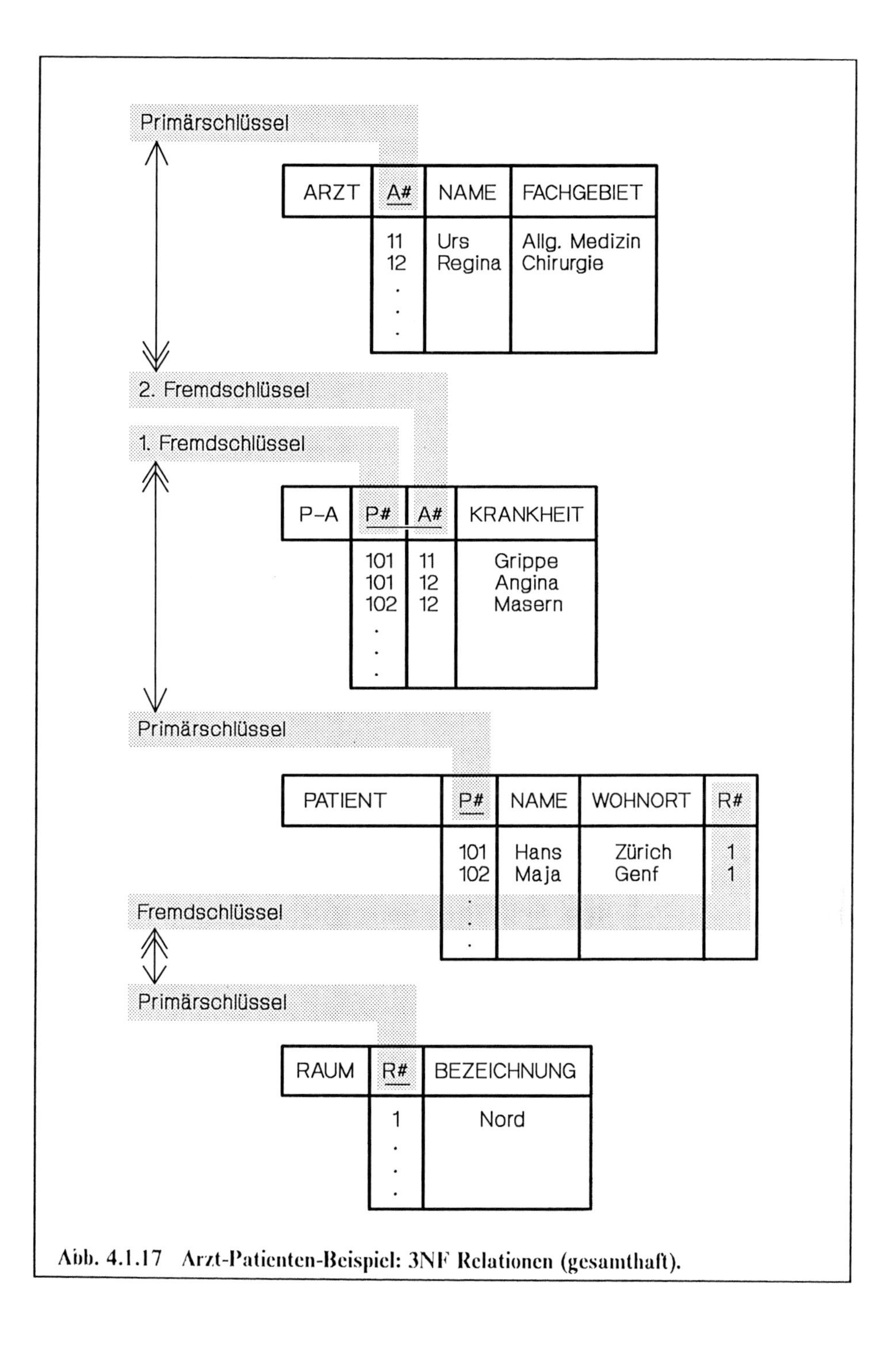

Abb. 4.1.17 Arzt-Patienten-Beispiel: 3NF Relationen (gesamthaft).

- Sie halten einen mit Konstruktionselementen zur Darstellung mehrerer Einzelfälle festgehaltenen Realitätsausschnitt maschinengerecht fest und zwar dergestalt, dass die den Konstruktionselementen zugrunde liegenden Realitätsbeobachtungen keinesfalls aufgrund von Speicheroperationen wie Einschüben, Löschungen und Modifikationen zu verletzen sind.

Man überzeuge sich, dass die den Konstruktionselementen aus Abb. 4.1.4 zugrunde liegenden Beobachtungen mit den Relationen aus Abb. 4.1.17 unter keinen Umständen zu verletzen sind.

- Sie lassen sich wie eine präzise, verbale Realitätsbeschreibung interpretieren.

Diese Aussage soll anhand der in Abb. 4.1.18 gezeigten Relation SPRACHKENNTNIS überprüft werden.

Ist die Relation SPRACHKENNTNIS tatsächlich in dritter Normalform, so respektiert sie die im oberen Teil der Abbildung nochmals in Erinnerung gerufenen Normalisierungskriterien. Dies bedeutet aber auf die Realität bezogen (die folgenden Erläuterungen beziehen sich auf die eingekreisten Ziffern in Abb. 4.1.18):

1. Ein Patient spricht mehrere Sprachen.

2. Eine Sprache wird von mehreren Patienten gesprochen.

3. Ein Patient spricht eine bestimmte Sprache in einer ganz bestimmten Qualität (Kenntnisgrad).

4. Ein Patient spricht verschiedene Sprachen unterschiedlich gut.

5. Eine Sprache wird von verschiedenen Patienten unterschiedlich gut gesprochen.

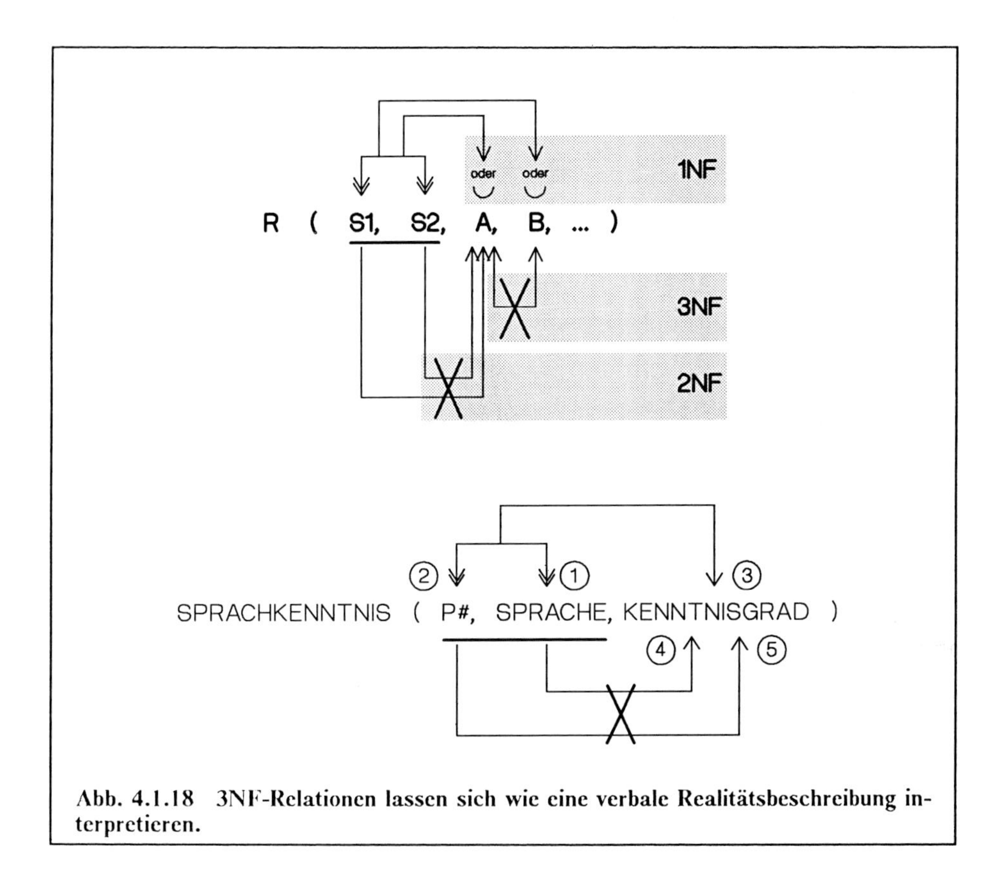

Abb. 4.1.18 3NF-Relationen lassen sich wie eine verbale Realitätsbeschreibung interpretieren.

- Ihre Definition setzt eine systematische Hinterfragung der Realität voraus, was zur Folge hat, dass verschiedenenorts definierte, den gleichen Realitätsausschnitt betreffende Relationen weitgehend übereinstimmen.

Die Definition der Relationen aus Abb. 4.1.17 basiert tatsächlich auf einer systematischen, in Abb. 4.1.4 in Form von Konstruktionselementen festgehaltenen Realitätshinterfragung.

4.2 Die Synthese von Relationen

Dem aufmerksamen Leser ist nicht entgangen, dass die Normalisierung einem *Zerlegungsprozess* gleichkommt. Man geht also von einer umfangreichen Relation entsprechend Abb. 4.1.5 oder Abb. 4.1.6 aus und zerlegt diese stufenweise bis keine Verletzungen der Normalformen mehr festzustellen sind. Bei der Zerlegung ist mit dem *Primärschlüssel-Fremdschlüssel-Prinzip* dafür zu sorgen, dass die resultierenden Relationen korrekt miteinander in Beziehung stehen. *Korrekt* bedeutet, dass der Zerlegungsprozess unter keinen Umständen einen Informationsverlust zur Folge haben darf.

Für die Praxis ist der vorstehend beschriebene Zerlegungsprozess weniger bedeutsam als ein sogenannter *Syntheseprozess*. Dieser sieht vor, Realitätsbeobachtungen zunächst mit Hilfe von Konstruktionselementen zu visualisieren. Jedes Konstruktionselement wird sodann mit einer ordnungsgemässen (d.h. voll normalisierten) Relation – Informatiker sprechen von *Elementarrelationen* – definiert. Letztere lassen sich aufgrund von wohldefinierten Gesetzmässigkeiten kombinieren. Selbstverständlich ist bei der Synthese dafür zu sorgen, dass das Ergebnis der Kombination keine Normalisierungsregeln verletzt. Die Normalisierungsüberlegungen sind also auch beim Syntheseprozess von Bedeutung.

Wie man sich den Syntheseprozess für das Arzt-Patienten-Beispiel *im Prinzip* vorzustellen hat, wird in Abb. 4.2.1 illustriert. Man sieht, dass jedem Konstruktionselement eine ordnungsgemässe Elementarrelation identischen Namens entspricht. Was die Attribute einer Elementarrelation anbelangt, so stimmen diese sowohl anzahlmässig wie auch dem Namen nach mit den an einem Konstruktionselement beteiligten Domänen überein. Beispielsweise sind am Entitätsattribut BEZEICHNUNG (Nr. 6) die Domänen R# und BEZEICHNUNG beteiligt. Entsprechend ist die dem Entitätsattribut zugrunde liegende Elementarrelation wie folgt zu definieren:

```
BEZEICHNUNG ( R#, BEZEICHNUNG )
```

Der Primärschlüssel R# bewirkt, dass ein R#-Wert, zusammen mit einer Bezeichnung, immer nur einmal in der Elementarrelation vorkommen kann. Umgekehrt kann eine Bezeichnung, zusammen mit unterschiedlichen R#-Werten, durchaus mehrmals in Erscheinung tre-

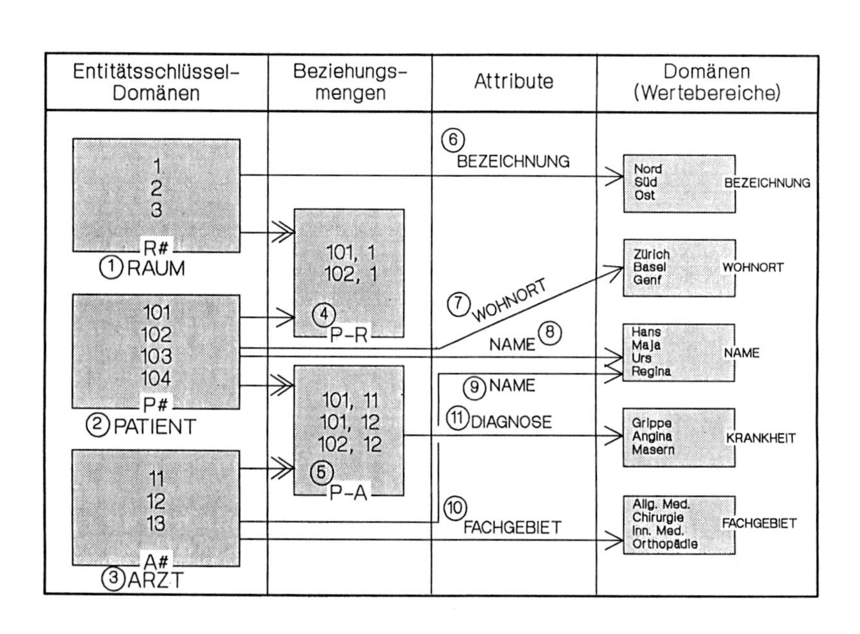

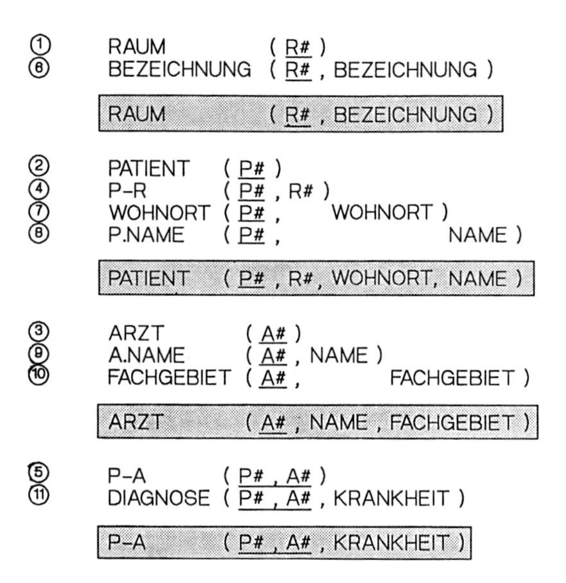
① RAUM (R#)
⑥ BEZEICHNUNG (R# , BEZEICHNUNG)

RAUM (R# , BEZEICHNUNG)

② PATIENT (P#)
④ P-R (P# , R#)
⑦ WOHNORT (P# , WOHNORT)
⑧ P.NAME (P# , NAME)

PATIENT (P# , R#, WOHNORT, NAME)

③ ARZT (A#)
⑨ A.NAME (A# , NAME)
⑩ FACHGEBIET (A# , FACHGEBIET)

ARZT (A# , NAME , FACHGEBIET)

⑤ P-A (P# , A#)
⑪ DIAGNOSE (P# , A# , KRANKHEIT)

P-A (P# , A# , KRANKHEIT)

Abb. 4.2.1 Arzt-Patienten-Beispiel: Elementarrelationen und Zusammenfassungsergebnis. Die eingekreisten Ziffern deuten darauf hin, mit welchen Elementarrelationen entsprechend gekennzeichnete Konstruktionselemente darzustellen sind.

ten. Damit reflektiert die Elementarrelation BEZEICHNUNG aber die dem entsprechenden Entitätsattribut zugrunde liegenden Beziehungen

$$R\# \longrightarrow \text{BEZEICHNUNG}$$

sowie

$$\text{BEZEICHNUNG} \twoheadrightarrow R\#$$

Man überzeuge sich, dass auch die übrigen Elementarrelationen aus Abb. 4.2.1 die den entsprechenden Konstruktionselementen zugrunde liegenden Realitätsbeobachtungen korrekt reflektieren. Zudem vergewissere man sich, dass die in Abb. 4.2.1 angedeutete Zusammenfassung von Elementarrelationen mit identischen Primärschlüsseln – die *Relationssynthese* also – zum gleichen Ergebnis führt, wie der im Sinne einer Zerlegung durchgeführte Normalisierungsprozess (siehe Abb. 4.1.17).

Anmerkung: Das Zusammenfassen von ordnungsgemässen (voll normalisierten) Elementarrelationen ist insofern nicht ganz unproblematisch, als das Ergebnis unter Umständen gewisse Normalisierungskriterien verletzen kann. Ob dies tatsächlich der Fall ist, lässt sich mit einem systematischen Vorgehensprozedere feststellen. Nachdem dieses Vorgehensprozedere – es ist unter dem Begriff Globalnormalisierung bekannt geworden und kommt in [35] eingehend zur Sprache – aber eher für den Informatiker von Bedeutung ist, wollen wir in diesem Buche nicht weiter darauf eintreten.

Die Relationssynthese ist für die Praxis attraktiv, weil damit die im Verlaufe der Zeit ermittelten Konstruktionselemente laufend in bereits vorliegenden Relationen zu berücksichtigen sind. Dabei genügt es durchaus, wenn man sich die einem Konstruktionselement zugrunde liegende Elementarrelation lediglich im Geiste vorstellt und – so vorhanden – direkt mit einer bereits vorliegenden Relation identischen Primärschlüssels vereinigt. Selbstverständlich sind dabei stets die in Abb. 4.1.15 festgehaltenen Normalisierungskriterien zu beachten.

Wie man sich die vorstehenden Aussagen für das Arzt-Patienten-Beispiel *im Prinzip* vorzustellen hat, wird in Abb. 4.2.2 illustriert.

Abb. 4.2.2 zeigt auf der linken Seite die in den Kapiteln 1 und 3 diskutierte *objekt- bzw. datenorientierte Vorgehensweise* und auf der rechten Seite einerseits die in Form von Konstruktionselementen und Relationen festgehaltene *Datenarchitektur* des Arzt-Patienten-Beispiels sowie eine *Benützersicht* in Form einer Honorarrechnung. Offenbar ist im Rahmen des Projekts P1 ein Programm zu erstellen, mit welchem

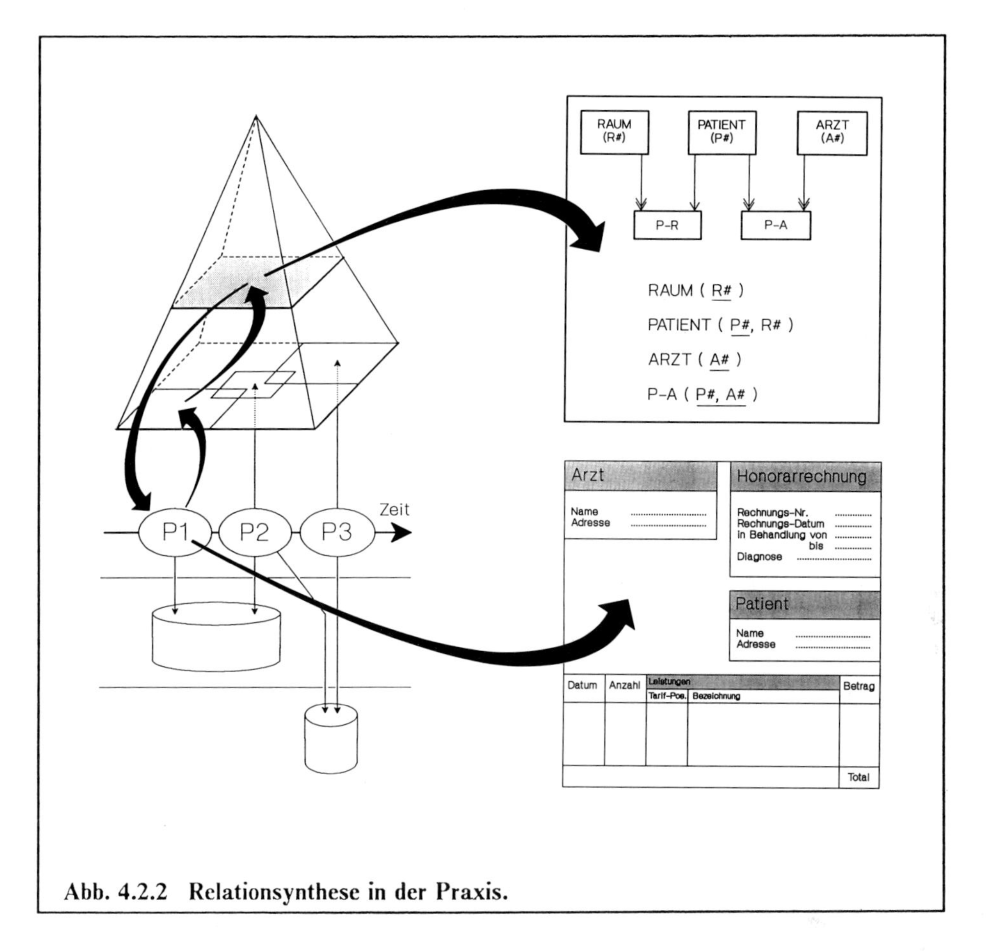

Abb. 4.2.2 Relationsynthese in der Praxis.

Honorarrechnungen gemäss Muster zu produzieren sind. Es versteht sich, dass hiefür eine geeignete Datenbank zur Verfügung stehen muss. Deren Struktur liesse sich entsprechend der vorstehenden Ausführungen finden, indem man die einer Honorarrechnung zugrunde liegenden Konstruktionselemente bestimmt und mit Elementarrelationen einzeln definiert. Zudem müssten alle Elementarrelationen mit identischen Primärschlüsseln zusammengefasst werden. Dieses umständliche Prozedere lässt sich beschleunigen, indem man die vorstehenden Schritte nur im Geiste vollzieht und auf dem Papier lediglich das Schlussergebnis in Erscheinung treten lässt. Beispielsweise wird man die die Ärzte und Patienten betreffenden Entitätsattribute NAME und ADRESSE direkt in den bereits vorliegenden Relationen ARZT und PATIENT berücksichtigen, würden doch die Elementarrelationen besagter Entitätsattribute bei der Zusammenfassung ohnehin mit den genannten Relationen zusammenfallen. Es resultiert:

ARZT (A#, NAME, ADRESSE)

PATIENT (P#, R#, NAME, ADRESSE)

Die auf der Honorarrechnung aufgeführten Begriffe RECHNUNGS-NR, RECHNUNGS-DATUM, BEHANDLUNG VON und BIS sowie DIAGNOSE umschreiben die von einem Arzt für einen Patienten gemachten Aussagen und sind daher im Sinne von Beziehungsattributen aufzufassen. Würden die diesbezüglichen Elementarrelationen einschliesslich der bereits für die Beziehungsmenge P-A definierten Relation zusammengefasst, so würde eine einzige Relation resultieren. Wir wollen diese Relation aus naheliegenden Gründen RECHNUNG nennen. Zudem entschliessen wir uns, in der Relation RECHNUNG anstelle des etwas mühsam zu handhabenden zusammengesetzten Schlüssels P#, A# den einfachen Schlüssel RECHNUNGS-NR in Erscheinung treten zu lassen. Wir schreiben somit:

RECHNUNG (RECHNUNGS-NR, P#, A#, RECHNUNGS.DATUM,
VON.DATUM, BIS.DATUM, DIAGNOSE)

Um die Bezeichnungen und Preise der Leistungen redundanzfrei speichern zu können, behandeln wir letztere im Sinne von Entitäten und definieren hiefür folgende Relation:

LEISTUNG (TARIF-POS, BEZEICHNUNG, PREIS)

Schliesslich definieren wir eine Relation POSITION, mit welcher zum Ausdruck zu bringen ist, dass in einer Honorarrechnung mehrere Leistungen auftreten können und eine Leistung in mehreren Honorarrechnungen von Bedeutung sein kann. Die Relation POSITION ist wie folgt zu definieren.

POSITION (RECHNUNGS-NR, TARIF-POS, DATUM, ANZAHL)

Das Attribut DATUM gehört dem Schlüssel an, weil damit zu gewährleisten ist, dass eine bestimmte Tarif-Position mehrmals (zu unterschiedlichen Daten) in ein und derselben Honorarrechnung in Erscheinung treten kann.

Abb. 4.2.3 illustriert das Gesamtergebnis.

Zugegeben: Das diskutierte Vorgehen setzt etwas Übung voraus. Auch ist anzumerken, dass die im ersten Kapitel zur Sprache gekommenen positiven Effekte nur dann zu erzielen sind, wenn das globale konzep-

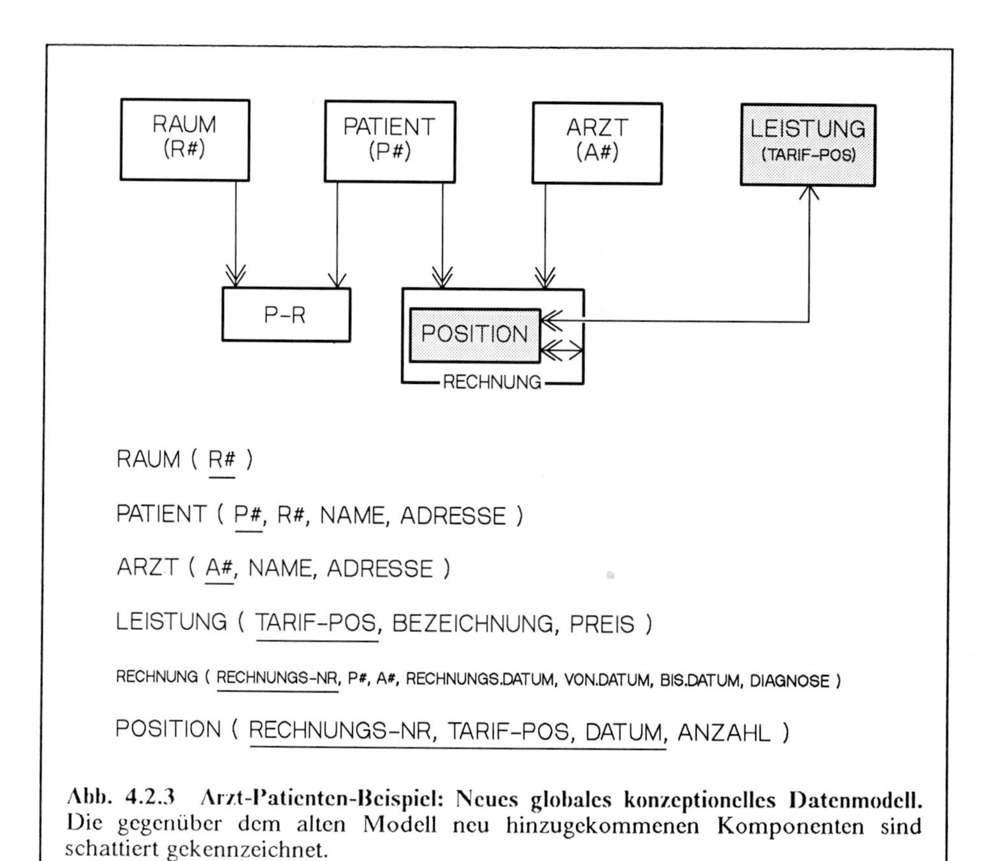

Abb. 4.2.3 Arzt-Patienten-Beispiel: Neues globales konzeptionelles Datenmodell. Die gegenüber dem alten Modell neu hinzugekommenen Komponenten sind schattiert gekennzeichnet.

tionelle Datenmodell bei der Anwendungsentwicklung für jedermann verbindlich ist. Nicht zu vernächlässigen ist schliesslich auch die Verwaltung des Modells. Dafür verantwortlich zu zeichnen hat eine kompetente *Datenadministration*, die in der Unternehmungsstruktur möglichst hoch anzusiedeln ist.

4.3 *Die Verteilung von Daten*

In Abschnitt 1.3 haben wir darauf hingewiesen, dass die steigenden Benützerzahlen und die exponentiell wachsenden Datenbestände zur Folge haben, dass eine *zentrale* Speicherung und Verwaltung unternehmungsrelevanter Daten immer problematischer wird. Zunehmend gefragt ist daher eine Dezentralisierung der Datenverarbeitung, bei der vernetzte Grossrechner in den Zentralen, damit verknüpfte mittelgrosse Abteilungsrechner sowie vor Ort beim Benützer betriebene Personal Computer ganz spezifische Aufgaben übernehmen. Ziel ist:

1. Daten örtlich dort zu speichern, wo sie am häufigsten gebraucht werden
2. Einem berechtigten Benützer unternehmungsrelevante Daten jederzeit und beliebigenorts zur Verfügung zu stellen, ohne dass der Standort der Daten bekanntzugeben ist

Die Benützer eines Systems brauchen sich also über die Verteilung der Daten keine Rechenschaft zu geben. Ihnen stehen *Benützersichten* zur Verfügung, für deren Materialisierung das System unter Umständen verschiedenenorts gespeicherte Daten zusammensucht.

Die Vorteile liegen auf der Hand. So sind mit der verteilten Datenverarbeitung:

- Zentrale Rechenzentren zu entlasten
- Lokale Antwortzeiten zu verbessern
- Leitungskosten zu reduzieren
- Die Datenverfügbarkeit zu verbessern

Allerdings stellt die verteilte Datenverarbeitung auch sehr hohe Anforderungen an die zum Einsatz gelangenden Mittel. Darüber hinaus ist zu bedenken, dass eine Verteilung der Daten im Sinne der vorstehenden Zielsetzungen ohne datenspezifisches Gesamtkonzept kaum möglich ist. Wie ist diese Aussage zu verstehen?

Dazu muss man die Möglichkeiten kennen, die für die Verteilung relational organisierter Daten[1] grundsätzlich zur Verfügung stehen. Im Idealfall sind folgende Verteilungsarten denkbar:

Verteilung ganzer Relationen

Bei dieser Verteilungsart sind die Relationen eines Modells jeweils zur Gänze auf verschiedenen Systemen zu plazieren.

Abb. 4.3.1 zeigt ein Beispiel. Zu erkennen ist, welche Relationen auf den verschiedenen Systemen einer Unternehmung jeweils zur Gänze vorzufinden sind.

System: (Lokation)	Relation:
Hauptsitz	MITARBEITER (M#, ...) ABTEILUNG (A#, ...) KOSTENSTELLE (K#, ...)
Fertigung	PRODUKT (P#, ...) STUECKLISTE (M.P#, K.P#, ...) MASCHINE (MA#, ...)
Einkauf	LIEFERANT (L#, ...)

Abb. 4.3.1 Verteilung von Daten (1): Ganze Relationen sind auf verschiedenen Systemen zu verteilen.

[1] Die bekannten Forschungsarbeiten sowie bereits verfügbare Produkte für die verteilte Datenverarbeitung basieren durchwegs auf relationalen Datenstrukturen. Netzwerkartige und hierarchische Datenstrukturen sind für die Realisierung von Verteilungsfunktionen weniger geeignet.

Horizontale Verteilung einer Relation

Die Daten einer Relation sind horizontal zu verteilen, indem deren Tupel auf unterschiedlichen Systemen zu plazieren sind.

Abb. 4.3.2 zeigt ein Beispiel. Zu erkennen ist, dass für die Relation MITARBEITER einer international tätigen Unternehmung eine horizontale Verteilung vorliegt, weil die Tupel der Relation in Abhängigkeit der Landeszugehörigkeit der Mitarbeiter auf unterschiedlichen, in diversen Ländern betriebenen Systemen vorzufinden sind.

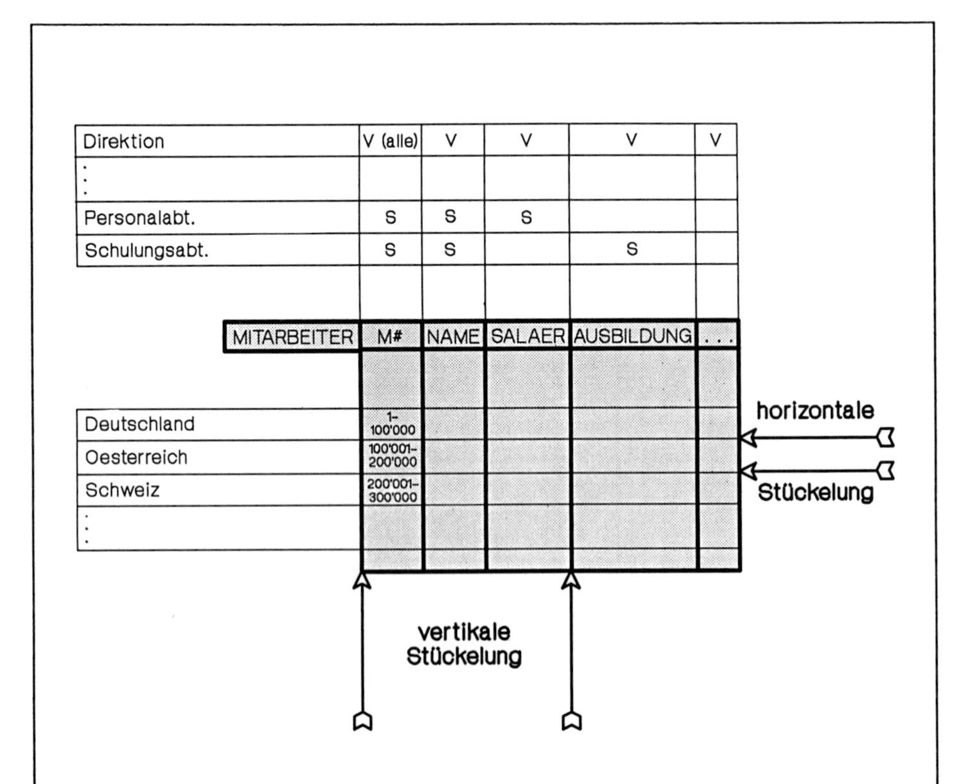

Abb. 4.3.2 Verteilung von Daten (2): Die Daten einer Relation sind horizontal und vertikal zu verteilen. Bedeutung der verwendeten Abkürzungen: S = Daten sind physisch gespeichert, V = Daten werden in Form einer Benützersicht (View) zur Verfügung gestellt.

Vertikale Verteilung einer Relation

Die Daten einer Relation sind vertikal zu verteilen, indem deren Attribute auf unterschiedlichen Systemen zu plazieren sind.

Abb. 4.3.2 zeigt ein Beispiel. Zu erkennen ist, dass für die Relation MITARBEITER eine vertikale Verteilung vorliegt, weil die Attribute der Relation auf unterschiedlichen, von diversen Unternehmungsfunktionen betriebenen Systemen vorzufinden sind.

Es versteht sich, dass die Daten einer Relation im Idealfall sowohl horizontal wie auch vertikal zu verteilen sind.

Soweit die Möglichkeiten, die für die Verteilung relational organisierter Daten grundsätzlich zur Verfügung stehen. Aber noch einmal: Die Verteilung der Daten ist für einen Benützer transparent. Damit diese Transparenz zu gewährleisten ist, muss die Verteilung mittels *Benützersichten* (*Views*) scheinbar rückgängig zu machen sein. Dies wiederum erfordert, dass sich die Überlegungen bezüglich der Verteilung an einem datenspezifischen Gesamtkonzept orientieren. Wichtigste Voraussetzung für eine Verteilung ist daher die Schaffung eines datenspezifischen Gesamtkonzeptes.

2. Teil

Das praktische Vorgehen

5 Das praktische Vorgehen im Ueberblick

6 Planung von Daten und Anwendungen

7 Entwicklung einer Anwendung

4 Realitätsabbildung mittels Daten: Die technisch, maschinellen Gesichtspunkte

3 Realitätsabbildung mittels Daten: Die menschlichen Gesichtspunkte

2 Einführung in die Systemtheorie

1. Teil: Fundamentale Erkenntnisse

5 Das praktische Vorgehen im Überblick

Im nun folgenden zweiten Teil wird dargelegt, wie die fundamentalen Erkenntnisse aus dem ersten Teil im Rahmen eines *Vorgehensmodells* einzusetzen sind, welches die Realisierung ganzheitlicher, in ein Gesamtkonzept passender Lösungen anstrebt. Grundsätzlich regelt ein Vorgehensmodell, nach welchen zeitlichen Gesichtspunkten die Planung, Entwicklung und Realisierung von Anwendungen zu erfolgen hat. Es unterteilt den Werdegang von Anwendungen in überblickbare *Phasen* und ermöglicht damit einen schrittweisen *Planungs-, Entscheidungs-* sowie *Konkretisierungsprozess.* Darüber hinaus vermag ein geeignetes Vorgehensmodell die Wirkung des systemtheoretischen Vorgehensprinzips *vom Groben zum Detail* (*top-down*) zu verstärken.

Das unseren Überlegungen zugrunde liegende Vorgehensmodell basiert auf folgenden, in Abb. 5.1 gezeigten *Haupt-* und *Detailphasen*:

1. Die Hauptphase ***Strategiefestlegung***, welche sich mit der Planung von Anwendungen und Daten befasst

2. Die pro Anwendung durchzuführende Hauptphase ***Entwicklung*** mit den Detailphasen:

   2.1 ***Objektsystem-Design (OSD)***
   2.2 ***Informationssystem-Design (ISD)***
   2.3 ***Konzeptionelles Datenbankdesign (KDBD)***
   2.4 ***Prozessdesign (PD)***

3. Die pro Anwendung durchzuführende Hauptphase ***Realisierung***

4. Die einzelne Anwendungen betreffende Hauptphase ***Nutzung***

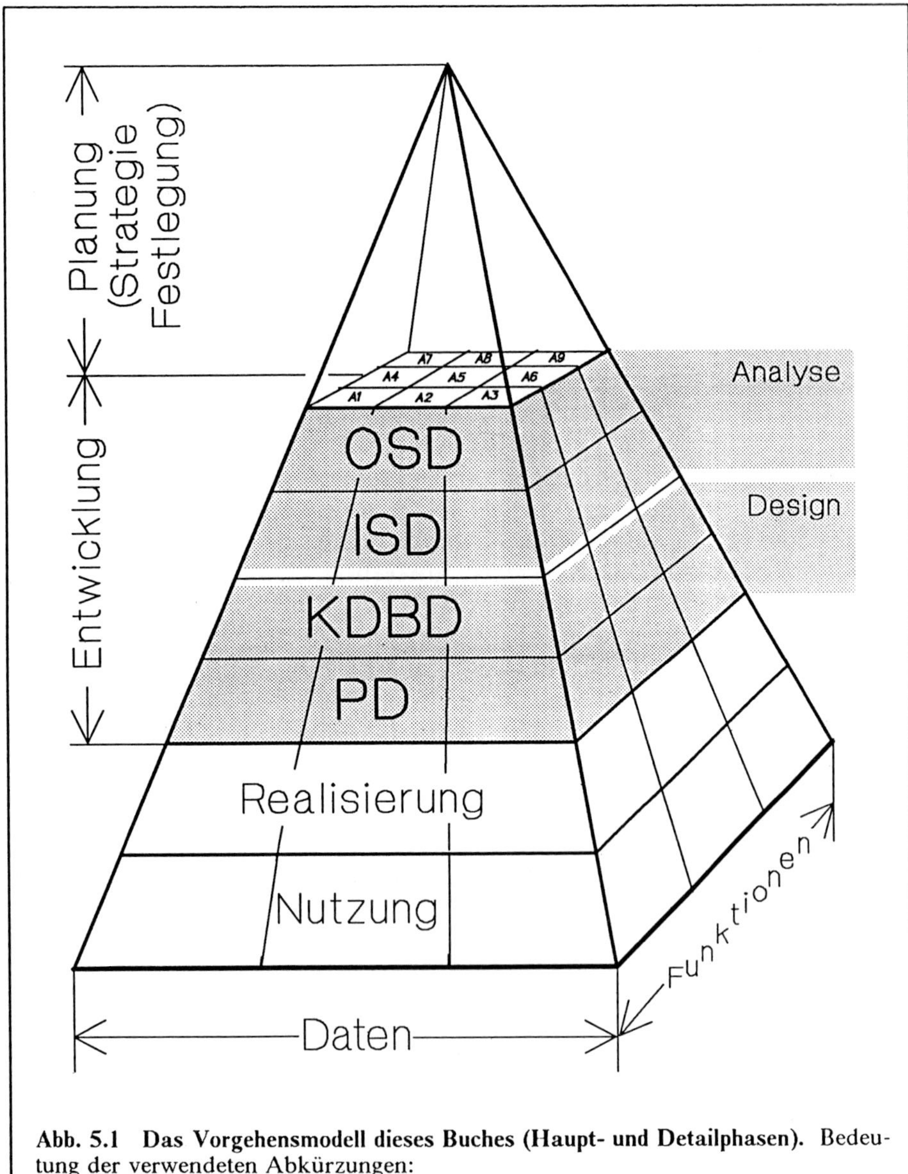

Abb. 5.1 Das Vorgehensmodell dieses Buches (Haupt- und Detailphasen). Bedeutung der verwendeten Abkürzungen:

A1, A2, ...	= Anwendungen
OSD	= Objektsystem-Design
ISD	= Informationssystem-Design
KDBD	= Konzeptionelles Datenbankdesign
PD	= Prozessdesign

Anzumerken ist, dass in der Praxis auch mit anderweitigen, mehr oder weniger Phasen aufweisenden Vorgehensmodellen gearbeitet wird. Auch stimmen die Phasenbezeichnungen anderweitiger Vorgehensmodelle nicht unbedingt mit den hier diskutierten überein. Dies ist alles nicht so wichtig, solange für die nachfolgenden Fragen eindeutige Antworten vorliegen:

- Was hat in den einzelnen Phasen zu geschehen?
- Was ist dafür an Input erforderlich?
- Was ist pro Phase an Output zu erwarten?

Auch ist sicherzustellen, dass in Phasen, in denen Entscheidungen bezüglich der gewünschten Ergebnisse zu fällen sind, neben Informatikern auch Sachbearbeiter und Entscheidungsträger zum Zuge kommen. Dies betrifft in erster Linie die die Planung betreffende Hauptphase *Strategiefestlegung* sowie die ersten beiden Detailphasen der Haupthase *Entwicklung* (also das *Objektsystem-Design (OSD)* und das *Informationssystem-Design (ISD)*). In den verbleibenden, nicht mehr sosehr von Entscheidungen als vielmehr von Routineprozessen gekennzeichneten Phasen, ist die uneingeschränkte Mitwirkung der Nichtinformatiker nicht mehr ein absolutes Erfordernis. Trotzdem sollen im folgenden alle in Abb. 5.1 festgehaltenen Phasen wenigstens überblicksmässig zur Sprache kommen. Dies aus der Erkenntnis heraus, dass es der Zusammenarbeit zwischen Informatikern und Nichtinformatikern nur förderlich sein kann, wenn letztere wenigstens konzeptmässig wissen, wie bedürfnisgerechte Anwendungen zustande kommen.

Die Hauptphase Strategiefestlegung

Noch bevor einzelne Projekte in Angriff zu nehmen sind, ist ein umfassender *Planungsprozess* durchzuführen. Dabei sind die Anwendungen festzulegen, die im Anschluss an den Planungsprozess im Verlaufe von vier bis fünf Jahren zu realisieren sind, um die Informationsversorgung der Unternehmung möglichst rasch und nachhaltig zu verbessern. Dies erfordert selbstverständlich, dass die Informationsbedürfnisse der Entscheidungsträger, Schlüsselpersonen und der wichtigsten Sachbearbeiter zu ermitteln sind. Falls erwünscht kann hiefür ein computerunterstütztes Vorgehensprozedere zum Einsatz gelangen.

Nach Abschluss der Hauptphase *Strategiefestlegung* steht fest:

- Eine *globale Datenarchitektur* (d.h. ein anwendungsübergreifendes, die wichtigsten Entitätsmengen und Beziehungsmengen berücksichtigendes konzeptionelles Datenmodell)
- Eine Liste von mit Prioritäten gekennzeichneten *Anwendungen*, deren Realisierung die Informationsversorgung der Unternehmung am nachhaltigsten zu beeinflussen vermag

Weitere, die Hauptphase *Strategiefestlegung* betreffende Einzelheiten kommen in Kapitel 6 zur Sprache.

Die Hauptphase Entwicklung

Die Hauptphase *Entwicklung* ist pro Anwendung durchzuführen. Dabei sind die in Abschnitt 1.4 diskutierten, die *konzeptionelle Arbeitsweise* betreffenden Kriterien zu beachten. Dies bedeutet:

- Man entwickelt die Anwendung konsequent *vom Groben zum Detail* (top-down)
- Man *abstrahiert* (d.h. man arbeitet mit Begriffen, die stellvertretend für viele Einzelfälle in Erscheinung treten können)
- Man *stellt hardware- und softwarespezifische Überlegungen zurück* bis eine logisch einwandfreie Lösung vorliegt

Was den ersten Punkt anbelangt, so illustriert Abb. 5.2 die *Entwicklungsebenen*, die auf dem Wege *vom Groben zum Detail* von Bedeutung sind. Auf jeder Ebene gelangt eine Detailphase der Hauptphase *Entwicklung* zur Ausführung, konkret:

Auf der 1. Entwicklungsebene: Das *Objektsystem-Design (OSD)*

Auf der 2. Entwicklungsebene: Das *Informationssystem-Design (ISD)*

Auf der 3. Entwicklungsebene: Das *Konzeptionelle Datenbankdesign (KDBD)*

Auf der 4. Entwicklungsebene: Das *Prozessdesign (PD)*

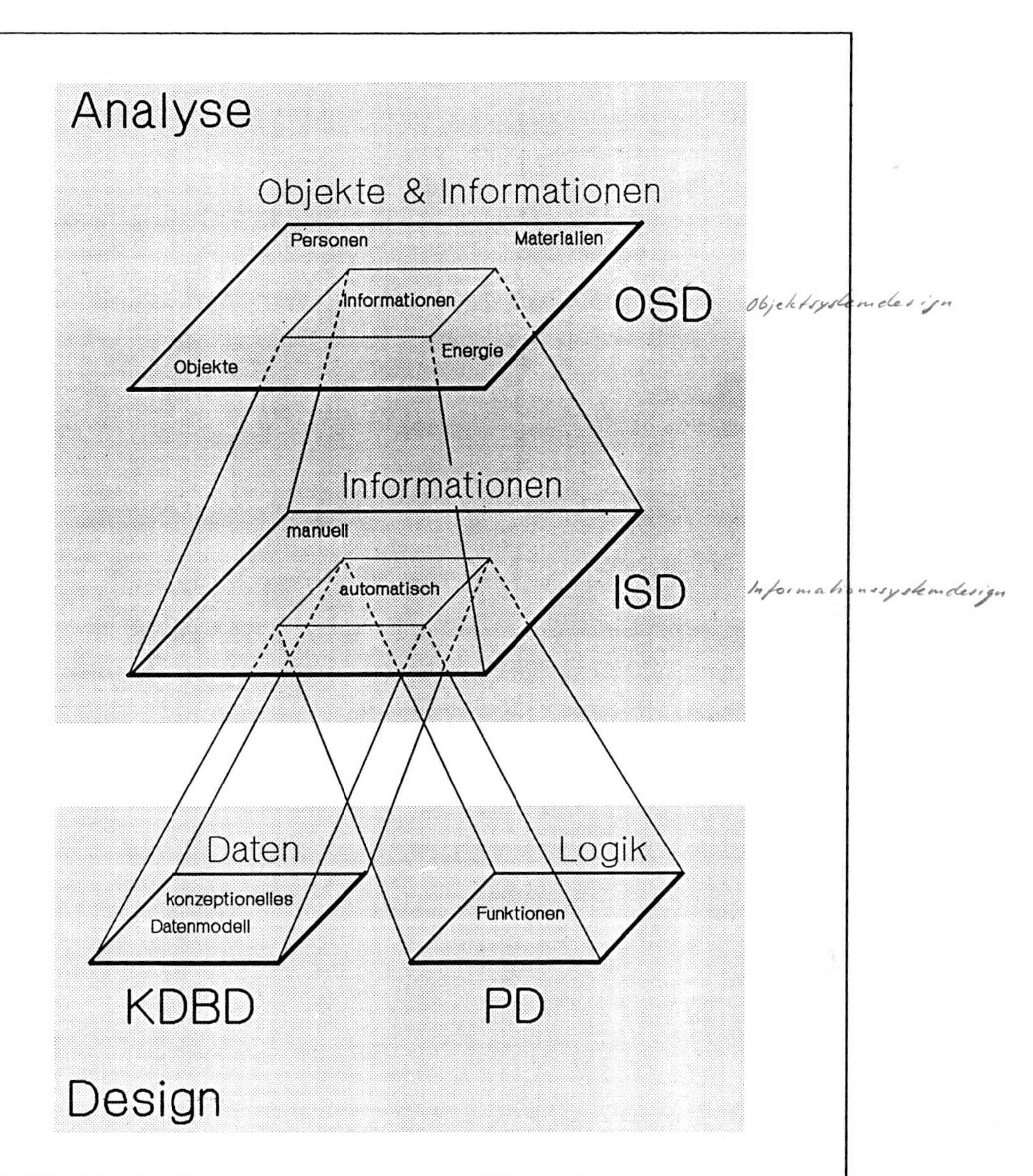

Abb. 5.2 Die vier Ebenen der Anwendungsentwicklung. Bedeutung der verwendeten Abkürzungen:

OSD:	Objektsystem-Design
ISD:	Informationssystem-Design
KDBD:	Konzeptionelles Datenbankdesign
PD:	Prozessdesign

Die vorstehenden Detailphasen bezwecken im einzelnen:

a) Das Objektsystem-Design (OSD)

Ausgehend von einer der Hauptphase *Strategiefestlegung* entstammenden Idee (beispielsweise *Realisierung eines Bestellerfassungssystems* oder *Realisierung eines Produktionssteuerungssystems*) geht es im *Objektsystem-Design (OSD)* in erster Linie darum, das Problemfeld abzugrenzen, Schwächen und Stärken des IST-Zustandes zu ermitteln, Anforderungen (Ziele) an das SOLL-System festzulegen sowie eine die betrieblich-organisatorischen Gegebenheiten berücksichtigende Groblösung zu entwickeln. Zu diesem Zwecke werden die von einem Projekt betroffenen Personen, Materialien, Informationen sowie Energien nebst den relevanten Aktivitäten, Material-, Informations- und Energieflüssen systemmässig (also enstprechend Kapitel 2) erfasst, wobei Automatisierungsüberlegungen vorerst ausser acht gelassen werden.

Nach Abschluss des *Objektsystem-Designs (OSD)* steht fest:

- Das Problemfeld
- Die den IST-Zustand kennzeichnenden Stärken und Schwächen
- Die Anforderungen (Zielsetzungen) an das SOLL-System
- Eine systemmässig festgehaltene Groblösung
- Die Einbettung der Groblösung in die bestehende oder zu modifizierende betriebliche Organisation

Das *Objektsystem-Design (OSD)* stellt einen Klärungsprozess dar, dem eine Entscheidung bezüglich der Fortführung des Projektes folgen muss. Fällt der Entscheid positiv aus, so darf das Ergebnis des *Objektsystem-Designs (OSD)* nicht als abgeschlossen betrachtet werden, sondern ist im Sinne eines iterativen Prozesses laufend neuen, in nachfolgenden Phasen gewonnenen Erkenntnissen anzupassen.

Weitere, das *Objektsystem-Design (OSD)* betreffende Einzelheiten kommen in Kapitel 7 zur Sprache.

b) Das Informationssystem-Design (ISD)

Liegt nach Abschluss des Objektsystem-Designs (OSD) eine die betrieblich-organisatorischen Gegebenheiten berücksichtigende Groblösung vor, so wird diese auf der zweiten Entwicklungsebene im Rahmen eines *Informationssystem-Designs (ISD)* verfeinert. Im Rahmen der Verfeinerung, bei der übrigens wiederum das in Kapitel 2 diskutierte

Systemdenken von Bedeutung ist, konzentriert man sich auf die informationsspezifischen Aspekte und erarbeitet die *Anordnungen* (Informatiker sprechen von *Layouts*) der zu erstellenden *Benützersichten* (Formulare, Listen, Bildschirmausgaben) inklusive deren *strukturellen Aufbau.*

Nach Abschluss des *Informationssystem-Designs (ISD)* steht fest:

- Was an Output zu produzieren ist und welche Anordnungen (Layouts) und Strukturen besagtem Output (d.h. den Ergebnissen) zugrunde liegen
- Was an Input bereitzustellen ist (die Struktur des Inputs wird in der Phase *konzeptionelles Datenbankdesign (KDBD)* festgelegt)
- Welche Prozesse abzulaufen haben, um den Input in den Output umzusetzen (die Logik der Prozesse wird in der Phase *Prozessdesign (PD)* festgelegt)

Auch dem *Informationssystem-Design (ISD)* folgt eine Entscheidung bezüglich der Fortführung des Projektes. Fällt der Entscheid positiv aus, so darf das Ergebnis des *Informationssystem-Designs (ISD)* wiederum nicht als abgeschlossen betrachtet werden, sondern ist im Sinne eines iterativen Prozesses laufend neuen, in nachfolgenden Phasen gewonnenen Erkenntnissen anzupassen.

Weitere, das *Informationssystem-Design (ISD)* betreffende Einzelheiten kommen in Kapitel 7 zur Sprache.

Im Rahmen eines *Objektsystem-Designs (OSD)* und *Informationssystem-Designs (ISD)* werden alle für eine Anwendung relevanten Sachverhalte berücksichtigt – unabhängig davon, ob die dabei ermittelten Prozesse in Zukunft manuell oder rechnergestützt zur Ausführung gelangen. Ganz anders verhält es sich auf den verbleibenden Entwicklungsebenen, konzentriert sich doch hier das Interesse ausschliesslich auf die zu automatisierenden Sachverhalte. Somit ist vor dem Übergang auf die verbleibenden Entwicklungsebenen zu entscheiden, welcher Teil des Problembereiches einer Automatisierung zuzuführen ist.

Die Phasen *Objektsystem-Design (OSD)* und *Informationssystem-Design (ISD)* konzentrieren sich grundsätzlich auf das *WAS* im Sinne von: *WAS* für Ergebnisse sind erwünscht und *WAS* ist hiefür an Input erforderlich. In der Regel spricht man in diesem Zusammenhang von einer *Analyse* (siehe Abb. 5.2).

c) Das konzeptionelle Datenbankdesign (KDBD)

Im *konzeptionellen Datenbankdesign (KDBD)* sind die für eine Anwendung relevanten *Datentypen* mittels einer Analyse der im Informationssystem-Design (ISD) festgelegten Benützersichten zu bestimmen. Das Ergebnis ist in Form eines *anwendungsbezogenen konzeptionellen Datenmodells* festzuhalten. Abb. 5.3 illustriert, dass man sich beim *konzeptionellen Datenbankdesign* an der globalen Datenarchitektur orientiert und das anwendungsbezogene konzeptionelle Datenmodell so konzipiert, dass es in das Gesamtmodell zu integrieren ist.

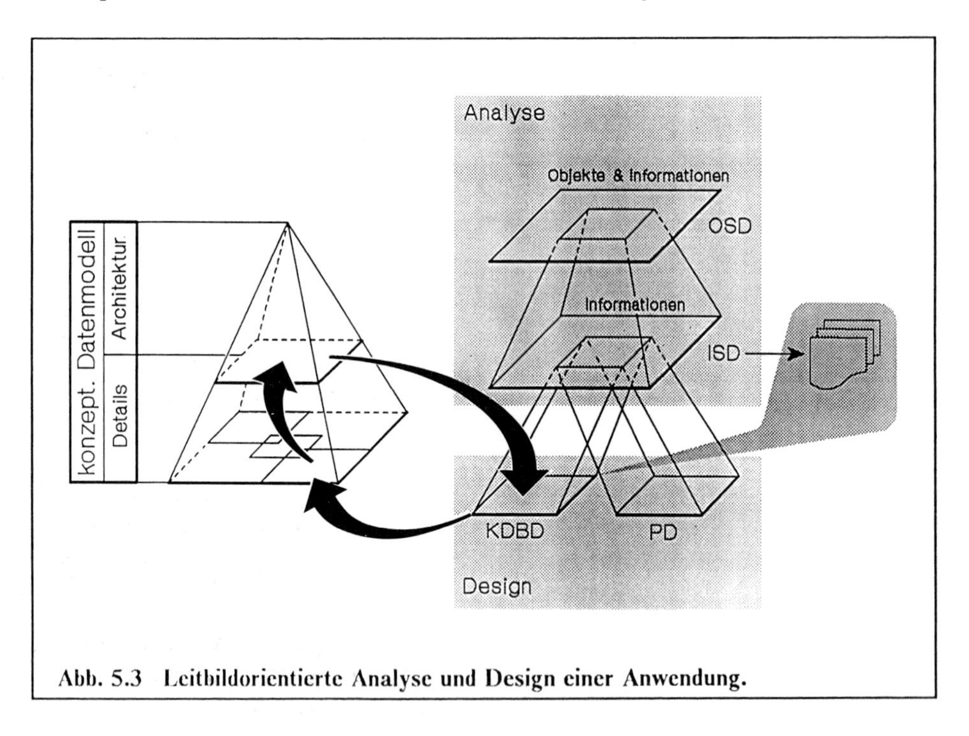

Abb. 5.3 Leitbildorientierte Analyse und Design einer Anwendung.

Liegt das anwendungsbezogene konzeptionelle Datenmodell einmal vor, so leitet der Analytiker davon *logische Datenstrukturen* (bzw. *Views*) ab. Damit steht fest, wie die Daten in ein Programm einzufliessen haben, um die im Informationssystem-Design (ISD) festgelegten Benützersichten zu erstellen.

Nach Abschluss des *konzeptionellen Datenbankdesigns (KDBD)* liegen vor:

- Ein *anwendungsbezogenes, in das Gesamtmodell passendes konzeptionelles Datenmodell*

- Die *logischen Datenstrukturen* (bzw. *Views*), die zur Erstellung der im Informationssystem-Design festgelegten Benützersichten erforderlich sind

Auf der dritten Entwicklungsebene sind zeitlich mehr oder weniger stabile Sachverhalte zu untersuchen. Tatsächlich unterliegen sauber definierte Daten*typen* im Verlaufe der Zeit erfahrungsgemäss kaum einer Änderung (die Daten*werte* ändern, nicht aber die Daten*typen*)[1].

d) Das Prozessdesign (PD)

Im *Prozessdesign (PD)* wird die Logik der Prozesse bestimmt, die den im konzeptionellen Datenbankdesign (KDBD) definierten Input in den im Informationssystem-Design (ISD) festgelegten Output umzusetzen haben. Ziel der Bemühungen ist, besagte Prozesse in einer Form festzuhalten, die für die anschliessende Programmierung geeignet ist.

Nach Abschluss des *Prozessdesigns (PD)* steht somit fest:

- Die *Logik der Prozesse*, welche den im konzeptionellen Datenbankdesign (KDBD) strukturmässig definierten Input in den im Informationssystem-Design (ISD) strukturmässig festgelegten Output umzusetzen haben

Die Phasen *konzeptionelles Datenbankdesign (KDBD)* und *Prozessdesign (PD)* konzentrieren sich grundsätzlich auf das *WIE* im Sinne von: *WIE* ist eine Anwendung zu realisieren, um zu den in der Analyse festgelegten Ergebnissen zu kommen. In der Regel spricht man in diesem Zusammenhang vom *Design* einer Anwendung (siehe Abb. 5.2).

Abb. 5.4 fasst die vorstehenden Überlegungen zusammen und zeigt die Ergebnisse, die in der Hauptphase *Strategiefestlegung* und in den Detailphasen der Hauptphase *Entwicklung* anfallen.

Für die folgenden Überlegungen halte man sich wieder an die in Abb. 5.1 gezeigte Übersicht.

---

[1] Zur Erläuterung: Mit Daten*typen* sind Sachverhalte und Tatbestände der Realität in *allgemein gültiger Form* festzuhalten. So basiert beispielsweise die allgemein gültige Aussage *"Ein Mitarbeiter hat eine Personalnummer sowie einen Namen und arbeitet in einer Abteilung"* auf Daten*typen*. Demgegenüber liegen der einen bestimmten Mitarbeiter betreffenden Aussage *"Der Mitarbeiter mit der Personalnummer P1 heisst Peter und arbeitet in der Abteilung EDV"* Daten*werte* wie *P1, Peter, EDV* zugrunde. Auf Daten*werten* basierende Aussagen weisen keinen allgemein gültigen Charakter auf, sondern beziehen sich immer auf ein ganz bestimmtes Exemplar (im vorliegenden Beispiel auf den Mitarbeiter mit der Personalnummer P1).

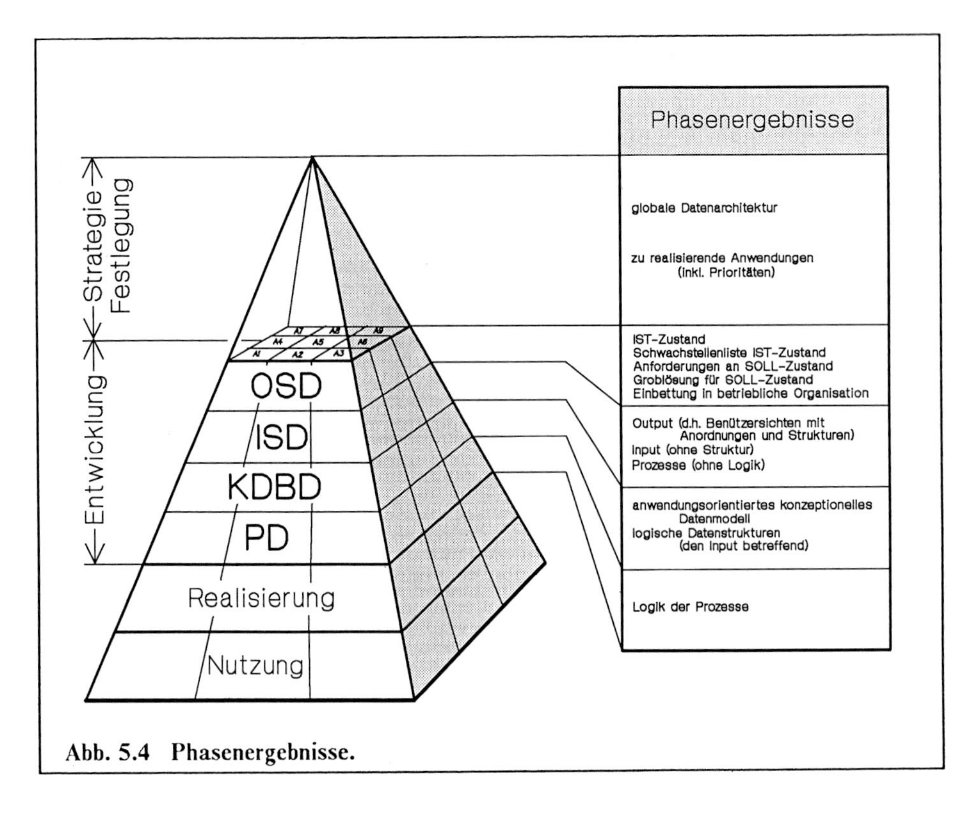

Abb. 5.4 Phasenergebnisse.

Die Hauptphase Realisierung

In der Hauptphase *Realisierung* werden folgende Detailphasen unterschieden:

1. ***Programmierung und Programmtest***
2. ***Systemtest und Systemeinführung***

Die vorstehenden Detailphasen bezwecken im einzelnen:

a) Programmierung und Programmtest

Die Detailphase *Programmierung und Programmtest* umfasst:

- Die Programmierung inkl. Dokumentation der im *Prozessdesign (PD)* vorbereiteten Prozesse
- Die Vorbereitung von organisatorischen Massnahmen wie:

   - Erstellung von benützerorientierter Dokumentation sowie von Bedienungsanweisungen
   - Organisation der Informationswege
   - Festlegen von organisatorischen Regelungen, die bei Störung oder Ausfall gelten sollen (*Katastrophenanalyse*)

- Schulung und Instruktion der Benützer und des Bedienungspersonals

b) Systemtest und Systemeinführung

Die Detailphase *Systemtest und Systemeinführung* bezweckt:

- Das Testen des Gesamtsystems unter möglichst echten Bedingungen (erfordert den Einbezug der Benützer und damit deren Schulung in der vorangehenden Detailphase)
- Die Übergabe des Systems an die Benützer

Die Hauptphase Nutzung

Die Hauptphase *Nutzung* schliesst neben dem effektiven Systembetrieb auch eine *Erfolgskontrolle* ein. Erfasst werden in diesem Zusammenhang:

- Die *effektive Wirkungsweise* des Systems
- Der *effektive Betriebsaufwand*

Die so gewonnenen Erfahrungswerte können von Bedeutung sein, wenn ein realisiertes System zu verbessern oder ein neues, ähnlich konzipiertes System zu gestalten ist.

Soweit die Phasen des Vorgehensmodells im Überblick. Anzumerken ist, dass die Phasen für ein Projekt unter Umständen auch mehrmals durchzuspielen sind (siehe Abb. 5.5). Dies trifft vor allem dann zu, wenn man im Sinne des sogenannten *evolutionären Prototypings* zunächst nur den Kern einer Anwendung realisiert, um diesen anschliessend im Verlaufe der Zeit auszubauen und zu verfeinern und damit den Bedürfnissen der Benützer allmählich anzupassen. Prof. C.A. Zehnder meint dazu: *"Ein solches Vorgehen ist attraktiv, weil die Erfahrung zeigt, dass die Anforderungen an eine Informatiklösung nur in den seltensten*

Fällen ein und für allemal festgelegt werden können. Einerseits ändert sich das organisatorische Umfeld, in das eine Lösung eingebettet ist, anderseits erzeugt jede neue Applikation bald nach ihrer Einführung neue Anwenderwünsche" [43].

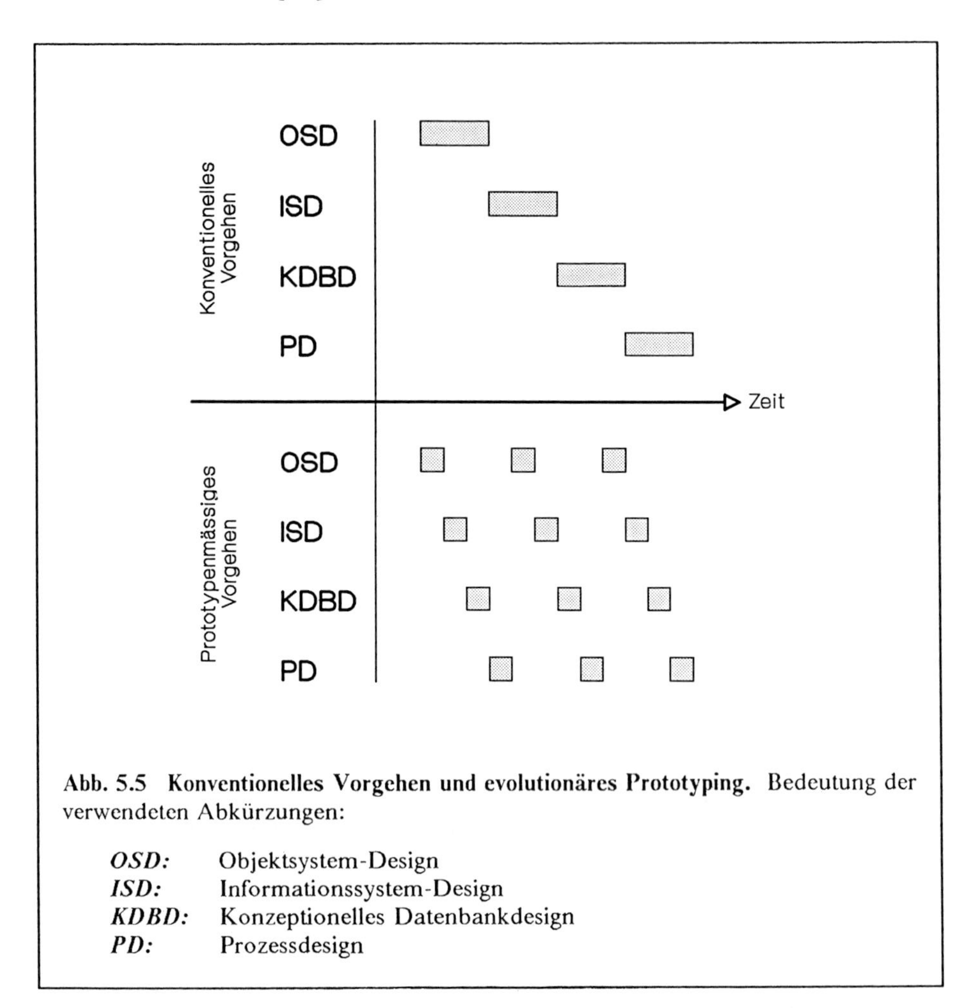

Abb. 5.5 Konventionelles Vorgehen und evolutionäres Prototyping. Bedeutung der verwendeten Abkürzungen:

OSD: Objektsystem-Design
ISD: Informationssystem-Design
KDBD: Konzeptionelles Datenbankdesign
PD: Prozessdesign

Allerdings: Sosehr den Äusserungen von Prof. Zehnder auch beizupflichten ist, sosehr sollte man sich bewusst sein, dass das evolutionäre Prototyping auch ein entsprechendes Instrumentarium erfordert. Angesprochen ist das *Computer Aided Software Engineering* (CASE), mit dem Anwendungen computerunterstützt zu entwickeln und zu realisieren sind.

Einsatz von CASE-Tools

Mittlerweile steht ein fast unübersehbares Sortiment an CASE-Tools zur Verfügung (eine gute Übersicht findet sich in [22 23]). Allerdings ist nicht zu übersehen, dass sich viele dieser Tools nur mühsam (wenn überhaupt) in ein integriertes Vorgehensprozedere eingliedern lassen. Dies hat dazu geführt, dass mehrere CASE-Tool-Anbieter Vereinbarungen bezüglich einer Gesamtkonzeption wie auch von Schnittstellen getroffen haben. Gemeinsam ist den davon betroffenen Tools, dass sie allesamt auf einer einheitlichen, durch einen sogenannten *Repository* repräsentierten Plattform operieren. Damit besteht die Möglichkeit, die in einer bestimmten Phase generierten Daten im Repository abzulegen und nahtlos an nachfolgende Phasen zu übergeben bzw. von vorangehenden Phasen zu übernehmen. Es bedeutet aber auch, dass im Falle von Alternativen in jeder Phase genau jenes Tool zum Einsatz gelangen kann, das den Bedürfnissen einer Unternehmung am ehesten entspricht. Abb. 5.6 zeigt einige der angesprochenen Tools.

Welche Unterstützung ist nun von den in Abb. 5.6 gezeigten CASE-Tools zu erwarten?

Zunächst sind damit im Rahmen der *strategischen Anwendungs- und Datenplanung* verschiedene Szenarien zu *simulieren* und jene Anwendungen zu ermitteln, deren Realisierung am ehesten eine Verbesserung der Informationsversorgung verspricht (in Abb. 5.6 mit A1, A2, ... bezeichnet).

In der Entwicklungsphase ermöglichen CASE-Tools eine auch Nichtinformatikern verständliche Visualisierung von systemtheoretisch entwickelten Lösungen. Zudem unterstützen sie die Ermittlung von Benützersichten und erleichtern die Datenmodellierung.

In der Realisierungsphase sind die Ergebnisse der Entwicklungsphase mittels *Programmgeneratoren* sowie *Testdatengeneratoren* in ausführbare Programme umzusetzen. Diesen Generatoren ist zuzuschreiben, wenn sich die klassische Anwendungsprogrammierung langfristig mit an Sicherheit grenzender Wahrscheinlichkeit erübrigen wird.

Was das in Abb. 5.6 mit *Driver* bezeichnete Tool anbelangt, so hat dieses koordinierende und qualitätssichernde Funktionen wahrzunehmen. Dazu gehört das sequenzmässig richtige Initiieren von Tätigkeiten, nachdem die Ergebnisse vorausgehender Tätigkeiten vollständig und in hinreichender Qualität vorliegen.

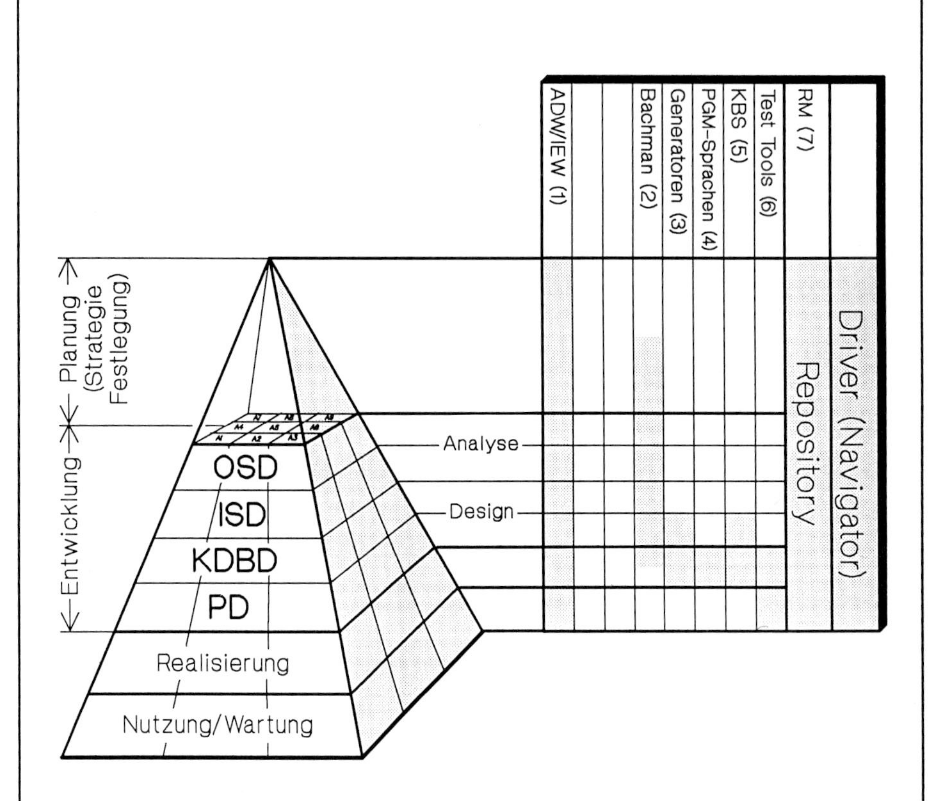

Abb. 5.6 Auf einheitlicher Plattform (Repository) operierende CASE-Tools. Bedeutung der verwendeten Abkürzungen sowie Anbieter:

1. ADW (Application Development Workbench): KnowledgeWare Inc., IEW (Information Engineering Workbench): KnowledgeWare Inc.
2. BACHMAN Re-Engineering Product Set: Bachman Information Systems, Inc.
3. Generatoren wie CSP (Cross System Product): IBM, SYNON
4. PGM-Sprachen wie COBOL, RPG, C, FORTRAN, PL/I
5. KBS (Knowledge Based Systems) wie TIRS (The Integrated Reasoning Shell): IBM, PROLOG
6. Test Tools wie SATT (Software Analysis Test Tool): IBM, WITT (Workstation Interactive Test Tool): IBM
7. RM (Repository Manager): IBM

Bliebe darauf hinzuweisen, dass CASE-Tools zwar zu einer beschleunigten Abwicklung des Entwicklungs- und Realisierungsprozederes beitragen und mit Sicherheit komplexere, konsistenzmässig ausgereiftere Anwendungen ermöglichen, niemals aber den kreativen Systementwerfer zu ersetzen vermögen. Auch sollte man sich bewusst sein, dass für eine erfolgreiche Anwendungsentwicklung neben Tools auch ein *methodisches Vorgehen* sowie *Techniken* von Bedeutung sind. Das *methodische Vorgehen* beschäftigt sich mit der Frage *"WAS hat WANN mit welcher Technik zu geschehen?"*, während sich die Technik mit der Frage *"WIE hat etwas zu geschehen?"* auseinandersetzt. Beispielsweise handelt es sich bei der *objekt- bzw. datenorientierten Vorgehensweise* um einen methodischen Aspekt, wird doch damit zum Ausdruck gebracht, dass *zuerst* ein globales konzeptionelles Datenmodell zu etablieren und erst *anschliessend* die Entwicklung von Anwendungen in Gang zu setzen ist. *WIE* das globale konzeptionelle Datenmodell zu erstellen ist, ist hingegen eine technische Angelegenheit. Die besten Tools sind wertlos, wenn sie nicht im Rahmen eines methodischen Vorgehens zur Anwendung gelangen, das sich an einem Gesamtkonzept orientiert und den Werdegang von Anwendungen nach zeitlichen Gesichtspunkten regelt. Dieses methodische Vorgehen ist zu schulen, genauso wie die zur Herstellung von Anwendungen erforderlichen Techniken. CASE-Tools vermögen den Wirkungsgrad besagter Techniken zu erhöhen, keinesfalls aber – gewissermassen per Knopfdruck – Anwendungen aus dem Nichts zu generieren.

Zusammenfassung

Abb. 5.7 fasst die Aussagen dieses Kapitels zusammen. Wichtig ist, dass die *Anwendungs- und Datenplanung* (mit andern Worten: das Festlegen einer *Informatikstrategie*) solidarisch und kooperativ – also mit Beteiligung der Entscheidungsträger, Schlüsselpersonen und wichtigen Sachbearbeiter – abzuwickeln ist. Zu ermitteln sind dabei *Informationen* sowie *Geschäftsprozesse,* mit welchen das Erreichen der Geschäftsziele wirksam zu unterstützen ist. Was die Geschäftsprozesse anbelangt, so sind diese aufgrund von wohl definierten Kriterien zu Anwendungssystemen zusammenzufassen und im Verlaufe der Zeit entsprechend der Darlegungen in diesem Kapitel zu realisieren (also OSD → ISD → KDBD → PD). Die dabei resultierenden Details sind mit der Architektur abzustimmen und – so keine Diskrepanzen zu Tage treten – mit letzterer zu vereinigen. Abb. 5.7 ist weiter zu entnehmen, dass das Modell mit Elementen zu ergänzen ist, die in existierenden Datenbeständen vorzufinden sind. Auf diese Weise kommt im Verlaufe der Zeit ein detailliertes *globales (unternehmungsweites) kon-*

zeptionelles Modell zustande. Damit steht aber auch fest, ob bei der Modellbildung eher ein top-down oder ein bottom-up Vorgehen angebracht ist. Als zweckmässig erwiesen hat sich:

> Top-down Erstellung des Modells bis hin zur Architektur sowie bottom-up Ergänzung des Modells durch Integration projektbezogen ermittelter Details.

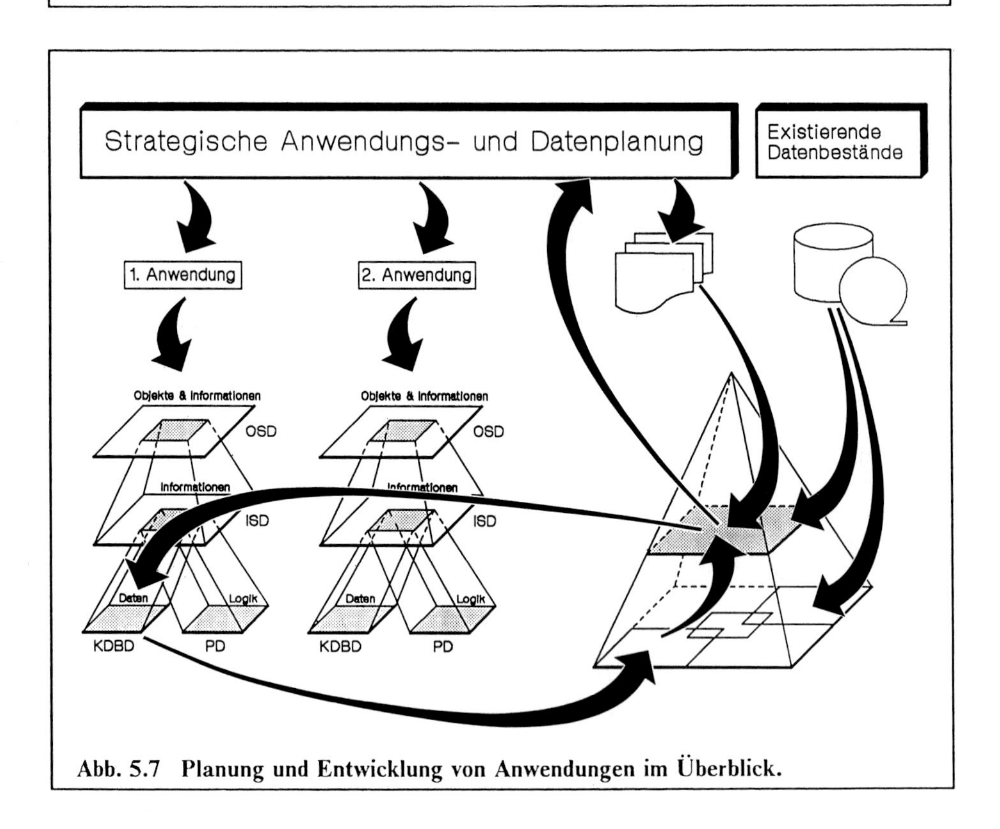

Abb. 5.7 Planung und Entwicklung von Anwendungen im Überblick.

Eine Möglichkeit, die Informatikstrategie solidarisch und kooperativ sowie mit maschineller Unterstützung zu ermitteln, ist unter dem Begriff *Information System Study* (abgekürzt *ISS*) bekannt geworden [10, 37] (in Deutschland ist von einer *Kommunikations System Studie*, kurz *KSS* die Rede).

Im Rahmen einer ISS/KSS werden die für Entscheidungsträger, Schlüsselpersonen sowie Sachbearbeiter bedeutsamen Geschäftsprozesse inklusive der dafür erforderlichen Informationen systematisch ausfindig gemacht und maschinell erfasst. Spezielle Programme ermöglichen sodann, Schwachstellen in der Informationsversorgung ausfindig zu machen sowie jene Geschäftsprozesse zu Anwendungen zusammenzufassen, mit deren Realisierung am ehesten ein Beitrag zur Erreichung der Geschäftsziele zu leisten ist. Die ganze Angelegenheit ist in Abhängigkeit vom Komplexitätsgrad der Unternehmung und vom gewünschten Detaillierungsgrad in einem Zeitraum von ca. 4 bis 8 Monaten durchzuspielen. Man mag einem solidarischen und kooperativen Festlegen der *Informatikstrategie* noch so skeptisch gegenüberstehen – fest steht, dass damit die Entscheidungsträger und Schlüsselpersonen einer Unternehmung in ganz hervorragender Weise in den Werdegang unternehmungsweiter Informationssysteme einzubinden sind.

In den verbleibenden Kapiteln wollen wir uns nochmals mit den Phasen auseinandersetzen, in denen Entscheidungen bezüglich der gewünschten Ergebnisse zu treffen sind. Es betrifft dies:

- Die Hauptphase ***Strategiefestlegung***
- Die ersten beiden Detailphasen der Hauptphase ***Entwicklung***, also das ***Objektsystem-Design (OSD)*** sowie das ***Informationssystem-Design (ISD)***.

Was die übrigen Phasen anbelangt, so sind darin weniger Entscheidungsprozesse als vielmehr Routineprozesse von Bedeutung. Während letztere bedenkenlos den Spezialisten zu überlassen sind, sind Entscheidungsprozesse unbedingt *kooperativ*, also mit Beteiligung der Entscheidungsträger, Schlüsselpersonen, Sachbearbeiter sowie Informatiker, zu durchschreiten. Die restlichen Kapitel vermitteln die hiefür erforderlichen Kenntnisse.

6 Strategische Anwendungs- und Datenplanung

Im vorliegenden Kapitel beschäftigen wir uns mit der Hauptphase *Strategiefestlegung*. Damit ist:

1. Eine von der Geschäftsleitung festgelegte Marschrichtung als *Unité de Doctrine* in der Belegschaft zu verankern

2. Eine *globale Datenarchitektur* zu definieren, welche als Dreh- und Angelpunkt für alle weiteren Überlegungen zu verwenden ist

3. Potentielle *Anwendungen* festzulegen, mit deren Realisierung die Informationsversorgung der Unternehmung am nachhaltigsten zu verbessern ist

Das Kapitel ist wie folgt gegliedert:

In Abschnitt 6.1 werden die Kriterien dargelegt, die bei der Definition von Unternehmungszielen zu beachten sind. Gezeigt wird, wie mit *kritischen Erfolgsfaktoren* sowie *strategischen Erfolgspositionen* [24] ein *unternehmerisches Leitbild* zu schaffen ist, an dem man sich bei der *strategischen Anwendungs- und Datenplanung* orientieren kann.

In Abschnitt 6.2 kommt sodann ein Prozedere zur Sprache, mit welchem die Informationsbedürfnisse der Entscheidungsträger, Schlüsselpersonen sowie der wichtigsten Sachbearbeiter systematisch zu ermitteln sind. Gezeigt wird auch, wie mittels geeigneter CASE-Tools Schwachstellen in der Informationsversorgung ausfindig zu machen und Vorschläge für deren Beseitigung zu erarbeiten sind.

Abschliessend wird in Abschnitt 6.3 diskutiert, inwiefern eine *strategische Anwendungs- und Datenplanung* dazu beitragen kann, höhere Entwicklungsstufen im Sinne von R.L. Nolan [20] zu erreichen.

6.1 Schaffung eines unternehmerischen Leitbildes

Eine Unternehmung überlebt langfristig nur, wenn sie Erfolge zu verzeichnen hat, oder – betriebswirtschaftlich gesprochen – wenn sich *Gewinn*, *Wachstum* und *Marktstellung* positiv entwickeln. Damit diese positive Entwicklung tatsächlich auch stattfindet, ist eine *Strategie* erforderlich, die auf Ausbau – zumindest aber auf Sicherung – der genannten Erfolgsgrössen abzielt[1]. Für die Festlegung einer derartigen Strategie sind zunächst jene Faktoren ausfindig zu machen, die den betriebswirtschaftlichen Erfolg einer Unternehmung günstig zu beeinflussen vermögen. In der Regel ist in diesem Zusammenhang von den *kritischen Erfolgsfaktoren*, kurz *KEF*, die Rede. Für die Ermittlung von kritischen Erfolgsfaktoren – Abb. 6.1.1 zeigt einige illustrative Beispiele – sind zu Rate zu ziehen:

- Unternehmungsanalysen
- Umweltanalysen
- Branchenanalysen
- Marktanalysen
- Konkurrenzanalysen

Eine auf dem klassischen betriebswirtschaftlichen Erfolgsbegriff aufbauende Unternehmungsstrategie kann sich eigentlich nur auf kurzfristige Zeiträume beziehen. Dies, weil es angesichts der heute so turbulent verlaufenden Umweltentwicklung schwierig ist, stichhaltige Prognosen über Umsatzentwicklung, Gewinnentwicklung sowie andere betriebswirtschaftliche Faktoren aufzustellen. Um den durch die dramatischen Veränderungen in der ökologischen, technologischen, wirtschaftlichen, sozialen sowie politischen Umwelt ohnehin stark geforderten Führungskräften auch eine *langfristige Orientierungshilfe* zu bieten, empfiehlt C. Pümpin in [24], bei der Erarbeitung einer Unternehmungsstrategie weniger auf den betriebswirtschaftlichen als vielmehr den *systemtheoretischen Erfolgsbegriff* abzustellen. Wie ist diese Empfehlung zu verstehen?

---

[1] Unter *Strategie* wollen wir den organisierten Einsatz der Ressourcen einer Unternehmung – beispielsweise Personal, Anlagen, Material, Finanzmittel, Information, Managementzeit – zur Erreichung der geschäftlichen Ziele verstehen [12].

- Innovation (F + E)
- Marketing
- Produktion
- Lieferbereitschaft
- Gewinn, Kosten, Finanzierung
- Mitarbeiter
- Führung, Organisation
- Materialbeschaffung
- Energiebeschaffung
- Umweltbelastung
- Image

Abb. 6.1.1 Kritische Erfolgsfaktoren: Beispiele.

"Aus systemtheoretischer/kybernetischer Sicht resultiert der Erfolg aus der Fähigkeit eines Systems, spezifische Eigenschaften herauszubilden, welche die Überlebenschance erhöhen... Eine Unternehmungsstrategie muss deshalb vermehrt darauf ausgerichtet sein, die Voraussetzungen (d.h. die Fähigkeiten) zu schaffen, um langfristig Wachstum und Gewinne zu erzielen" [24].

Die Neuartigkeit des Denkansatzes wird mit einem neugeschaffenen Konstrukt – der *Strategischen Erfolgsposition*, kurz *SEP* – unterstrichen. Man versteht darunter:

Bei einer *Strategischen Erfolgsposition SEP* handelt es sich um eine in einer Unternehmung durch den Aufbau von wichtigen und dominierenden Fähigkeiten bewusst geschaffene Voraussetzung, die es dieser Unternehmung erlaubt, Konkurrenzüberlegenheit und damit langfristig überdurchschnittliche Ergebnisse zu erreichen [24].

Eine SEP basiert demzufolge immer auf einer besonderen Stärke und versucht, kundenspezifischen Bedürfnissen gerecht zu werden, die anderweitig noch nicht erkannt worden sind oder von der Konkurrenz im Moment nicht befriedigt werden können.

Zwischen *kritischen Erfolgsfaktoren KEF* und *Strategischen Erfolgspositionen SEP* besteht eine enge Verwandtschaft. Der Unterschied ist darin zu suchen, dass die kritischen Erfolgsfaktoren vorerst unabhängig von der spezifischen Konkurrenzsituation bestimmt werden, während die strategischen Erfolgspositionen immer unter Berücksichtigung einer spezifischen Konkurrenzkonstellation festzulegen sind.

Für die Bestimmung von SEP sind die kritischen Erfolgsfaktoren hinsichtlich jener Faktoren abzusuchen, die von der Konkurrenz noch nicht aufgegriffen worden sind und für welche in der eigenen Unternehmung besondere Stärken aufgebaut werden können.

SEP sind grundsätzlich in jedem unternehmerischen Aktivitätsfeld aufzubauen. Im Vordergrund stehen:

- *Produktbezogene SEP*, wie beispielsweise die Befähigung, qualitativ hochwertige, konkurrenzüberlegene Produkte zu produzieren oder neuartige Produkte zeitlich vor der Konkurrenz auf den Markt zu bringen
- *Marktbezogene SEP*, wie beispielsweise die Befähigung, sich imagemässig von der Konkurrenz abzuheben
- *Funktionale SEP*, wie beispielsweise die Befähigung, einen hervorragenden Service (Verteilung, Verfügbarkeit) aufzubauen

Dass auch SEP denkbar sind, welche den Einsatz der Informations- und Kommunikationstechnologie im Sinne einer *strategischen Waffe* zum Ziele haben, zeigen die folgenden Beispiele.

So stellte die *American Hospital Supply* den Spitälern kostenlos eigens entwickelte Materialbewirtschaftungssysteme zur Verfügung. Weil besagte Bewirtschaftungssysteme sämtliche Materialbestellungen automatisch der American Hospital Supply zuleiteten, vermochte die Gesellschaft ihren Marktanteil sprunghaft zu erhöhen.

Ähnlich verhielt es sich im Falle eines von der *ICI* entwickelten Expertensystems, das den Bauern auf Anfrage in verständlicher und überzeugender Art die Verwendung des "richtigen" ICI-Düngers oder ICI-Insektenvernichtungsmittels empfahl.

Für den Aufbau von SEP sind gemäss [24] folgende Leitsätze zu beachten:

- *"SEP werden durch die Zuordnung von Ressourcen aufgebaut"*

- *"Einer vorgegebenen SEP zugeordnete Ressourcen müssen anderen möglichen SEP entzogen werden, es sei denn, zwischen ihnen bestehe eine Synergie"*

- *"Die Erhaltung aufgebauter SEP ist nur dann möglich, wenn diese durch entsprechende Ressourcenzuteilung laufend gepflegt werden"*

Selbstverständlich erfordern diese Leitsätze geeignete *Führungsinstrumente* sowie adäquate *Informationen* zur Steuerung und Überwachung der den SEP zugeordneten Ressourcen. Dies bedeutet, dass schwerpunktmässig jene Führungsinstrumente resp. Informationssysteme zu entwickeln und einzusetzen sind, die aus der Sicht der SEP erforderlich sind.

Abb. 6.1.2 fasst die vorstehenden Ausführungen zusammen und zeigt, dass durch das auf die SEP ausgerichtete unternehmerische Handeln eine *Hohlspiegelwirkung* mit entsprechender Entfaltung der eingesetzten Kräfte zu bewirken ist. Pümpin formuliert es so: *"Dank der Ausrichtung auf die SEP operieren die einzelnen Bereiche und führungsrelevanten Systeme nicht mehr isoliert. Dadurch werden die entscheidenden Voraussetzungen für die Strategiedurchsetzung geschaffen: Die Unternehmung entwickelt strategische Stosskraft und setzt sich gesamthaft in Richtung der festgelegten Ziele in Bewegung."*

Hält man sich an das SEP-Konzept, so wird man:

1. SEP festlegen und damit eine langfristige Unternehmungsstrategie vorgeben

2. Ressourcen und Führungssysteme auf die SEP ausrichten

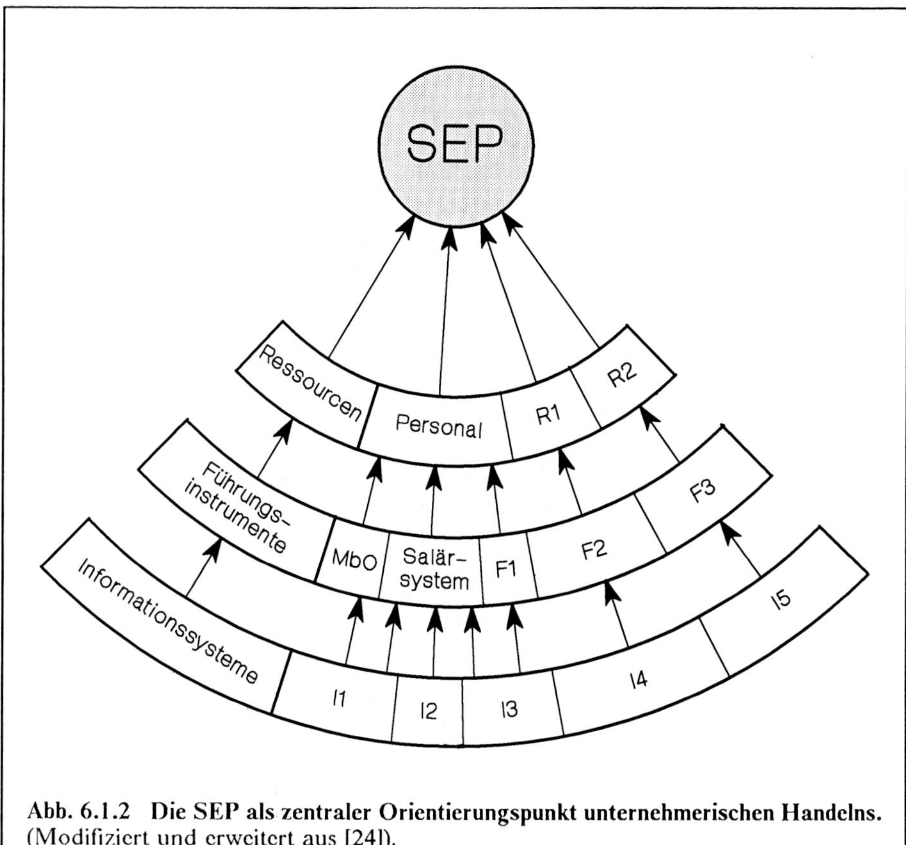

Abb. 6.1.2 Die SEP als zentraler Orientierungspunkt unternehmerischen Handelns. (Modifiziert und erweitert aus [24]).

3. Führungssysteme mit adäquaten Informationen alimentieren

Kommen für die genannten Tätigkeiten Informatiker in Frage? Wohl kaum – zumindest nicht für alle Belange! SEP sind für die Zukunftssicherung einer Unternehmung von derart zentraler und fundamentaler Bedeutung, dass deren Festlegung, zusammen mit der zweckmässigen Zuteilung der Ressourcen und der sie steuernden Führungsinstrumente, eindeutig dem Top-Management zu überlassen ist. Hingegen wird man bei der Konzipierung der die Führungsinstrumente unterstützenden Informationssysteme kaum auf die Dienste von Informatikern verzichten wollen. Allerdings: *"Ein zentrales Problem der Führungsinstrumente besteht darin, dass diese oft von Fachspezialisten (Informatikern, Personalspezialisten, Finanzspezialisten usw.) entwickelt werden, die keinen genügenden Einblick in die Grundstossrichtungen der Unternehmung haben. In der Folge entwickeln diese Fachkräfte Systeme, die wohl aus ihrer Sicht zweckmässig sind, die jedoch kaum geeignet sind, die strategische*

Ausrichtung der Unternehmung zu unterstützen. Es resultieren fachspezifische Führungssysteme, die in der Linie höchstens Kopfschütteln erwecken" [24].

Auf der andern Seite ist aber auch das Management einer Unternehmung ohne vorsorgliche Massnahmen kaum in der Lage, klare Aussagen über den tatsächlich erforderlichen Informationsbedarf zu machen. So werden im Bestreben, als objektive und informierte Führungskraft zu gelten, immer wieder gewaltige, kaum zu verkraftende Datenberge und damit einhergehend ein immenser "Information-Overload" toleriert. Was Not tut ist ein *Leitbild*, das Hinweise darüber zu geben vermag, welche Informationen tatsächlich von Bedeutung sind. Gerade hier bietet sich aber das SEP-Konzept an, ermöglicht dieses doch, *Prioritäten* festzulegen und jene Informationen zu bestimmen, die

- *"Hinweise über mögliche SEP geben*
- *Den Fortschritt in bezug auf die aufzubauenden SEP zu beurteilen erlauben*
- *Darüber orientieren, ob die verfolgten SEP nach wie vor Gültigkeit haben oder ob gegebenenfalls Anpassungen erforderlich sind"* [24]

Abb. 6.1.3 fasst die vorstehenden Überlegungen zusammen und illustriert neben der zeitlichen Abfolge der das SEP-Konzept betreffenden Tätigkeiten auch die beteiligten Funktionen.

Was nun die *strategische Anwendungs- und Datenplanung* anbelangt, so sind die vorstehenden Überlegungen insofern von Bedeutung, als damit das *Wesentliche* zu erkennen ist. Gerade bei der Strategiefestlegung, wo es primär darum geht, Gesamtzusammenhänge zu erkennen, kommt der Beschränkung auf das Wesentliche eine ausserordentliche Bedeutung zu. Zu detaillierte Informationen – dies hat die Erkenntnispsychologie eindeutig ergeben [32] – lassen nämlich die Erfassung einer komplizierten Sachlage überhaupt nicht zu.

Mit dem SEP-Konzept ist also die *strategische Anwendungs- und Datenplanung* günstig zu beeinflussen. Umgekehrt ist besagte Planung geeignet, strategische Erfolgspositionen als *Unité de Doctrine* in der Belegschaft zu verankern. Allerdings sind die Führungskräfte hiefür auf breiter Front in den Planungsprozess einzubeziehen.

Der Verankerung von strategischen Erfolgspositionen in der Belegschaft kommt insofern eine eminente Bedeutung zu, als *"jüngste Erkenntnisse, die insbesondere aus Analysen des japanischen Managements gewonnen wurden, sehr deutlich zeigen, dass eine Vielzahl der heute wichtigen SEP wie z.B. Qualität und Innovation nur dann aufgebaut wer-*

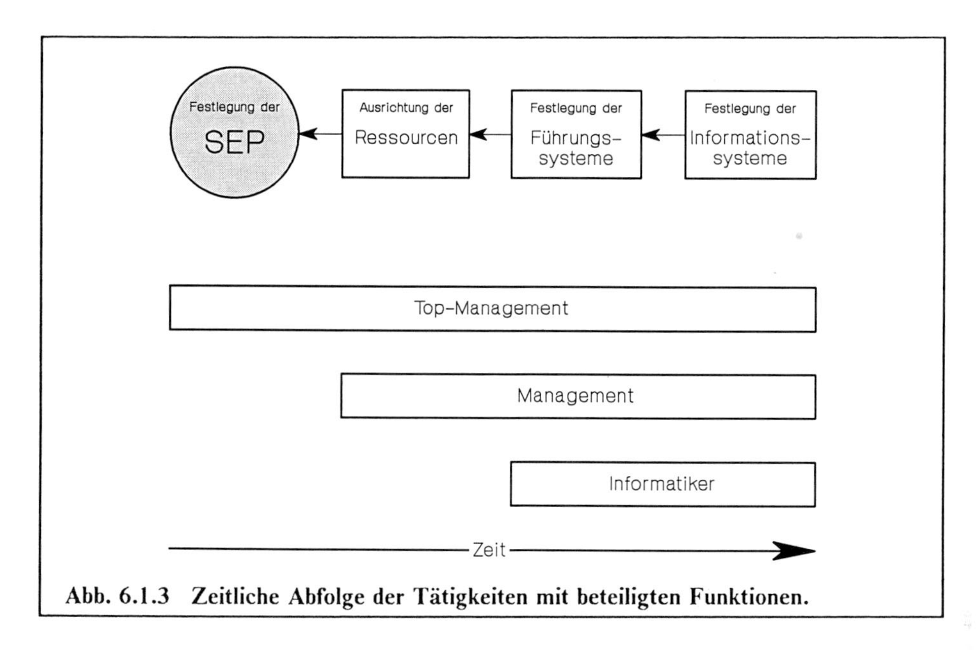

Abb. 6.1.3 Zeitliche Abfolge der Tätigkeiten mit beteiligten Funktionen.

den können, wenn alle Unternehmungsangehörigen – also auch die Arbeiter – dieses Vorhaben tatkräftig unterstützen" [24].

Die vorstehende, das japanische Management betreffende Erkenntnis ist nicht neu. So hat Peter Drucker [7] nachgewiesen, dass die Handlungen und Entscheidungen der Schöpfer grosser Unternehmungen immer von einer im Pümpin'schen Sinne als SEP aufzufassenden Idee bestimmt wurden. Man denke nur an Thomas Watson sen. von der IBM, der mit seinen im Jahre 1914 zu Papier gebrachten Prinzipien:

- Achtung vor dem Individuum
- Bestmöglicher Dienst am Kunden
- Streben nach hervorragender Leistung

den Grundstein für *"... die erfolgreichste Marketingorganisation der Welt"* [25] legte. Buck Rodgers, IBM Marketing-Chef mit weltweiter Verantwortung, formuliert es so: *"Die vorstehenden drei Grundsätze durchdringen die gesamte Unternehmung. Sie werden derart respektiert, dass jede Entscheidung und jede Handlung direkt davon beeinflusst wird. Wer die Entwicklung von IBM beobachtet, wird feststellen, dass IBM's Erfolg mehr mit diesen Grundsätzen als mit technischen Erfindungen, Marketingstrategien oder Finanzressourcen zu tun hat. IBM hat seine Unternehmungskultur, Grundsätze und Werte nicht patentiert. Aber ich meine, dass eine Unternehmung ohne diese Werte nicht sehr gross werden kann"* [25].

Im Lichte der vorstehenden Ausführungen gesehen, kommt einer *strategischen Anwendungs- und Datenplanung* demzufolge geradezu ein missionarischer Zweck zu.

6.2 CASE-Tool unterstützte Anwendungs- und Datenplanung

Obschon sich die Ausführungen dieses Abschnittes an einem Vorgehen orientieren, das unter dem Begriff *Information System Study*, kurz *ISS*[2] bekannt geworden ist [10, 37], treffen die dargelegten Prinzipien auch für anderweitige CASE-Tools zu.

CASE-Tools zur Unterstützung der *strategischen Anwendungs- und Datenplanung* gehen davon aus, dass die Steuerung und Überwachung der *Ressourcen* (Personal, Produktionsmittel, Finanzmittel), des *Angebots* (Produkte, Dienstleistungen) sowie der *Umwelt* (Kunden, Lieferanten, Kreditgeber) auf Tätigkeiten beruht, für deren ordnungsgemässe Abwicklung adäquate Informationen notwendig sind. Demzufolge sind vorerst entsprechende *Geschäftsprozesse* ausfindig zu machen und anschliessend die für deren ordnungsgemässe Abwicklung erforderlichen Informationen zu bestimmen. Wesentlich ist, dass bei der Erhebung der Informationsbedürfnisse Entscheidungsträger bis hinauf zur Geschäftsleitung zu beteiligen sind. Damit ist zu gewährleisten, dass neben den Bedürfnissen der *operationellen Ebene* auch jene der *taktischen* und *strategischen Ebene* gebührend zu berücksichtigen sind.

Abb. 6.2.1 illustriert die *Dimensionen*, die im Rahmen einer strategischen Anwendungs und Datenplanung zu berücksichtigen sind. In die Überlegungen einzubeziehen sind jedem Fall folgende *Grunddimensionen*:

- **ORGANISATION** (gemeint ist die funktionelle Gliederung der Unternehmung)
- Geschäfts-**PROZESSE**
- Geschäfts-**DATEN** (gemeint sind *Benützersichten formatierter Art* wie Formulare, Belege, Bildschirmausgaben, aber auch *Benützersichten unformatierter Art* wie Texte, Graphiken, Bilder, etc.)

Falls erwünscht, sind diese drei Grunddimensionen mit zusätzlichen Dimensionen zu ergänzen. So ist im Zusammenhang mit der Dimension ORGANISATION auch eine Dimension

---

[2] In Deutschland ist von einer *Kommunikationssystemstudie*, kurz *KSS*, die Rede.

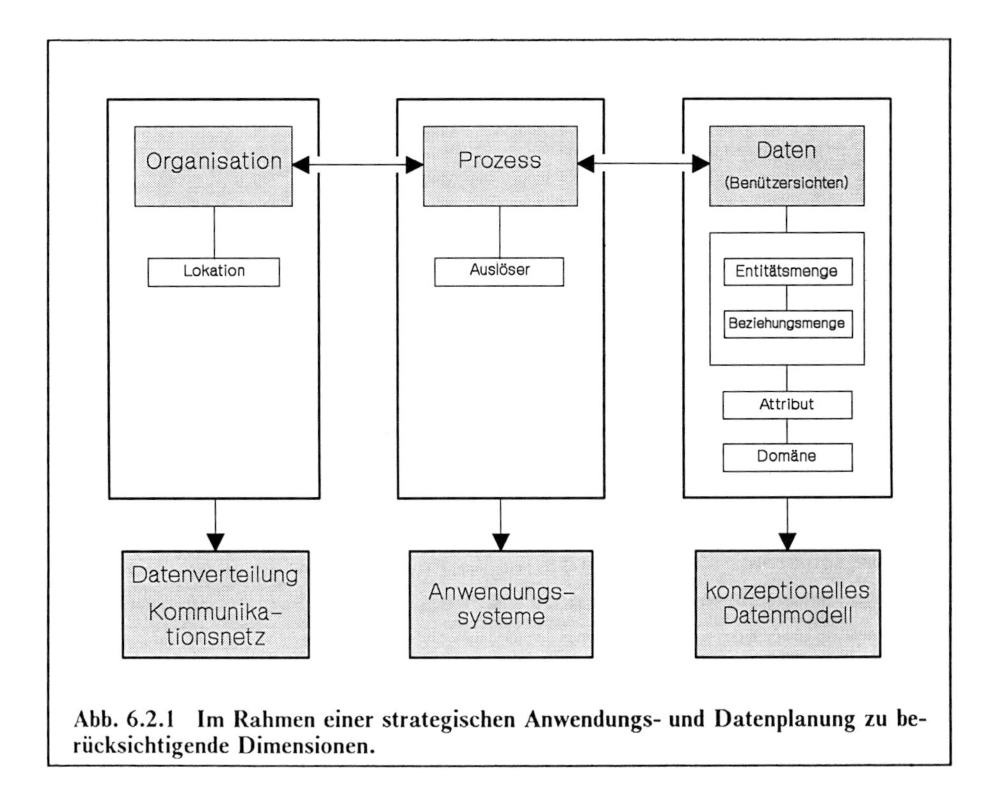

Abb. 6.2.1 Im Rahmen einer strategischen Anwendungs- und Datenplanung zu berücksichtigende Dimensionen.

- **LOKATION**

zu spezifizieren. Eine derartige Ergänzung ist dann sinnvoll, wenn im Anschluss an eine *strategische Anwendungs- und Datenplanung* Hinweise bezüglich eines zukünftigen *Kommunikationsnetzes* oder bezüglich der geographischen *Verteilung der Daten* zu erarbeiten sind.

Sind im Zusammenhang mit den Geschäftsprozessen auch Aussagen bezüglich der die Prozesse in Gang setzenden *Geschäftsvorfälle* erwünscht, so lässt sich die Dimension PROZESS mit der Dimension

- **AUSLÖSER**

in Beziehung setzen.

Eine weitere Ergänzung kommt aufgrund einer Verknüpfung der Dimension DATEN mit der Dimension

- **ENTITÄTSMENGE**

zustande. Letztere lässt sich ihrerseits mit der Dimension

- **BEZIEHUNGSMENGE**

verknüpfen. Schliesslich ist es möglich, die Dimensionen ENTITÄTS-MENGE und BEZIEHUNGSMENGE mit den Dimensionen

- **ATTRIBUT** und
- **DOMÄNE** (mitunter auch Wertebereich genannt)

in Beziehung zu setzen.

Liegen zumindest für die Grunddimensionen ORGANISATION, PROZESS sowie DATEN hinreichende Informationen vor, so ist maschinell zu bestimmen:

- Der *Wirkungsgrad* der aktuellen Kommunikations- und Informationssysteme
- Eine *Strategie* zur Verbesserung der aktuellen Kommunikations- und Informationssysteme und damit verbunden die Nomination der zu realisierenden Anwendungen
- Eine *IS-Architektur*, mit welcher der Informationsfluss zwischen den geplanten Anwendungssystemen zum Ausdruck zu bringen ist

Im Sinne der in Abschnitt 6.1 diskutierten Überlegungen ist darüber hinaus auch zu bewirken:

- Die Verankerung der von der Geschäftsleitung festgelegten strategischen Erfolgspositionen SEP in der Belegschaft

Obschon die vorstehenden Ergebnisse beachtenswert sind, scheuen viele Firmen den Aufwand für eine *strategische Anwendungs- und Datenplanung*. Die Befürchtungen sind insofern nicht ganz unberechtigt, als in früheren Studien – weltweit sind deren schon etwa 1500 durchgeführt worden – sehr oft unnötige Detailarbeit geleistet wurde, was nicht nur einen kaum vertretbaren Aufwand zur Folge hatte, sondern auch die Erfassung der Zusammenhänge erschwerte. Es kann hier nicht genug betont werden, dass das Ziel einer *strategischen Anwendungs- und Datenplanung* nicht in der Produktion eines umfangreichen, kaum zu verkraftenden Datenberges liegt, sondern im Herausarbeiten einer *umfassenden Gesamtschau.* Eine solche lässt sich aber – dies hat die Erkenntnispsychologie eindeutig ergeben [32] – niemals aufgrund von Detailanalysen gewinnen.

Damit die vorstehenden Erkenntnisse zum Tragen kommen, sind vor Inangriffnahme einer *strategischen Anwendungs- und Datenplanung* vom Top-Management strategische Erfolgspositionen SEP festzulegen. Sodann sind den nominierten SEP – immer noch vom Top-Management – die verfügbaren Ressourcen zuzuordnen. Erst jetzt ist die Initialisierung einer strategischen Anwendungs- und Datenplanung angebracht.

Das geschilderte Vorgehen hat den Vorteil, dass mit den strategischen Erfolgspositionen ein Leitbild zur Verfügung steht, mit dem zu gewährleisten ist, dass nur relevante Informationsbedürfnisse in die Planungsüberlegungen einfliessen. Zudem wird damit kundgetan, welchen Stellenwert das Top-Management der *strategischen Anwendungs- und Datenplanung* beimisst. Dieser Sachverhalt ist ausserordentlich wichtig, hat sich doch gezeigt, dass vom Top-Management ausgehende Signale unerlässlich sind, sollen die nachstehend diskutierten Konzepte ohne nennenswerte Schwierigkeiten in die Tat umgesetzt werden.

Abb. 6.2.2 illustriert die im Rahmen einer strategischen Anwendungs- und Datenplanung zu durchlaufenden Phasen. Zu erkennen ist:

Erste Phase:	Die *Unternehmungsanalyse*
Zweite Phase:	Die *Befragung*
Dritte Phase:	Die *Diagnose*
Vierte Phase:	Die Erstellung der *IS-Architektur*

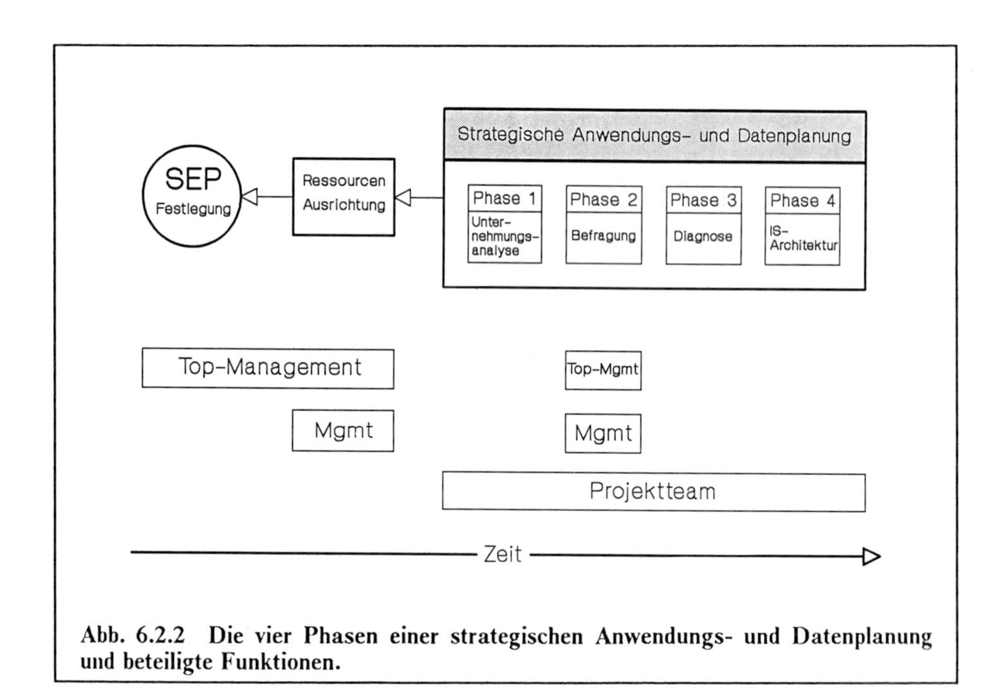

Abb. 6.2.2 Die vier Phasen einer strategischen Anwendungs- und Datenplanung und beteiligte Funktionen.

Wir wollen uns im folgenden wenigstens konzeptmässig mit diesen Phasen auseinandersetzen (Details sind in [35, 36, 37] vorzufinden).

Erste Phase: Die Unternehmungsanalyse

Für die Unternehmungsanalyse ist ein zwei- bis vierköpfiges ISS/KSS-Projektteam zu nominieren. Wichtig ist, dass die Mitglieder des Projektteams die zu analysierende Unternehmung (bzw. den zu analysierenden Unternehmungsbereich) sehr gut kennen und berechtigt sind, im Bedarfsfall auch kompetente Entscheidungsträger und Schlüsselpersonen zu kontaktieren.

Das Projektteam setzt sich zunächst während zwei bis drei Monaten vollamtlich mit den drei Grundimensionen PROZESS, DATEN sowie ORGANISATION auseinander. Nachstehend ist dargelegt, was bezüglich dieser Grunddimensionen beizubringen ist.

Die Dimension PROZESS

Als Vorbereitung zur Erfassung der die Dimension PROZESS betreffenden Informationen, ist ein *Prozessmodell* zu ermitteln. Grundelemente eines Prozessmodells sind *Geschäftsprozesse.* Man versteht darunter:

> Ein Geschäftsprozess ist eine Gruppe von logisch zusammenhängenden Entscheidungen und Aktivitäten, die zur Steuerung und Verwaltung
>
> - der Ressourcen (Mitarbeiter, Produktionsmittel, Finanzmittel, etc.)
> - des Angebots (Produkte, Dienstleistungen, etc.)
> - der Umweltfaktoren (Kunden, Lieferanten, Kreditgeber, etc.)
>
> erforderlich sind.

Geschäftsprozesse sind ohne Berücksichtigung der organisatorisch-personellen Zuständigkeit zu bestimmen. Damit ist sicherzustellen, dass Informationssysteme resultieren, die in hohem Masse von organisatorischen Änderungen unabhängig sind.

Für die Bestimmung von Geschäftsprozessen kommen folgende Möglichkeiten in Frage:

- Die *Lebenszyklusmethode*
- Die *Durchlaufmethode*

Bei der *Lebenszyklusmethode* sind die zur Steuerung und Verwaltung der Ressourcen, des Angebots sowie der Umweltfaktoren erforderlichen Geschäftsprozesse in Abhängigkeit der Phasen *Planung, Beschaffung, Verwaltung* sowie *Beendigung* zu bestimmen.

Die *Durchlaufmethode* erfasst demgegenüber die Aktivitäten und Entscheidungen, die für eine Ressource auf dem Wege durch die Unternehmung relevant sind.

In einem Prozessmodell sind Geschäftsprozesse gemäss Abb. 6.2.3 zu *Prozessgruppen* (unter Umständen über mehrere Stufen hinweg) und diese wiederum zu *Führungssystemen* zusammenzufassen. Letztere sind den Ressourcen, dem Angebot sowie den Umweltfaktoren zuzuordnen und ermöglichen damit deren Steuerung und Überwachung. Abb. 6.2.3 zeigt ein Beispiel und ist wie folgt zu interpretieren:

1 ***PERSONALFÜHRUNGSSYSTEM***

1.1 ***Personal planen***

⋮

1.2 ***Personal beschaffen***

1.2.1 Arbeitsmarkt analysieren

1.2.1.1 *Entgeltvergleiche durchführen*
1.2.1.2 *Arbeitskräfteangebot analysieren*

1.2.2 Personal anwerben

1.2.2.1 *Stellen intern ausschreiben*
1.2.2.2 *Stellen extern ausschreiben*
1.2.2.3 *Bewerber auswählen*
1.2.2.4 *Einstellung durchführen*

1.3 ***Personal führen und fördern***

⋮

1.4 ***Personal verwalten***

⋮

1.5 ***Personal betreuen***

⋮

2 ***PRODUKTIONSFÜHRUNGSSYSTEM***

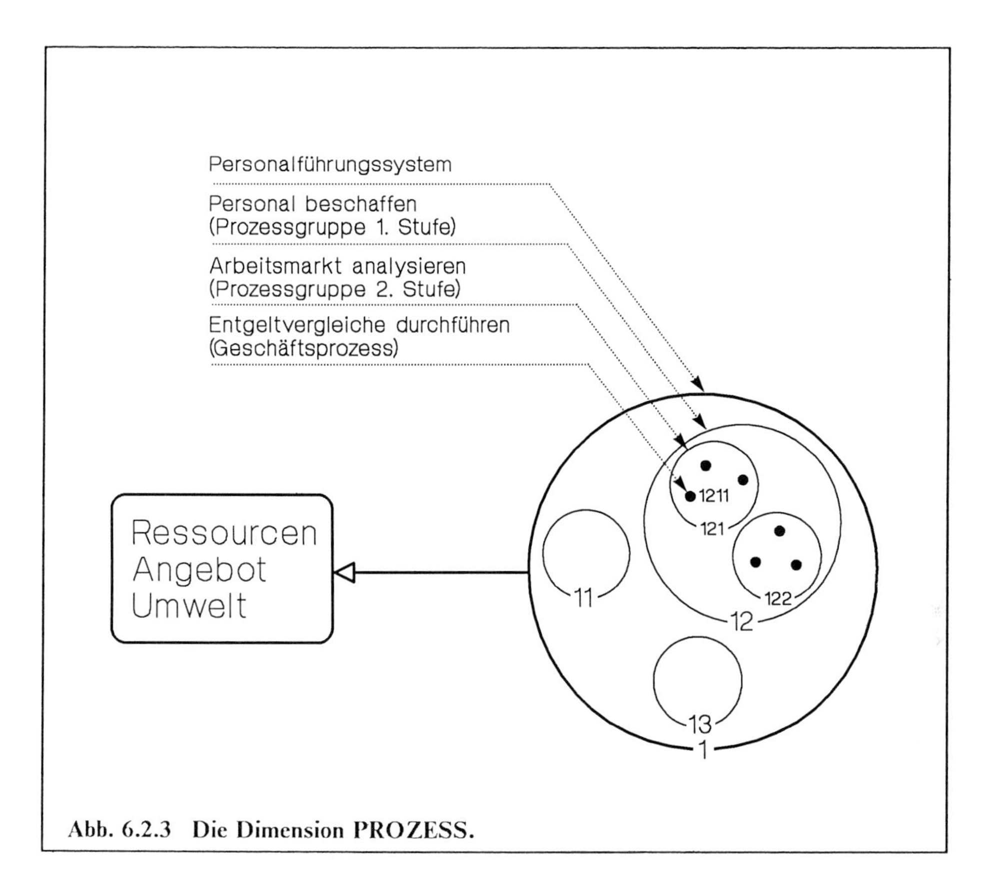

Abb. 6.2.3 Die Dimension PROZESS.

Wichtig ist, dass die Geschäftsprozesse, Prozessgruppen sowie Führungssysteme je einen Code aufweisen, mit welchem die Gliederung des Prozessmodells zum Ausdruck zu bringen ist.

Die Dimension DATEN

Als Vorbereitung zur Erfassung der die Dimension DATEN betreffenden Informationen, ist – soweit nicht bereits vorhanden – eine *globale Datenarchitektur* zu ermitteln. Grundelemente einer globalen Datenarchitektur sind die in Abschnitt 3.2 eingeführten *Entitätsmengen* und *Beziehungsmengen*. Diese sind wie im Beispiel der *«Zürich» Versicherungs-Gesellschaft* oder des *Schweizerischen Bankvereins* nach innen zu gliedern. Abb. 6.2.4 zeigt ein Beispiel und ist wie folgt zu interpretieren:

1 *GESCHÄFTSPARTNER*
1.1 LIEFERANT
1.2 KUNDE
1.3 MITARBEITER
1.3.1 MANAGER

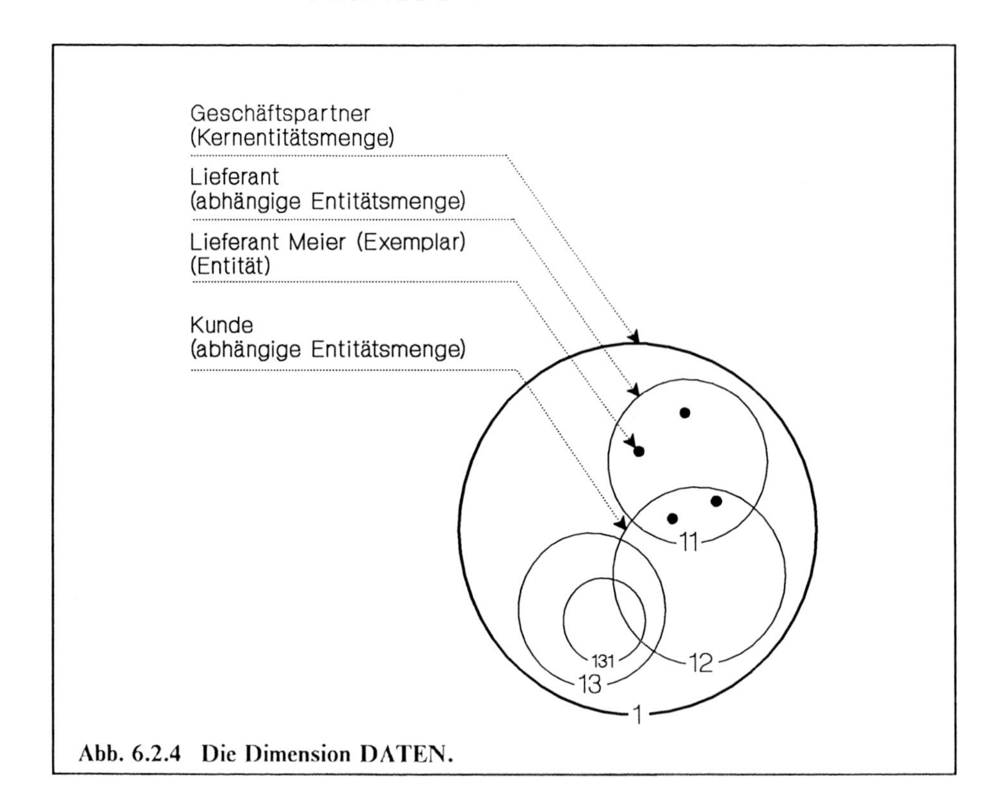

Abb. 6.2.4 Die Dimension DATEN.

In Analogie zum Prozessmodell müssen sämtliche Mengen einen Code aufweisen, mit welchem die Gliederung der globalen Datenarchitektur zum Ausdruck zu bringen ist.

In Abb. 6.2.4 wird zwischen *Kernentitätsmengen* und *abhängigen Entitätsmengen* unterschieden. So stellt beispielsweise die in keiner anderweitigen Menge enthaltene Menge GESCHÄFTSPARTNER eine *Kernentitätsmenge* dar. Die in der Menge GESCHÄFTSPARTNER enthaltenen Mengen LIEFERANT, KUNDE, MITARBEITER sowie die in der Menge MITARBEITER enthaltene Menge MANAGER sind hingegen *abhängige Entitätsmengen.* Zu beachten ist, dass sämtliche Eigenschaften einer Menge auch für die darin enthaltenen Untermengen zutreffen. Beispielsweise sind die der Entitätsmenge MANAGER angehörenden Entitäten nicht nur aufgrund von MANAGER-Eigenschaften, sondern auch von MITARBEITER-Eigenschaften wie *Salär* sowie von GESCHÄFTSPARTNER-Eigenschaften wie *Name, Adresse*, etc., zu charakterisieren.

Die Dimension ORGANISATION

Als Vorbereitung zur Erfassung der die Dimension ORGANISATION betreffenden Informationen, ist die funktionelle Gliederung der Unternehmung zu bestimmen und in Form eines Organigramms gemäss Abb. 6.2.5 festzuhalten. Zu erkennen ist, dass den Funktionen wiederum ein Code zuzuordnen ist, mit welchem die Gliederung des Funktionsmodells zum Ausdruck zu bringen ist.

Damit sind die vom ISS/KSS-Projektteam zu erledigenden Vorbereitungsarbeiten abgeschlossen und es kann Phase 2 in Angriff genommen werden.

Zweite Phase: Die Befragung

Hat das ISS/KSS-Projektteam im Sinne der vorstehenden Ausführungen

- ein *Prozessmodell*
- eine *globale Datenarchitektur*
- ein *Funktionsmodell*

festgelegt, so sind die Informationsbedürfnisse der Entscheidungsträger, Schlüsselpersonen sowie wichtigsten Sachbearbeiter ausfindig zu machen. Zu diesem Zwecke wird ein zwei- bis dreitägiges *Benützerseminar* organisiert, an welchem die Geschäftsleitung sowie anderweitige Entscheidungsträger – möglicherweise ergänzt mit einigen kompetenten Sachbearbeitern – teilzunehmen haben. Wichtig ist, dass sich die Teilnehmer der Bedeutung des Anlasses bewusst sind, und dass für möglichst alle vordefinierten Geschäftsprozesse ein kompetenter Gesprächspartner anwesend ist. Was die Bedeutung des Anlasses anbelangt, so kann diese dadurch unterstrichen werden, dass die Einladungen zum Benützerseminar von der Geschäftsleitung ausgehen. Auch ein durch die Geschäftsleitung gehaltenes Einführungsreferat, in welchem die festgelegten Unternehmungsziele in Erinnerung gerufen werden, vermag den Anlass aufzuwerten.

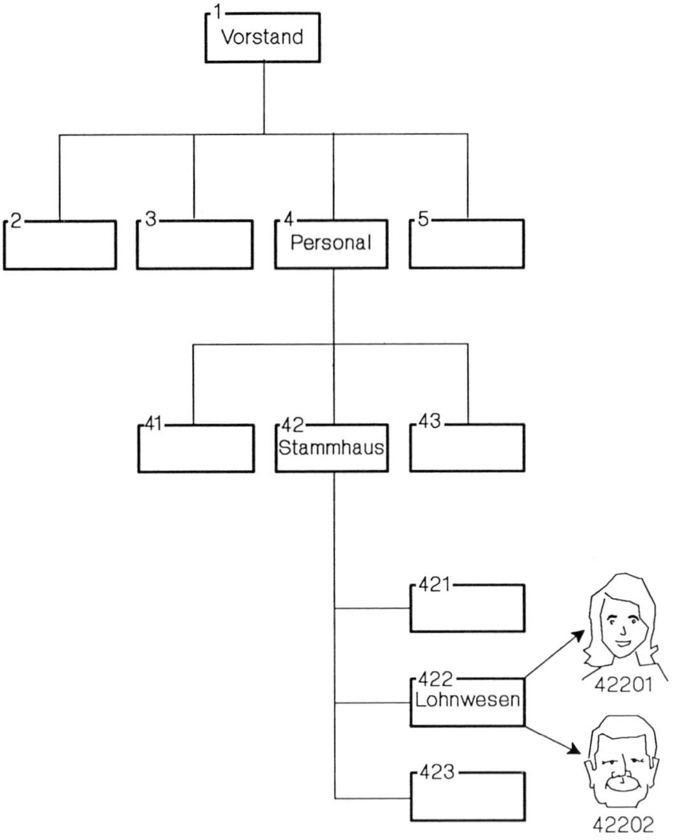

Abb. 6.2.5 Die Dimension ORGANISATION.

Während des Benützerseminars sind zunächst die in Abb. 6.2.6 gezeigten Beziehungen ausfindig zu machen. Zu diesem Zwecke werden die Teilnehmer in Gruppen zu vier bis fünf Personen unter kundiger Führung eines Moderators aufgefordert, die sie betreffenden Geschäftsprozesse bekanntzugeben. Anschliessend sind die pro Geschäftsprozess erforderlichen Benützersichten ausfindig zu machen. Vom Moderator wird dabei viel Einfühlvermögen und Fingerspitzengefühl abverlangt, hat er doch dafür zu sorgen, dass die Angelegenheit flüssig und ohne Langeweile vonstatten geht.

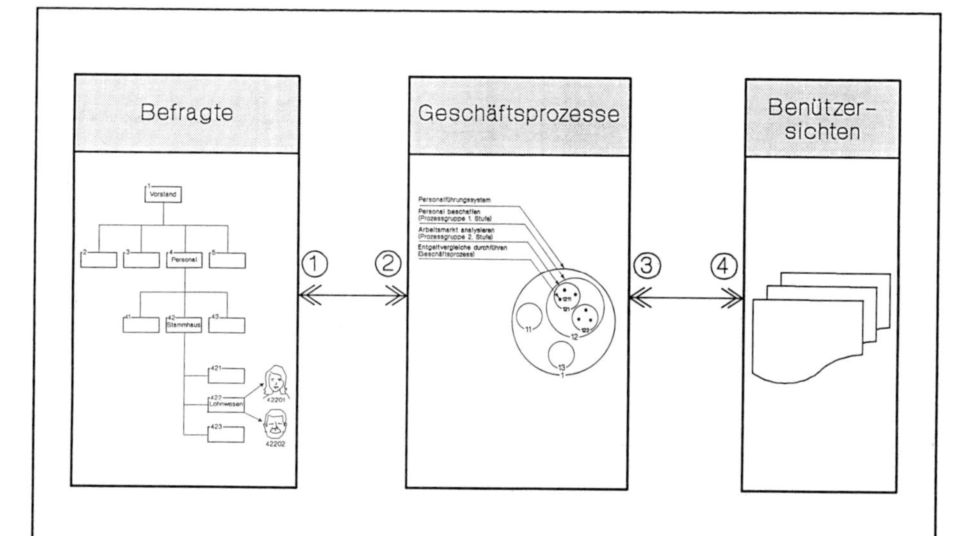

Abb. 6.2.6 Im Rahmen des Benützerseminars erfasste Beziehungen. Den mit eingekreisten Ziffern gekennzeichneten Doppelpfeilen kommt folgende Bedeutung zu:

1. An einem Geschäftsprozess können mehrere Teilnehmer beteiligt sein.
2. Ein Teilnehmer kann an mehreren Geschäftsprozessen beteiligt sein.
3. Eine Benützersicht kann für mehrere Geschäftsprozesse von Bedeutung sein.
4. Ein Geschäftsprozess kann mehrere Benützersichten erfordern.

Es empfiehlt sich, nicht nur die aktuellen Informationsbedürfnisse zu berücksichtigen, sondern auch jene, die im Zusammenhang mit den von der Geschäftsleitung festgelegten Unternehmungszielen in Zukunft von Bedeutung sein werden. Damit erhält eine ISS/KSS nicht nur einen ausgesprochen *zukunftsorientierten Charakter*, sondern es werden neben den für die *operationelle Ebene* relevanten Informationsbedürfnissen auch jene der *taktischen* und *strategischen Ebene* erfasst.

Man beachte, dass die Informationsbedürfnisse nicht im Detail – also etwa bis auf Datenelementebene – zu ermitteln sind. Vielmehr sind die Teilnehmer aufzufordern, ihre Informationsbedürfnisse in Form von *Benützersichten* (also Formularen, Belegen, Bildschirmausgaben, Texten, Graphiken, Bildern, etc.) bekanntzugeben. Zu erfassen sind die Antworten der Teilnehmer mit dem in Abb. 6.2.7 gezeigten Formular. Folgende Aspekte sind damit zu berücksichtigen (die nachstehenden Punkte beziehen sich auf die eingekreisten Ziffern in Abb. 6.2.7):

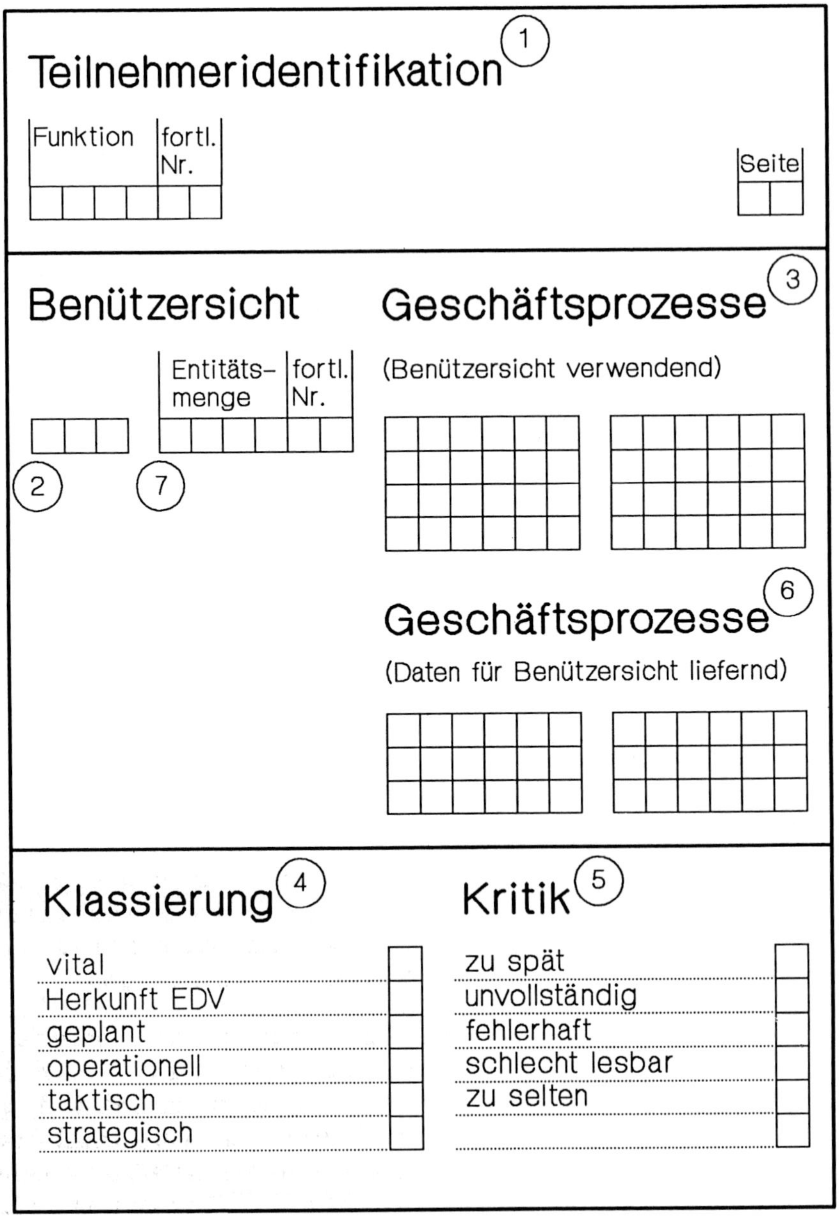

Teilnehmeridentifikation (1)

Funktion | fortl. Nr. | Seite

Benützersicht

(2) | Entitäts-menge | fortl. Nr. (7)

Geschäftsprozesse (3)

(Benützersicht verwendend)

Geschäftsprozesse (6)

(Daten für Benützersicht liefernd)

Klassierung (4)

- vital
- Herkunft EDV
- geplant
- operationell
- taktisch
- strategisch

Kritik (5)

- zu spät
- unvollständig
- fehlerhaft
- schlecht lesbar
- zu selten

Abb. 6.2.7 Formular zur Erfassung der Informationsbedürfnisse.

1. Eine *Teilnehmeridentifikation*, bestehend aus dem Code der vom Teilnehmer wahrgenommenen Funktion und einer fortlaufenden Teilnehmernummer

2. Eine vom Teilnehmer vergebene *Nummer* für die zu beschreibende *Benützersicht*

3. Die *Codes* der *Geschäftsprozesse*, für welche die unter Punkt 2 genannte Benützersicht von Bedeutung ist

4. Eine *Klassierung* der *Benützersicht*

   Die Klassierungskriterien sind vom ISS/KSS-Projektteam zu bestimmen und ermöglichen selektive Auswertungen. So wäre es beispielsweise mit den in Abb. 6.2.7 aufgeführten Kriterien möglich, Auswertungen zu erstellen, die

   - alle
   - nur vitale
   - nur aktuelle
   - nur geplante
   - für die operationelle Ebene relevante
   - für die taktische Ebene relevante
   - für die strategische Ebene relevante

   etc.

   Informationsbedürfnisse betreffen.

5. Eine *Kritik* der *Benützersicht*

   Auch die zu kritisierenden Sachverhalte sind vom ISS/KSS-Projektteam vorzugeben und ermöglichen Aussagen bezüglich des *Wirkungsgrades* der aktuellen Kommunikations- und Informationssysteme aus der Sicht der Benützer.

Die in Abb. 6.2.7 mit 6 und 7 bezeichneten Positionen bleiben dem ISS/KSS-Projektteam vorbehalten. Dieses muss nämlich nach Abschluss des Benützerseminars in Position 6 die Codes jener Geschäftsprozesse festhalten, welche die für die Benützersicht erforderlichen Daten kreieren. Mit der Position 7 kann das ISS/KSS-Projektteam die Benützersicht mit der Dimension *ENTITÄTSMENGE* in Beziehung setzen.

Damit sind die in Phase 2 zu erledigenden Arbeiten abgeschlossen und es kann Phase 3 in Angriff genommen werden.

Dritte Phase: Die Diagnose

In Phase 3 sind die Ergebnisse aus Phase 2 maschinell zu erfassen und auszuwerten. Die Auswertungen sind mehr oder weniger detailliert anzufordern und ermöglichen die Beantwortung vielfältigster Fragen. So ist beispielsweise ausfindig zu machen:

- Wo die aktuelle Informationsversorgung Schwachstellen aufweist
- Welche Funktionen von besagten Schwachstellen am meisten betroffen sind
- Welche Schwachstellen auszumerzen sind, damit die Informationsversorgung möglichst rasch zu verbessern ist
- Welche Daten wo benötigt werden
- Welche Funktionen für welche Prozesse welche Daten benötigen

und so weiter und so fort.

Vierte Phase: Die IS-Architektur

Eine *IS-Architektur* zeigt die Gliederung eines unternehmungsweiten (allenfalls bereichsweiten) Informationssystems in *Subsysteme* (also Anwendungen) wie *Personal, Fabrikation, Vertrieb, Finanz*, etc. inkl. zugehöriger *Geschäftsprozesse*. Ausserdem ist einer IS-Architektur der Datenfluss zwischen den Subsystemen zu entnehmen.

Mit den im Rahmen einer ISS/KSS erfassten Informationen lässt sich die Bildung von Subsystemen derart steuern, dass jene Prozesse zusammengefasst werden, die in hohem Masse Daten austauschen. Dadurch lässt sich die Anzahl der Schnittstellen reduzieren und die Effizienz der Informationsversorgung erhöhen.

Ein geeignetes CASE-Tool ist in der Lage, eine Daten-Prozess-Matrix entsprechend Abb. 6.2.8 zu erstellen. Offenbar kommen dabei jene Geschäftsprozesse untereinander zu liegen, die in hohem Masse auf identische Daten angewiesen und demzufolge möglichst im Rahmen ein und derselben Anwendung zu berücksichtigen sind. Im übrigen werden auch die Datenflüsse zwischen den Anwendungen ausgewiesen.

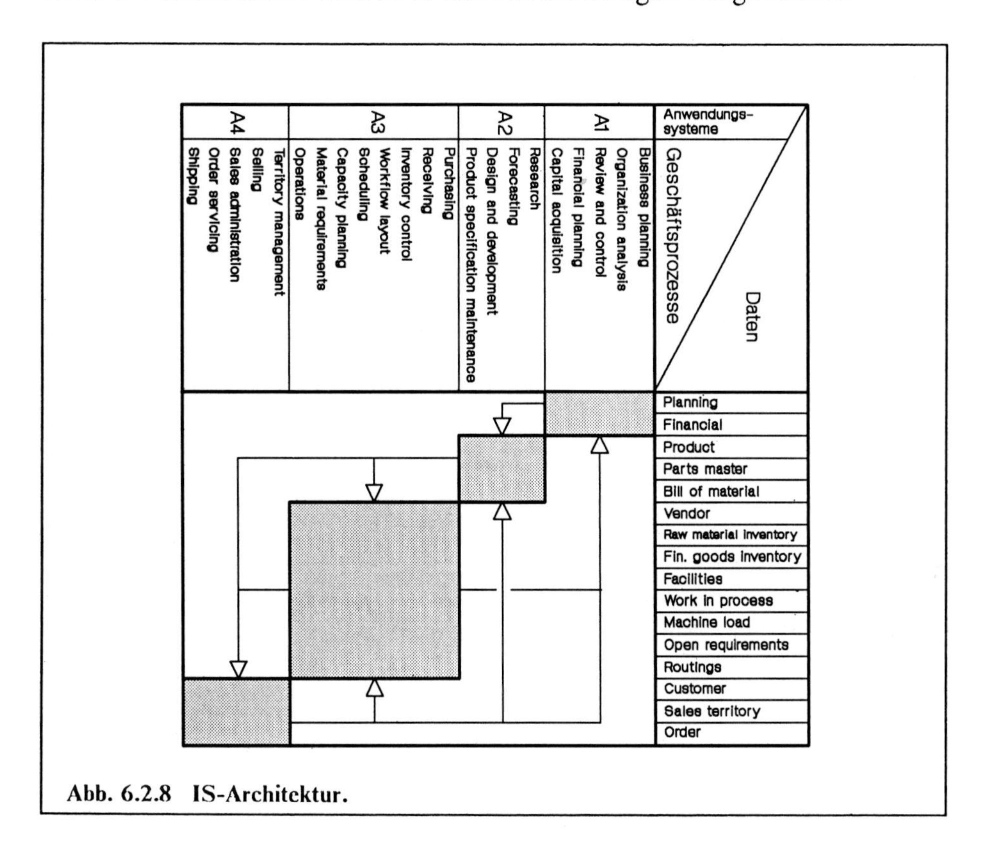

Abb. 6.2.8 IS-Architektur.

Sind die zu realisierenden Anwendungen bekannt, so ist mit einem geeigneten CASE-Tool ausfindig zu machen, in welcher Reihenfolge Anwendungen zu realisieren sind, um die Informationsversorgung einer Unternehmung möglichst rasch und nachhaltig zu verbessern.

Interessant ist, dass für den Fall einer Dezentralisierung der Datenverarbeitung auch eine zweckmässige Verteilung der Daten ausfindig zu machen ist. Zu diesem Zwecke ist eine Matrix entsprechend Abb. 6.2.8 anzufordern, mit dem Unterschied allerdings, dass nicht die Dimensionen DATEN und PROZESS, sondern DATEN und LOKATION einander gegenüberzustellen sind.

6.3 Fazit

Vergleicht man den aktuellen Entwicklungsstand der Informatik mit den in Abb. 6.3.1 ausgewiesenen Entwicklungsstufen von R.L. Nolan [20], so stellt man fest, dass je nach Bereich sehr unterschiedliche Fortschritte zu verzeichnen sind. Eine Spitzenstellung nimmt bei dieser Gegenüberstellung zweifellos die Informationstechnologie ein. Weniger vorteilhaft schneiden jene Bereiche ab, in denen ein Fortschritt nur über ein umfassendes Verständnis für die datenspezifischen Aspekte einer Unternehmung zu erzielen ist. Eine Unternehmung, die an den mit höheren Entwicklungsstufen einhergehenden Vorteilen interessiert ist, ist gut beraten, die Ermittlung einer Informatikstrategie im Sinne der Ausführungen dieses Kapitels in die Wege zu leiten. Erfahrungsgemäss ist damit das angesprochene Verständnis verhältnismässig billig herbeizuführen.

Stufe / Bereich	1 Einführung	2 Ausbreitung	3 Kontrolle	4 Integration	5 Datenverwaltung	6 Reifezustand
	Initialisierung	Euphorie	Ernüchterung, Konsolidierung, Umstrukturierung	Vereinheitlichung, Vervollständigung	Informatik "verkauft" Daten	Informatik wird Produktionsfaktor
Anwendungsbereiche	funktionale, kostensenkende Anwendungen	Wildwuchs	Stagnation, Konsolidierung	Anpassungen auf Datenbanktechnik	Integration aller Anwendungen	umfassender Informationsfluss
Technologie (Software)	Einfache Batch-Anwendungen	Komplexe Batch-Anwendungen	Programm-Wartung	zentrale und dezentrale Systeme	Vernetzung von Systemen	"Intelligente" Systeme
EDV-Organisation	technisch-orientierte Spezialisten	benützer-orientierte Programmierer	Krise, Reorganisation	Computer Service Center	Verwaltung von Informationen	Daten-Ressourcen-Management
EDV-Planung und Kontrolle	freizügig	noch freizügiger	formale Planung und Kontrolle	massgeschneiderte Planung und Kontrolle	strategische Bedeutung erkennen	Datenressourcen = Basis für strategische Planung
Benützer-Bewusstsein	"Hände weg"	oberflächlich, enthusiastisch	enttäuscht	kooperativ	mitverantwortlich	Informatik ist Teil der Arbeit

Abb. 6.3.1 Die sechs Entwicklungsstufen der Informatik mit ihren Auswirkungen (nach R.L. Nolan [20]). Die schattierten Flächen kennzeichnen jene Auswirkungen, die mit der Ermittlung einer Informatikstrategie – vor allem was das beschleunigte Eintreffen anbelangt – günstig zu beeinflussen sind.

Zu bedenken ist allerdings, dass eine solidarische und kooperative Ermittlung einer Informatikstrategie auch eine entsprechende Schulung erfordert. Nicht umsonst mehrt sich die Zahl der Firmen, in denen die Belegschaft – teilweise bis hinauf zur Geschäftsleitung – in der Anwendung zukunftsträchtiger Möglichkeiten der Informatik wie auch hinsichtlich der Datenmodellierung geschult wird. Man verspricht sich davon nicht nur eine effizientere Nutzung der verfügbaren Informatikressourcen, sondern auch eine zunehmende Bereitschaft, Daten ebenso sorgsam zu verwalten wie den Faktor Zeit oder sonstige Güter finanzieller und materieller Art.

7 Die Entwicklung einer Anwendung

Die nachstehenden Überlegungen betreffen Anwendungsentwicklungsphasen, in denen ein Entscheid bezüglich einer Fortsetzung des Projektes zu treffen ist. Konkret betrifft dies die Phasen *Objektsystem-Design (OSD)* und *Informationssystem-Design (ISD)*. In den restlichen Phasen der Anwendungsentwicklung, also im *Konzeptionellen Datenbankdesign (KDBD)* und im *Prozessdesign (PD)*, sind weniger Entscheidungsprozesse als vielmehr Routineprozesse von Bedeutung. Während letztere bedenkenlos den Spezialisten zu überlassen sind, sind Entscheidungsprozesse unbedingt *kooperativ*, also mit Beteiligung der Entscheidungsträger, Schlüsselpersonen, Sachbearbeiter sowie Informatiker, zu durchschreiten. In Abschnitt 7.2 kommt ein entsprechender Leitfaden, der sogenannte *Problemlösungszyklus*, zur Sprache. Letzterer ermöglicht die systematische Vorbereitung einer Entscheidung und gelangt sowohl im Objektsystem-Design (OSD) wie auch im Informationssystem-Design (ISD) zur Abwicklung (die beiden Phasen unterscheiden sich lediglich hinsichtlich des Detaillierungsgrades). Vorerst kommen wir aber in Abschnitt 7.1 nochmals auf das systemtheoretische Vorgehensprinzip *"Vom Groben zum Detail"* zu sprechen und erläutern, warum bei der Bearbeitung von Problemen grundsätzlich Lösungsvarianten ins Auge zu fassen sind.

7.1 Das Vorgehensprinzip "Vom Groben zum Detail"

Das systemtheoretische Vorgehensprinzip *Vom Groben zum Detail* besagt, dass es ratsam ist,

- zunächst *Stärken* und *Schwächen* im IST-Zustand ausfindig zu machen. Davon ausgehend sodann
- *Ziele* (Anforderungen) festzulegen und schliesslich
- eine *Groblösung* zu entwickeln.

Erst jetzt sind mittels *stufenweisen Systemauflösungen* Details zu erarbeiten. Folgende Aspekte sind dabei von Bedeutung:

- das *schrittweise Einengen des Betrachtungsfeldes*
- die *stufenweise Variantenbildung*, *Variantenevaluierung* sowie *Variantenausscheidung*

Hiezu folgende Erläuterungen:

Das schrittweise Einengen des Betrachtungsfeldes

Im 2. Kapitel haben wir zur Kenntnis genommen, dass ein *Problem* die Differenz zwischen dem IST und einer Vorstellung vom SOLL darstellt. Auch wissen wir inzwischen, dass sowohl das IST wie auch die Vorstellung vom SOLL systemmässig festzuhalten sind. Basierend auf diesen Überlegungen wurde gezeigt, dass der IST-Zustand vorerst nur grob aber umfassend darzustellen ist. Mittels *Systemauflösungen* ist die grobe IST-Zustandsvorstellung sodann bis zu jedem nur wünschbaren Detaillierungsgrad zu verfeinern. Schliesslich wurde darauf hingewiesen, dass die SOLL-Zustandsdiagramme aus Modifikationen der IST-Zustandsdiagramme hervorgehen.

Es versteht sich, dass die den IST- wie auch den SOLL-Zustand betreffenden Überlegungen mit der Festlegung der *Systemgrenzen* beginnen. Ist dies geschehen – d.h. ist die *wirkungsbezogene Betrachtung* des IST-Systems (später des SOLL-Systems) abgeschlossen – so ist das Betrachtungsfeld auf die Mechanismen des Systems zu richten. Damit werden Überlegungen *strukturbezogener Art* bedeutsam. In der Folge konzentriert sich das Interesse schrittweise auf die *Subsysteme*, wobei pro Subsystem wiederum zunächst das *wirkungsbezogene* und anschliessend das *strukturbezogene* Vorgehensprinzip zum Zuge kommen.

Man hat das dargelegte Vorgehen verschiedentlich mit der Funktionsweise eines Zoomobjektivs verglichen. Bekanntlich ist mit letzterem ein weit entfernter Gegenstand kontinuierlich an das Gesichtsfeld eines Beobachters heranzubringen. Folge davon ist, dass das Umfeld des anvisierten, zunächst nur in seinen Umrissen erkennbaren Gegenstandes verschwindet und dafür mehr und mehr den Details besagten Gegenstandes Platz macht (siehe Abb. 7.1.1).

Ein analoger Effekt ist mit dem zur Diskussion stehenden Vorgehen zu erzielen. So konzentriert man sich zunächst nur grob auf den IST-Zustand (später den SOLL-Zustand), berücksichtigt dafür aber umsomehr dessen Einbettung in das bestehende (resp. zu modifizierende) betriebliche Umfeld. Zu diesem Zwecke versucht man neben den für eine Anwendung relevanten informationsspezifischen Aspekten auch die damit in Zusammenhang stehenden Personen, Objekte, Materialien, etc. ausfindig zu machen. Ist die angedeutete Einbettung bekannt, so lässt man diese mittels Systemauflösungen mehr und mehr zugunsten der den IST- resp. SOLL-Zustand betreffenden Details in den Hintergrund treten – mit andern Worten: man konzentriert sich nunmehr ausschliesslich auf die informationsspezifischen Aspekte (siehe Abb. 7.1.1).

Die stufenweise Variantenbildung, Variantenevaluierung und Variantenausscheidung

Zunächst einige Gründe, die für die Bildung von Lösungsvarianten sprechen:

1. Lösungsvarianten unterstützen unsere Bemühungen, *optimale Lösungen* zu erhalten (Optimalität selber ist kein Mass, sondern ergibt sich erst aufgrund eines Vergleichs von Alternativen).

2. Die Entwicklung einer Lösung, welche sämtlichen Zielerfüllungskriterien gleichermassen genügt, ist schwierig – wenn nicht unmöglich. Mit Lösungsvarianten sind Zielkomponenten punktuell zu bevorzugen.

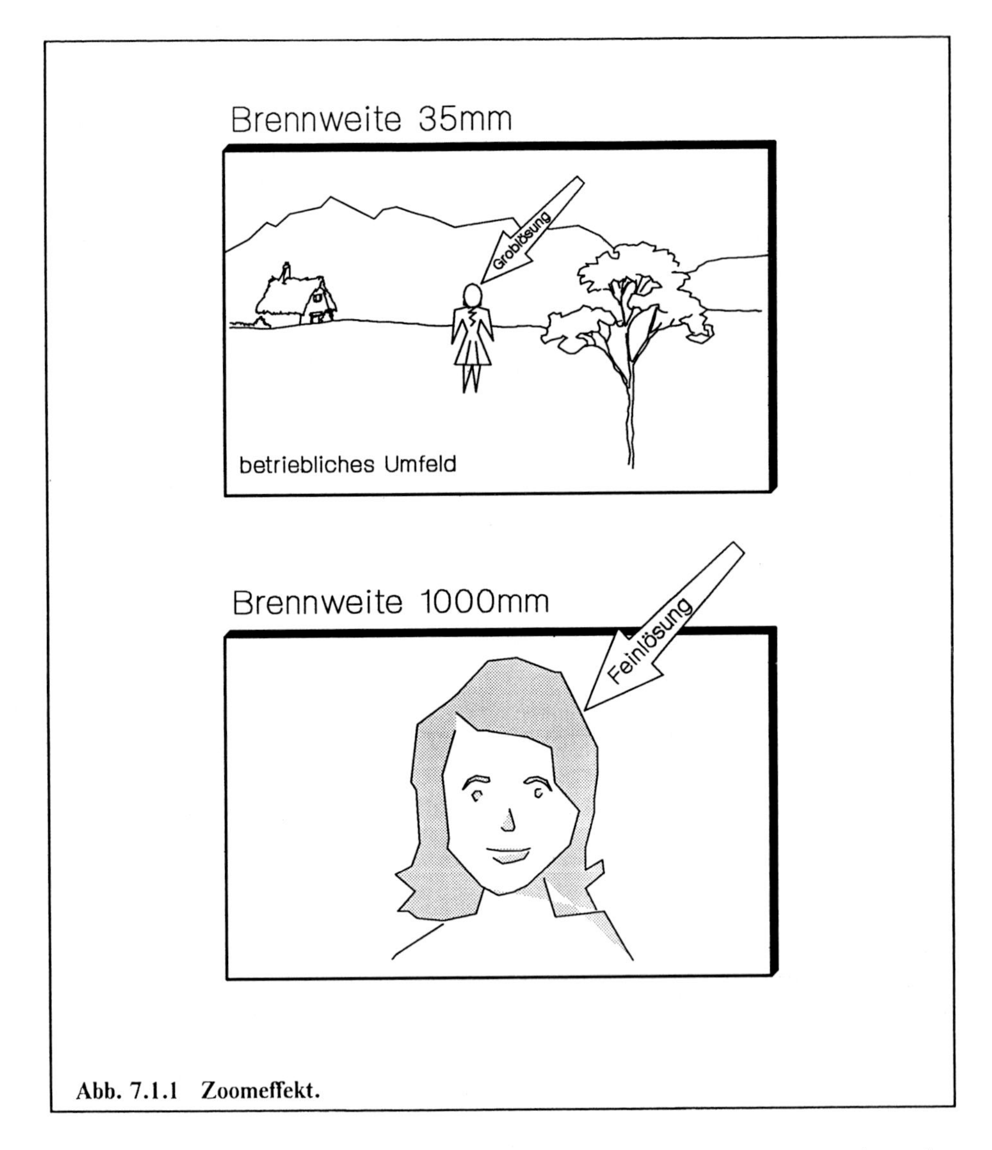

Abb. 7.1.1 Zoomeffekt.

3. Gute Lösungsansätze einzelner Varianten können untereinander ausgetauscht werden, was sich in der Regel in einer Qualitätssteigerung auswirkt.

Diesen positiven Aspekten steht anderseits ein beträchtlicher, mit zunehmender Variantenvielfalt exponentiell wachsender Mehraufwand gegenüber. Es besteht daher ein berechtigtes Interesse an einer Eindämmung besagten Mehraufwandes. Folgendes Vorgehen kommt diesem Interesse entgegen:

Auf einer bestimmten Detaillierungsstufe werden *Lösungsvarianten* entwickelt. Nach erfolgter Bewertung und Selektion der erfolgversprechendsten Variante wird diese der nächsten Detaillierungsstufe zugeführt und verfeinert. Fallen bei dieser Verfeinerung wiederum Varianten an, so wiederholt sich der Auswahlprozess. Dies hat zur Folge, dass auf der nächst feineren Detaillierungsstufe wiederum nur die erfolgversprechendste Variante der vorangehenden Stufe zu bearbeiten ist.

Mit dem geschilderten Vorgehen lässt sich der Entwicklungsaufwand insofern reduzieren, als auf jeder Detaillierungsstufe immer nur die erfolgversprechendste Variante der vorangehenden Stufe zu bearbeiten ist, während die übrigen Varianten höchstens im Bedarfsfalle – d.h. wenn sich eine einmal getätigte Auswahl später als falsch erweisen sollte – zum Zuge kommen.

Abb. 7.1.2 illustriert die vorstehenden Aussagen, bezogen auf die im 5. Kapitel diskutierten Entwicklungsschritte

- *Objektsystem-Design (OSD)*
- *Informationssystem-Design (ISD)*
- *Konzeptionelles Datenbankdesign (KDBD)*
- *Prozessdesign (PD)*

Zu erkennen ist, dass auf der ersten Entwicklungsebene im Rahmen eines *Objektsystem-Designs (OSD)* ausgehend vom IST verschiedene grobe SOLL-Vorstellungen zu entwickeln sind. Nach Abschluss des Objektsystem-Designs wird die erfolgversprechendste Variante bestimmt (im Bilde die SOLL Variante 2). Diese wird sodann auf der nächsten Ebene im Rahmen eines *Informationssystem-Designs (ISD)* verfeinert. Dabei können wiederum mehrere Lösungsvarianten anfallen. Nach Abschluss des Informationssystem-Designs ist wiederum die erfolgversprechendste Variante zu bestimmen und den anschliessenden Ebenen – d.h. dem *konzeptionellen Datenbankdesigns (KDBD)* und dem *Prozessdesigns (PD)* – zuzuführen.

Bekanntlich konzentrieren sich *Objektsystem-Design (OSD)* und *Informationssystem-Design (ISD)* auf das *WAS* im Sinne von: *WAS* für Ergebnisse sind erwünscht und *WAS* ist hiefür an Input erforderlich. In der Regel spricht man in diesem Zusammenhang von einer *Analyse*. Das *konzeptionelle Datenbankdesign (KDBD)* und das *Prozessdesign (PD)* beschäftigen sich demgegenüber mit dem *WIE* im Sinne von: *WIE* ist eine Anwendung zu realisieren, um zu den in der Analyse festgelegten Ergebnissen zu kommen. In der Regel spricht man in diesem Zusammenhang vom *Design* einer Anwendung. *Analyse* und *Design* unterscheiden sich insofern, als in ersterer vor allem *Entscheidungsprozesse* von Bedeutung sind, während im Design hauptsächlich

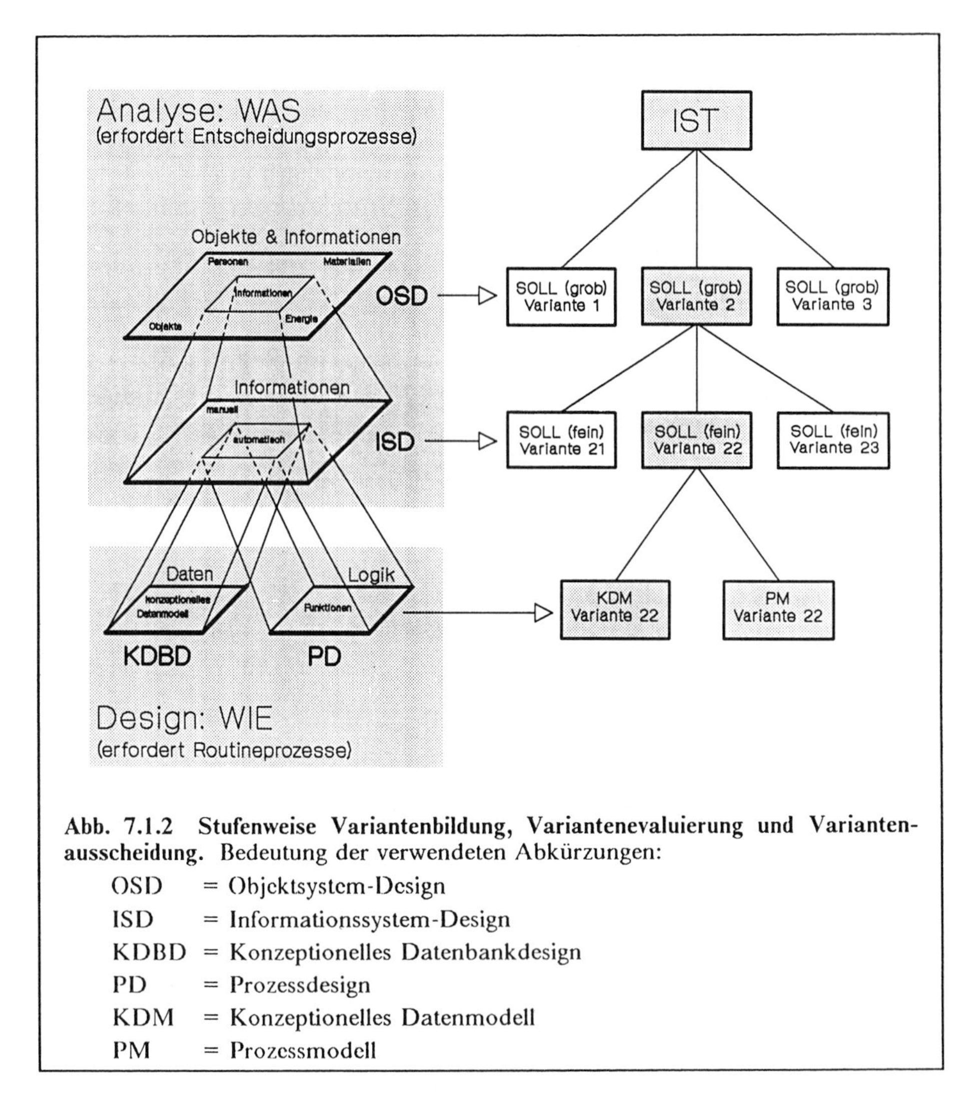

Abb. 7.1.2 Stufenweise Variantenbildung, Variantenevaluierung und Variantenausscheidung. Bedeutung der verwendeten Abkürzungen:

OSD = Objektsystem-Design
ISD = Informationssystem-Design
KDBD = Konzeptionelles Datenbankdesign
PD = Prozessdesign
KDM = Konzeptionelles Datenmodell
PM = Prozessmodell

Routineprozesse eine Rolle spielen. In Abb. 7.1.2 kommt dieser Unterschied insofern zum Ausdruck, als lediglich auf den die Analyse betreffenden Entwicklungsebenen Lösungsvarianten in Erscheinung treten. Hat man sich am Ende der Analyse für die erfolgversprechendste Variante entschieden, so wird diese in der Design-Phase mittels Routineprozessen zur Realsierungsreife gebracht. In der Regel wird man dabei keine Varianten mehr ins Auge fassen.

7.2 Der Problemlösungszyklus

Der *Problemlösungszyklus* stellt einen Vorgehensleitfaden dar, der sich vor allem dann zur Lösung von Problemen anbietet, wenn im Anschluss an die Lösungsfindung ein Entscheid bezüglich einer Fortsetzung der Studien zu treffen ist oder mehrere Lösungsvarianten zu bewerten sind.

Im Problemlösungszyklus unterscheidet man gemäss Abb. 7.2.1 folgende *Haupt-* und *Detailschritte*:

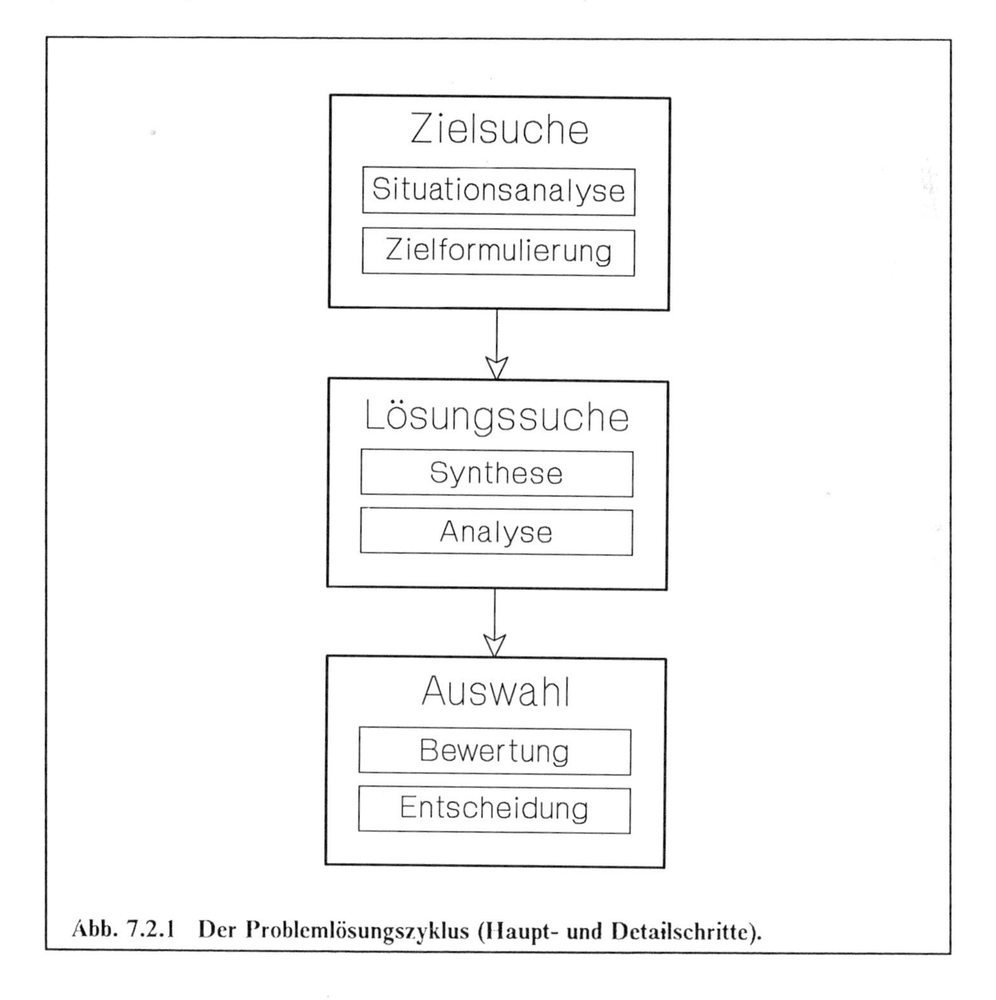

Abb. 7.2.1 Der Problemlösungszyklus (Haupt- und Detailschritte).

Hauptschritte:	Detailschritte:
1 Zielsuche	*1.1 Situationsanalyse* *1.2 Zielformulierung*
2 Lösungssuche	*2.1 Synthese* *2.2 Analyse*
3 Auswahl	*3.1 Bewertung* *3.2 Entscheidung*

Wir wollen im folgenden die Haupt- und Detailschritte des *Problemlösungszyklus* der im 2. Kapitel diskutierten *Problemdefinition* gegenüberstellen und erinnern uns:

> Ein Problem ist die Differenz zwischen dem IST und einer Vorstellung vom SOLL.

Abb. 7.2.2 zeigt die Gegenüberstellung und verdeutlicht Sinn und Zweck der nachstehend zur Sprache kommenden Detailschritte.

Die Situationsanalyse

In der *Situationsanalyse* geht es darum, Stärken und Schwächen des IST-Zustandes zu ermitteln. Sowohl die Stärken wie auch die Schwächen sind bei der anschliessenden *Zielformulierung* gebührend zu berücksichtigen. So wird man in der Zielformulierung *Anforderungen* festlegen müssen, mit denen Stärken zu erhalten, Schwächen aber zu beseitigen sind.

Die Zielformulierung

Die *Zielformulierung* beschäftigt sich mit der Vorstellung vom SOLL und legt die *Anforderungen* an das zu realisierende System sowohl in qualitativer wie auch quantitativer Hinsicht fest.

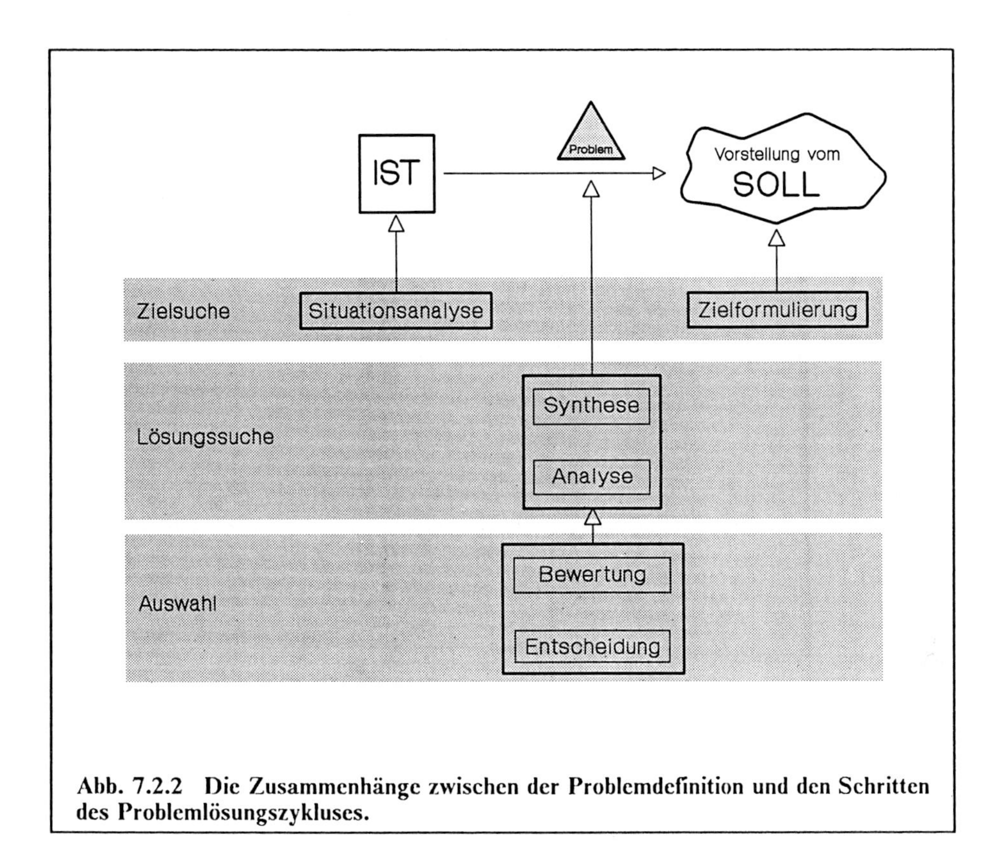

Abb. 7.2.2 Die Zusammenhänge zwischen der Problemdefinition und den Schritten des Problemlösungszyklus.

Zielformulierungen sollten gemäss [4] folgenden Kriterien genügen:

- Sie müssen *lösungsneutral* sein, mit andern Worten: sie sollten die Lösung nicht unzulässig präjudizieren

- Sie müssen *vollständig* sein, mit andern Worten: sie müssen alle wichtigen Anforderungen an die gewünschte Lösung beinhalten

- Sie müssen *präzise* und *verständlich* sein (auch für den Nichtinformatiker)

- Sie müssen *realistisch* sein, d.h. die sachlichen Gegebenheiten der Situation, aber auch die sozialen Gegebenheiten und Wertvorstellungen berücksichtigen

- Sie sind nicht nur qualitativ, sondern auch *quantitativ* festzulegen

Was das zuletzt genannte Kriterium anbelangt, so wäre beispielsweise eine Zielsetzung der Art:

Der Zufriedenheitsgrad der Kunden soll verbessert werden

nicht zufriedenstellend, liesse sich doch nach erfolgter Realisierung des Systems kaum feststellen, in welchem Ausmass die festgelegte Anforderung tatsächlich erfüllt ist. Aus diesem Grunde sind nicht quantifizierte Ziele zu präzisieren und durch Kriterien folgender Art zu ergänzen:

Die Anzahl der eingehenden Reklamationen soll um 10% sinken

Der Bestellungseingang soll um 20% steigen

Die Rücklieferungen nicht akzeptierter Waren sollen um 15% zurückgehen, etc.

Es hat sich als zweckmässig erwiesen, zwischen *Musszielen* und *Wunschzielen* zu unterscheiden. *Mussziele* sind für die Annahme einer Lösung zwingend zu erreichen. Demgegenüber wird die Erreichung eines *Wunschzieles* zwar positiv beurteilt, ist aber nicht als unbedingte Voraussetzung für die Annahme einer Lösung vorgeschrieben. *Wunschziele* sollten nicht vernachlässigt werden, erleichtern sie doch im Falle des Vorliegens von Lösungsvarianten die Bestimmung der erfolgversprechendsten Version (siehe auch die den Detailschritt *Bewertung und Entscheidung* betreffenden Ausführungen).

Es empfiehlt sich, das systemtheoretische Vorgehensprinzip *vom Groben zum Detail* auch bei der Festsetzung von Zielen zu beachten. Zu diesem Zwecke beginnt man mit der Festlegung eines *globalen Zieles* wie beispielsweise

Entwicklung und Realisierung eines Bestellerfassungssystems

Das globale Ziel ist alsdann unter Berücksichtigung der nachstehenden *Zielkategorien* zu präzisieren:

- ***Finanzielle Ziele***

  Beispiel: *Verbilligung der Produktion*

- ***Soziale / personelle Ziele***

  Beispiel: *Verbesserung der Mitarbeitermoral*

- ***Betriebliche / organisatorische Ziele***

  Beispiel: *Reduktion des Lagerbestandes*

- ***Ziele bzgl. externer Beziehungen***

  Beispiel: *Verbesserung der Kundenbeziehung*

- ***Gesellschaftliche / politische Ziele***

  Beispiel: *Verbesserung des Firmenimages*

Innerhalb einer Zielkategorie sind Unterkategorien wie beispielsweise *Verbilligung der Produktion* oder *Verbesserung der Mitarbeitermoral* zu bilden und mittels Erfüllungskriterien quantitativer Art zu ergänzen.

Abb. 7.2.3 illustriert die vorstehenden Aussagen anhand eines Beispiels.

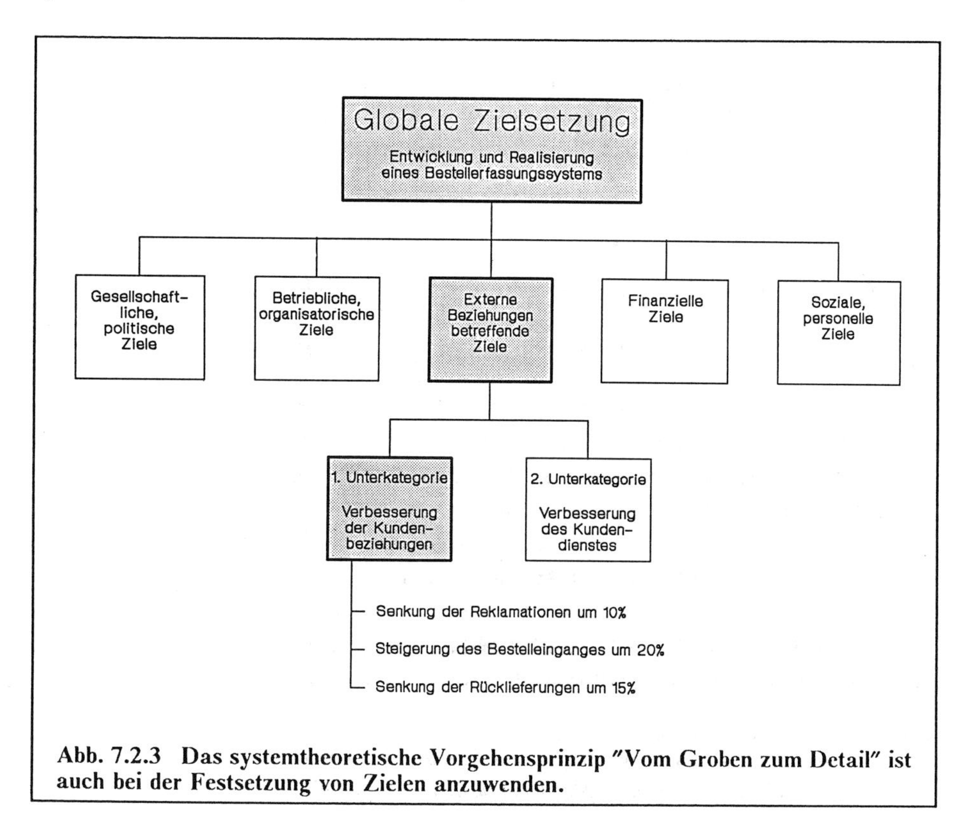

Abb. 7.2.3 Das systemtheoretische Vorgehensprinzip "Vom Groben zum Detail" ist auch bei der Festsetzung von Zielen anzuwenden.

Zu bedenken ist bei alledem, dass an der Zielformulierung verschiedene Personen beteiligt sind, und dass es sich um einen permanenten Prozess handelt (man spielt zwar die Zielformulierung zu einem bestimmten Zeitpunkt vollständig durch, was aber nicht ausschliesst, dass berechtigte Änderungswünsche im Verlaufe der weiteren Entwicklungsarbeiten zu einer Anpassung führen können). Dass bei diesem Vorgehen auch Widersprüche – sogenannte *Zielkonflikte* – entstehen können, versteht sich fast von selbst. Wie derartige *Zielkonflikte* zu bereinigen sind, soll nachstehend zur Sprache kommen. Zunächst aber:

Was ist ein *Zielkonflikt*?

> Zielkonflikte resultieren, wenn von verschiedenen Personen zu unterschiedlichen Zeiten Zielsetzungen widersprüchlicher Art eintreffen.

Beispielsweise liegt bei folgenden Zielsetzungen ein Zielkonflikt vor:

1. Ziel: *Der Lagerbestand ist zu reduzieren*

2. Ziel: *Die Lieferbereitschaft ist zu erhöhen*

(die Erhöhung der Lieferbereitschaft setzt bekanntermassen eher eine Erhöhung denn eine Reduktion des Lagerbestandes voraus).

Widersprüchliche Zielsetzungen sind aufzudecken, indem gemäss Abb. 7.2.4 jedes Ziel mit jedem andern in Beziehung zu setzen und abzuschätzen ist, wie sich die Ziele gegenseitig beeinflussen. Dabei sind folgende Fälle zu unterscheiden:

- *Zielunabhängigkeit* (in Abb. 7.2.4 mit der Abkürzung *u* gekennzeichnet)

  Beispiel: 1. Ziel: *Reduktion des Lagerbestandes*

  2. Ziel: *Reduktion der Debitorenausstände*

- *Zielunterstützung* (Abkürzung *s*)

  Beispiel: 1. Ziel: *Reduktion des Lagerbestandes*

  3. Ziel: *Elimination von Ladenhütern*

- *Zielkonflikt* (Abkürzung *k*)

  Beispiel: 1. Ziel: *Reduktion des Lagerbestandes*

  4. Ziel: *Erhöhung der Lieferbereitschaft*

Liegt eine *Zielunterstützung* vor, so ist zu prüfen, ob redundante Zielsetzungen vorliegen. Redundante Zielsetzungen sind zu eliminieren,

	1. Ziel:	2. Ziel:	3. Ziel:	4. Ziel:	5. Ziel:
1. Ziel: Reduktion des Lagerbestandes		u	s	k	
2. Ziel: Reduktion der Debitorenausstände			u	u	
3. Ziel: Elimination von Ladenhütern				k	
4. Ziel: Erhöhung der Lieferbereitschaft					
5. Ziel:					

Abb. 7.2.4 Aufdeckung von Zielkonflikten.

weil sie das Zielsystem unübersichtlich machen und die spätere Bewertung von Lösungsvarianten erschweren.

Bei *Zielkonflikten* ist ein bestimmtes Ziel zu bevorzugen. So liesse sich der vorstehende Zielkonflikt bereinigen, indem die Lieferbereitschaft in den Vordergrund gerückt und folgende Zielsetzung formuliert wird:

Lieferbereitschaft mindestens 90% bei minimalem Lagerbestand

Ist umgekehrt der Lagerbestand zu bevorzugen, so wäre folgende Zielformulierung denkbar:

Lagerbestand um 10% reduzieren bei maximaler Lieferbereitschaft

Zum Abschluss unserer die *Zielformulierung* betreffenden Überlegungen noch eine wichtige Erkenntnis aus [4]: *"Wichtiger als die Auswahl der richtigen Lösung ist zunächst die Bestimmung der richtigen Ziele. Denn werden falsche Ziele gewählt, werden zwangsläufig irrelevante Problemstellungen angegangen. Wird hingegen eine beliebige Lösung auf der Basis von Zielen – deren Formulierung durch eine seriöse*

Situationsanalyse ermöglicht wurde – gewählt, resultiert schlimmstenfalls eine suboptimale Lösung".

Der Bestimmung der richtigen Ziele kommt also eine ausserordentliche Bedeutung zu – schon deshalb, weil unbekannte Ziele niemals zu erreichen sind.

Die Synthese und die Analyse

Die *Synthese* beschäftigt sich mit dem eigentlichen Problem und stellt den kreativen Akt bei der Anwendungsentwicklung dar. Die bei der Synthese entstehenden Lösungskonzepte sind in einer *Analyse* wie folgt kritisch zu überprüfen:

- hinsichtlich der Einhaltung von Zielsetzungen
- hinsichtlich der Funktionstüchtigkeit (Ablauflogik, Sicherheit, Zuverlässigkeit)
- hinsichtlich der Vollständigkeit

Synthese und *Analyse* sind in der Regel nicht zu trennen, da sich einer Idee (Synthese) im allgemeinen unmittelbar eine kritische Auseinandersetzung (Analyse) anschliesst.

Die Bewertung und die Entscheidung

Werden im Rahmen der *Synthese* Lösungsvarianten erarbeitet, so hat man sich aufgrund einer *Bewertung* für die erfolgversprechendste Variante zu entscheiden. Zu beachten ist, dass:

> *"Die Bewertung ersetzt die Entscheidung nicht. Sie macht jedoch die Entscheidungssituation transparent, da sie die an der Entscheidung beteiligten Personen zwingt, sich über ihre Wertmaßstäbe Gedanken zu machen und sie zu strukturieren" [4].*

Bei der *Bewertung* sind Vor- und Nachteile einer Lösung gegeneinander abzuwägen. Dabei sind Bewertungskriterien von Bedeutung, die wie folgt zu klassieren sind:

- ***Ökonomische (wirtschaftliche) Bewertungskriterien***

  Beispiele: *Wie wirkt sich eine Lösung aus hinsichtlich:*

  Kosten

  möglichen Einsparungen

  möglichen Erträgen

- ***Soziale / personelle Bewertungskriterien***

  Beispiele: *Wie wirkt sich eine Lösung aus hinsichtlich:*

  Personalbedarf

  Schulungsbedarf

  Motivation

- ***Betriebliche / organisatorische Bewertungskriterien***

  Beispiele: *Wie wirkt sich eine Lösung aus hinsichtlich:*

  Betriebsmittelnutzung

  Lagerbestand

  Informationsqualität

- ***Bewertungskriterien bezüglich externer Beziehungen***

  Beispiele: *Wie wirkt sich eine Lösung aus hinsichtlich:*

  Konkurrenzfähigkeit

  Kundendienst

- ***Gesellschaftliche / politische Bewertungskriterien***

  Beispiele: *Wie wirkt sich eine Lösung aus hinsichtlich:*

  Prestige

  Image

  Umweltverträglichkeit

- ***Zeitliche Bewertungskriterien***

  Beispiele: *Wie wirkt sich eine Lösung aus hinsichtlich:*

  zeitliche Verfügbarkeit von Informationen

  Pay-back (= Zeit, in welcher sich eine Investition bezahlt macht)

Nicht zu vergessen sind sodann die in der Zielformulierung festgelegten *Wunschziele.* Es versteht sich, dass Lösungen mit vergleichbarer Bewertung umso eher zum Zuge kommen, je mehr sie die festgelegten Wunschziele erfüllen.

Es fällt auf, dass die vorstehenden Bewertungskriterien nur zum Teil zu quantifizieren sind. Tatsächlich spielen bei der Bewertung einer Lösung neben *bezifferbaren Aufwands- und Nutzenüberlegungen* sehr oft auch *qualitative, nicht bezifferbare Sachverhalte* eine entscheidende Rolle. Ist die Gewichtung der letzteren mehr oder weniger eine Ermessensangelegenheit, für die sich kaum Regeln formulieren lassen, so sind bezifferbare Aufwands- und Nutzenüberlegungen durchaus einer Synthese zuzuführen. Wir wollen in diesem Zusammenhang wenigstens die allerwichtigsten betriebswirtschaftlichen Begriffe zur Kenntnis nehmen und halten uns zu diesem Zweck wie folgt an die Ausführungen in [43] (für eine graphische Darstellung der diskutierten Begriffe sei auf Abb. 7.2.5, Abb. 7.2.6 sowie Abb. 7.2.7 verwiesen):

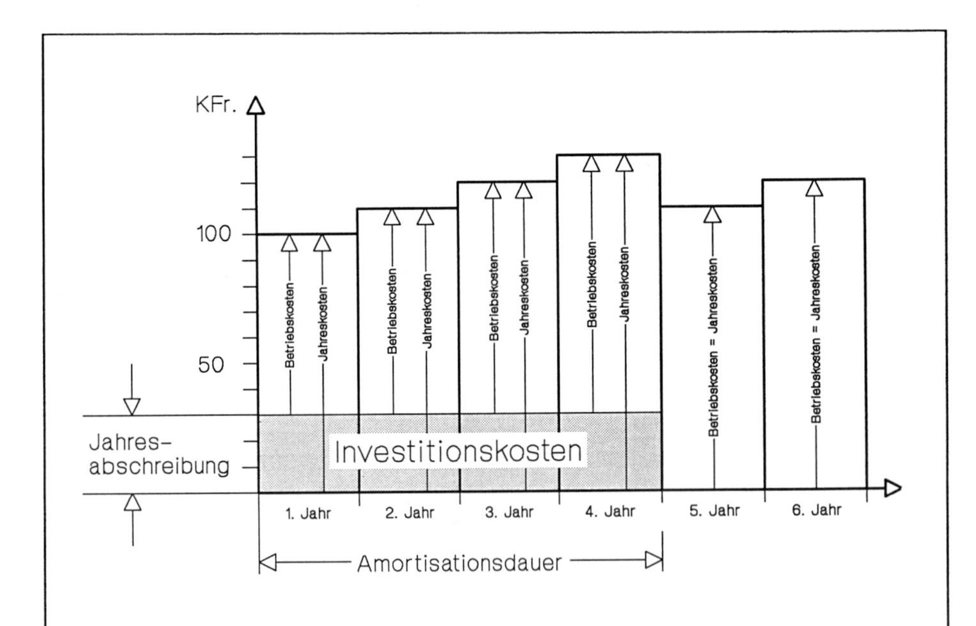

Abb. 7.2.5 Zusammenhang zwischen Investitionskosten, Betriebskosten, Amortisationsdauer, Jahreskosten sowie Jahresabschreibung. Unterstellt wurden Investitionskosten von 120'000, Betriebskosten von 70'000 (im 1. Jahr), 80'000 (im 2. Jahr), 90'000 (im 3. Jahr), 100'000 (im 4. Jahr), 110'000 (im 5. Jahr) sowie 120'000 (im 6. Jahr). Die Amortisationsdauer beträgt 4 Jahre. Damit ergibt sich eine Jahresabschreibung von 30'000 sowie Jahreskosten von 100'000 (im 1. Jahr), 110'000 (im 2. Jahr), 120'000 (im 3. Jahr), 130'000 (im 4. Jahr), 110'00 (im 5. Jahr) sowie 120'000 (im 6. Jahr).

Investitionskosten:

Einmalig anfallende, im wesentlichen vor der Inbetriebnahme einer Lösung aufzubringende Aufwendungen.

Beispiele: *Kaufpreis, Entwicklungskosten, Realisierungskosten, bauliche Änderungen.*

Betriebskosten:

Wiederkehrende Aufwendungen im Laufe des Betriebs. Dabei wird unterschieden zwischen:

Fixen Betriebskosten:

Kosten, die während der Betriebsdauer ohne Rücksicht auf den Umfang der Benützung anfallen.

Beispiele: *Permanentes Betriebspersonal, Miete, Versicherung.*

Variablen Betriebskosten:

Kosten, die während der Betriebsdauer in Abhängigkeit vom Umfang der Benützung anfallen.

Beispiele: *Elektrizität, Papier, Abrufpersonal.*

Abschreibungsdauer oder ***Amortisationsdauer:***

Zeitdauer, auf welche die Investitionskosten verteilt werden.

Beispiel: *Im Informatikbereich ist eine Abschreibungsdauer von 4 - 6 Jahren (in Ausnahmefällen 8 Jahren) üblich.*

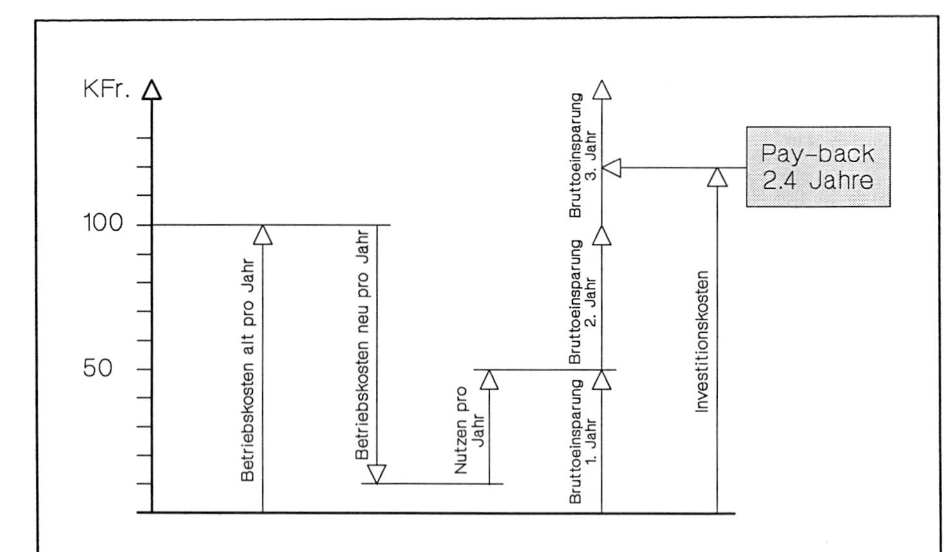

Abb. 7.2.6 Ermittlung des Pay-back (1). Unterstellt wurden Investitionskosten von 120'000, mittlere alte Betriebskosten von 100'000 pro Jahr, mittlere neue Betriebskosten von 90'000 pro Jahr sowie ein bezifferbarer Nutzen von 40'000 pro Jahr. Damit ergibt sich eine mittlere Bruttoeinsparung von 50'000 pro Jahr sowie ein Pay-back von 2.4 Jahren.

Jahresabschreibung:

Jahresanteil der Investitionskosten. Formal:

$$\text{Jahresabschreibung} = \frac{\text{Investitionskosten}}{\text{Abschreibungsdauer}}$$

Jahreskosten:

Summe aus Betriebskosten pro Jahr und Jahresabschreibung. Formal:

Jahreskosten = Betriebskosten pro Jahr + Jahresabschreibung

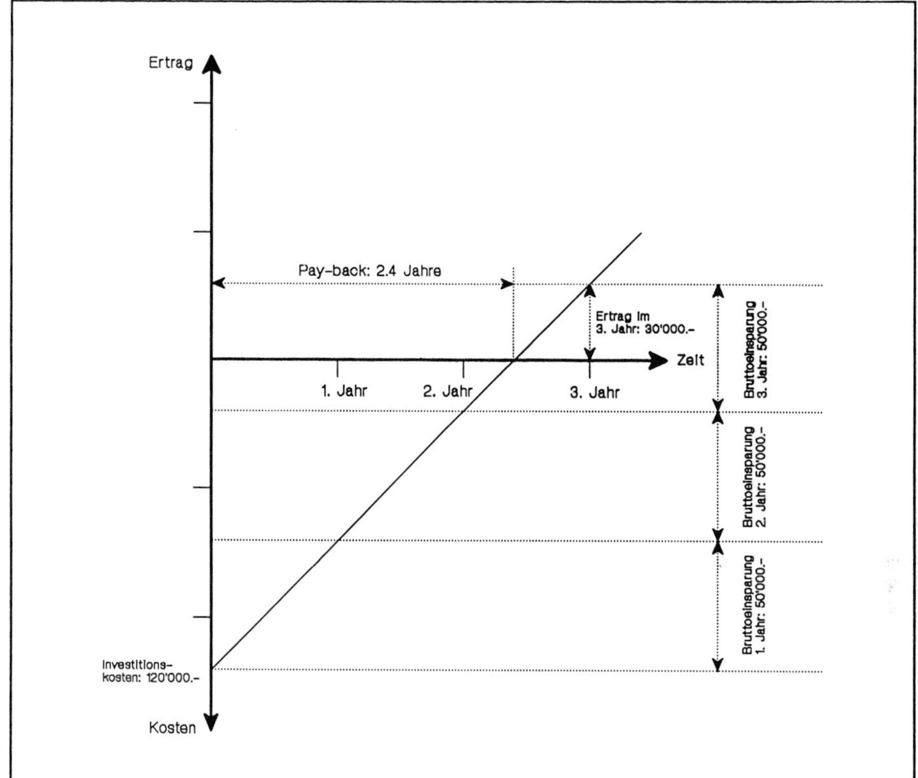

Abb. 7.2.7 Ermittlung des Pay-back (2). Die Annahmen stimmen mit jenen aus Abb. 7.2.6 überein.

Bruttoeinsparung pro Jahr:

Differenz zwischen alten jährlichen Betriebskosten und neuen jährlichen Betriebskosten plus bezifferbarer Nutzen (aus Arbeitseinsparung und Verbesserung des Produkts resultierend). Formal:

$$\text{Bruttoeinsparung pro Jahr} = BK_{alt} - BK_{neu} + N$$

wobei: BK_{alt} = alte Betriebskosten pro Jahr (ohne Investition)

BK_{neu} = neue Betriebskosten pro Jahr (mit Investition)

N = bezifferbarer jährlicher Nutzen der Investition

Pay-back:

Zeit, in welcher sich eine Investition bezahlt macht. Formal:

$$\text{Pay-back} = \frac{\text{Investitionskosten}}{\text{mittlere Bruttoeinsparung pro Jahr}}$$

Zugegeben: die vorgestellten Begriffe schöpfen das kräftige Instrumentarium, welches die Betriebswirtschaftslehre zum Zwecke von Wirtschaftlichkeitsüberlegungen zur Verfügung stellt, mitnichten aus. Indes: sie kommen unseren Bedürfnissen hinreichend entgegen, ermöglichen sie doch insbesondere einen bezifferbaren Vergleich von Lösungsvarianten (Leser, die an Ergänzungen und Vertiefungen der vorstehenden Überlegungen interessiert sind, seien auf [9, 38] verwiesen).

Beispiel

Abb. 7.2.8 zeigt den *nicht quantifizierbaren Nutzen* und Abb. 7.2.9 den *quantifizierbaren Nutzen* (jährlich 40'000.-) einer Anwendung. Diesem Nutzen steht anderseits der in Abb. 7.2.10 festgehaltene einmalige *Investitionsaufwand* von 120'000.- sowie die in Abb. 7.2.11 festgehaltenen jährlichen *Betriebskosten* BK_{neu} von 90'000.- gegenüber (die bisherigen Betriebskosten BK_{alt} belaufen sich auf 100'000.-).

Bei einer *Amortisationsdauer* von 4 Jahren ergibt sich damit:

$$\textbf{Jahresabschreibung} = \frac{\text{Investitionskosten}}{\text{Abschreibungsdauer}}$$

$$= \frac{120'000}{4} = 30'000$$

$$\textbf{Jahreskosten} = \text{Betriebskosten / Jahr} + \text{Jahresabschreibung}$$

$$= 90'000 + 30'000 = 120'000$$

Nicht quantifizierbarer Nutzen

Projekt	Identifikation	Bezeichnung	Variante	Autor	Datum	Seite
	BE	Bestellerfassung	V2 (Prognosen)	MV		

Identifikation	Nicht quantifizierbarer Nutzen
NQ1	**Finanzieller Nutzen:**
NQ11	Frühere Fakturierung und damit früherer Geld- und Zinseingang
NQ12	Grössere Genauigkeit im Rechnungswesen
NQ13	Prognostizierte Liefermengen sind gegenüber früheren Liefermengen zu erhöhen und damit: Steigerung des Bestelleingangs
NQ2	**Sozialer / personeller Nutzen:**
NQ21	Rechtzeitige Verfügbarkeit von Lieferlisten und damit Wegfall von Überzeiten beim Personal in der Laderei (quantifizierbar)
NQ22	Entlastung des Personals in der Bestellungsaufbereitung
NQ3	**Betrieblicher / organisatorischer Nutzen:**
NQ31	Bessere Auskunftsbereitschaft
NQ32	Bessere Planungsunterlagen und damit:
NQ321	Effizienterer Einsatz der Produktionsmittel
NW322	Reduktion des Lagerbestandes
NQ4	**Nutzen bezüglich externer Beziehungen:**
NQ41	Wegfall von Bestellerfassungsfehlern und damit:
NQ411	Reduktion von Rücklieferungen
NQ42	Prognosen mit Werbeinformationen kombinierbar und damit
NQ421	Steigerung des Bestelleingangs
NQ43	Steigerung des Zufriedenheitsgrades der Detailgeschäfte und damit:
NQ431	Weniger Reklamationen
NQ432	Weniger Rücklieferungen
NQ5	**Gesellschaftlicher / politischer Nutzen:**
NQ51	Erhöhte Zuverlässigkeit bewirkt Imagegewinn

Abb. 7.2.8 Nicht quantifizierbarer Nutzen.

Quantifizierbarer Nutzen pro Jahr

Projekt	Identifikation	Bezeichnung	Variante	Autor	Datum	Seite
	BE	Bestellerfassung	V2 (Prognosen)	MV		

Identifikation	Quantifizierbarer Nutzen pro Jahr	Betrag
Q1	**Arbeitskosteneinsparungen:**	
Q11	Wegfall von Entschädigungen für Überstunden	...
Q12	Wegfall von Arbeitszeiten für Erstellung von Lieferlisten	...
. . .		
Q2	**Sachkosteneinsparungen:**	
Q21	Reduktion von Lagerhaltungskosten	...
Q22	Reduktion von Beschaffungskosten	...
. . .		
Q3	**Weiterer Nutzen:**	
Q31	Keine Mehrkosten beim Wachsen der Aufgaben	...
. . .		
		Total
		40'000.-

Abb. 7.2.9 Quantifizierbarer Nutzen.

Investitionskosten

Projekt	Identifikation	Bezeichnung	Variante	Autor	Datum	Seite
	BE	Bestellerfassung	V2 (Prognosen)	MV		

Identifikation	Investitionskosten	Betrag
I1	**Personal Lohnkosten:**	
I11	Projektteam	...
I12	Temporär mitarbeitende Benützer	...
I13	Externe Mitarbeiter	...
. . .		
I2	**Hardware:**	
I21	Anschaffungskosten Firma x	...
I22	Anschaffungskosten Firma y	...
. . .		
I3	**Software:**	
I31	Anschaffungskosten Firma x	...
I32	Anschaffungskosten Firma y	...
. . .		
I4	**Bauliche Änderungen:**	...
		Total
		120'000.-

Abb. 7.2.10 Einmaliger Investitionsaufwand.

Jährliche Betriebskosten

Projekt	Identifikation	Bezeichnung	Variante	Autor	Datum	Seite
	BE	Bestellerfassung	V2 (Prognosen)	MV		

Identifikation	Betriebskostenart	alte Betriebskosten	neue Betriebskosten
B1	**Fixe Betriebskosten:**		
B11	Personal		
B111	für Datenerfassung	...	...
B112	für Operating	...	...
B12	Maschinen		
B121	Miete	...	...
B122	Wartung	...	...
B123	Versicherung	...	...
B13	Raum		
B131	Miete	...	...
B132	Versicherung	...	...
B133	Reinigung	...	...
. . .			
B2	**Variable Betriebskosten:**		
B21	Personal		
B211	für Wartung	...	...
B22	Maschinen		
B221	Energie	...	...
B23	Material		
B231	Datenträger	...	...
B232	Formulare	...	...
B24	Services		
B241	Linienkosten (PTT)	...	...
		Total	Total
		100'000.-	90'000.-

Abb. 7.2.11 Betriebskosten.

Bruttoeinsparung / Jahr $= BK_{alt} - BK_{neu} + N$

$= 100'000 - 90'000 + 40'000 = 50'000$

Pay-back $= \frac{\text{Investitionskosten}}{\text{mittlere Bruttoeinsparung pro Jahr}}$

$= \frac{120'000}{50'000} =$ **2.4 Jahre**

Problemlösungszyklus und Vorgehensmodell

Abb. 7.2.12 erinnert zum Abschluss dieses Kapitels nochmals daran, dass der Problemlösungszyklus in den Entwicklungsphasen *Objektsystem-Design (OSD)* sowie *Informationssystem-Design (ISD)* zur Ausführung gelangt (in Phasen also, in denen Entscheidungsprozesse von Bedeutung sind), nicht aber im *Konzeptionellen Datenbankdesign (KDBD)* und *Prozessdesign (PD)* (in Phasen also, in denen Routineprozesse im Mittelpunkt des Interesses stehen).

Natürlich liessen sich hier viele weitere Einzelheiten bezüglich der Entwicklung einer Anwendung diskutieren. Indes, wir wollen unsere Überlegungen hier abbrechen, würde doch jede weitere Vertiefung den Rahmen dieses Buches sprengen. Dieses soll ja in die Materie einführen, Zusammenhänge darlegen und möglicherweise das Interesse für weitere Studien wecken. An weiterführender Literatur fehlt es in keiner Weise. Um nur zwei Beispiele zu nennen: In [35] sind Überlegungen vorzufinden, die sich speziell mit der Datenmodellierung auseinandersetzen, während in [36] vor allem Planungsaspekte sowie Prinzipien und Konzepte der Anwendungs- und Programmgestaltung zur Sprache kommen.

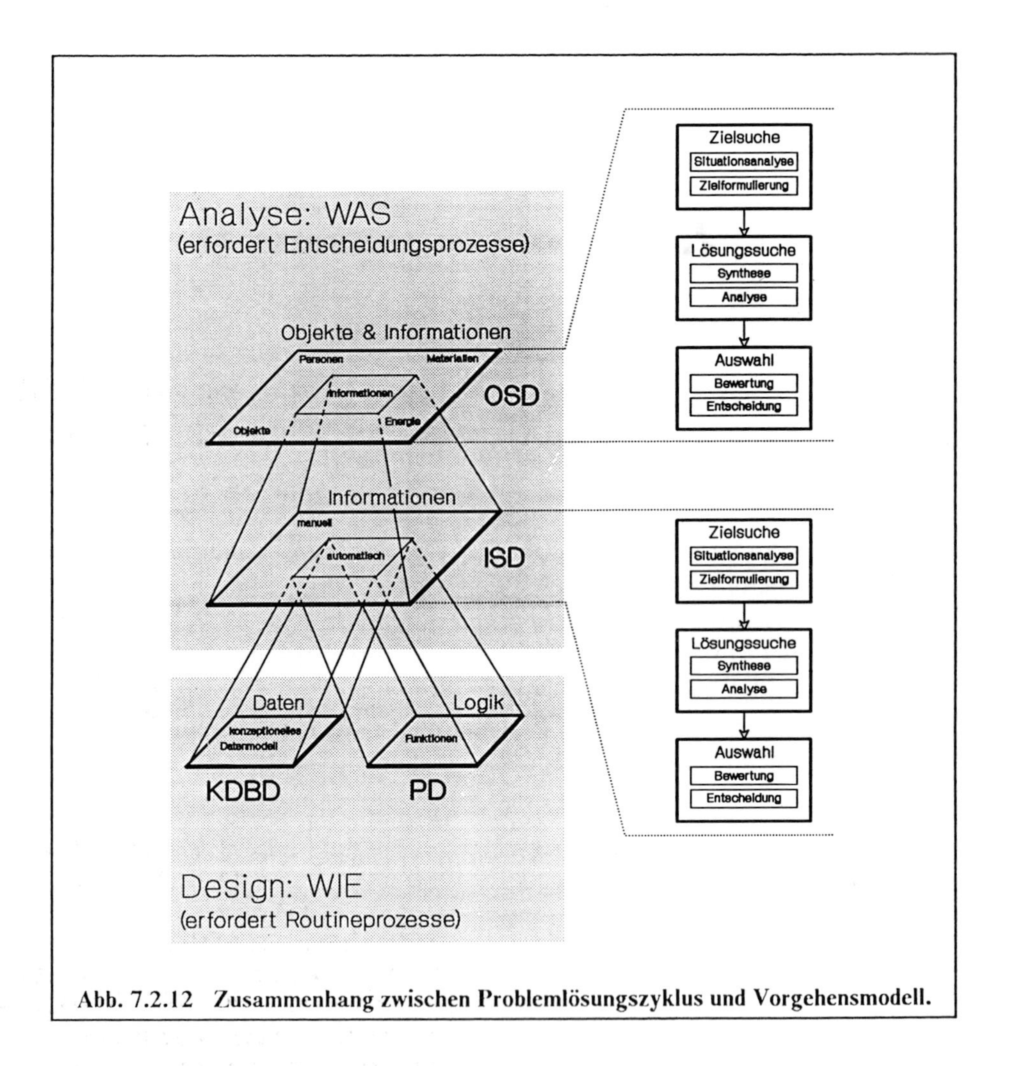

Abb. 7.2.12 Zusammenhang zwischen Problemlösungszyklus und Vorgehensmodell.

8 Zehn Gebote für ein ganzheitliches, objektorientiertes Vorgehen

Kürzlich wurde ich von OUTPUT-Redaktor L.A. Venetz gebeten, zu einigen die Anwendungsentwicklung betreffenden Fragen Stellung zu nehmen. Meine Antworten sind an dieser Stelle vorzufinden, weil damit die wesentlichen Aussagen dieses Buches kurz und bündig zusammenzufassen sind[1].

Sie propagieren eine Anwendungsentwicklung für Software nach dem Motto: "Global denken, lokal handeln". Was ist damit gemeint?

Globales Denken und lokales Handeln fordert die amerikanische Wirtschaftswissenschaftlerin Hazel Henderson mit Blick auf die Probleme, welche die menschliche Zivilisation bedrohen. Sie bringt damit zum Ausdruck, dass der fortschreitenden Zerstörung der natürlichen Lebensgrundlagen Einhalt zu gebieten ist, sofern wir in kleinen, lokal begrenzten Schritten auf ein vorab auf höchster Ebene verabschiedetes Ziel zuschreiten.

Eine Analogie zur Informatik ist nicht zu verkennen. Auch hier zeigt sich, dass eine isolierte Betrachtung der Probleme immer mehr in die Sackgasse (will sagen: in ein unbeschreibliches Datenchaos) führt. Nur wenn eine Unternehmung im Sinne eines *ganzheitlichen Vorgehens* lernt, für Einzelprobleme Lösungen zu entwickeln, die in ein vorab von der Geschäftsleitung verabschiedetes, von den Unternehmungszielen abge-

---

[1] Eine Kurzfassung des Interviews ist OUTPUT, Nr. 9, 1992 zu entnehmen.

leitetes Gesamtkonzept passen, werden wir zu einer Integration, zu einer technischen wie auch geistig-ideologischen, den Menschen miteinschliessenden *Vernetzung* und damit letzten Endes zu einer für alle Beteiligten vorteilhaften Nutzung der Informatik kommen.

Ihrem ganzheitlichen Vorgehen liegen dem Vernehmen nach 10 Gebote zugrunde. Könnten Sie diese erläutern?

Zunächst: Gebote sind Anordnungen, die ein positives Handeln fordern, um ein Chaos zu verhindern. Sie gebieten, WAS zu tun bzw. zu unterlassen ist und überlassen das WIE und das WARUM – wenn überhaupt – der Bibel. Ganz ähnlich verhält es sich mit meinen Geboten. Sie besagen, WAS zu tun ist, um das angesprochene *globale Denken und lokale Handeln* möglichst gezielt in die Tat umzusetzen, überlassen das WIE und das WARUM aber einschlägigen Lehrbüchern.

Nun aber zu den Geboten im einzelnen.

1. *Die Anwendungsentwicklung hat leitbildorientiert zu erfolgen*

   Das Gebot besagt, dass eine im Sinne eines Rohbaus aufzufassende *globale* (d.h. unternehmungsweite) *Datenarchitektur* festzulegen ist, noch bevor die Entwicklung einzelner Anwendungen in Angriff genommen wird.

   Die globale Datenarchitektur reflektiert die für eine Unternehmung relevanten *Objekte* und ist für jeden Anwendungsentwickler verbindlich.

2. *Die Anwendungsentwicklung hat solidarisch und kooperativ zu erfolgen*

   Solidarische und kooperative Anwendungsentwicklung bedeutet, dass Entscheidungsträger, Schlüsselpersonen, Sachbearbeiter und Informatiker an der Ermittlung der globalen Datenarchitektur zu beteiligen sind. Zu bewirken ist damit, dass ein im Sinne eines Leitbildes einzusetzender *Brennpunkt* resultiert, der als das kollektive und additive Produkt der Denktätigkeit einer ganzen Belegschaft aufzufassen ist.

3. *Ein Informatikprojekt darf nicht mehr als 12 Monate dauern*

   Einer von der IBM bei zahlreichen Organisationen durchgeführten Umfrage zufolge, sind Informatikprojekte – und dazu ist auch die Ermittlung einer globalen Datenarchitektur zu zählen – nach neun bis zwölf Monaten abzuschliessen, weil andernfalls die Motivation und das Interesse der Beteiligten wie auch der Auftraggeber schwindet.

4. *Die Anwendungsentwicklung hat ergebnisorientiert zu erfolgen*

   Das Gebot besagt, dass zuerst das WAS (die Ergebnisse also) und erst anschliessend das WIE zu ermitteln ist. Ersteres erfolgt im Rahmen einer *Analyse* und das zweite im Rahmen eines *Designs.*

5. *Die Anwendungsentwicklung hat vom "Groben zum Detail" (top-down) zu erfolgen*

   Das Gebot besagt, dass Detailüberlegungen möglichst lange zurückzustellen sind. Zu gewährleisten ist damit, dass Gesamtzusammenhänge eher zu erkennen und Verluste im Falle eines Projektabbruchs möglichst klein sind.

6. *Die Anwendungsentwicklung hat sich an der gängigen Problemdefinition zu orientieren*

   Ein Problem resultiert aus der Differenz zwischen einem unbefriedigenden IST und einer Vorstellung vom SOLL. Akzeptiert man diese Problemdefinition, so ergeben sich die Vorgehensschritte bei der Anwendungsentwicklung fast von selbst.

7. *Die Anwendungsentwicklung hat föderalistische, in ein Gesamtkonzept passende Lösungen zu fördern*

   Das Gebot besagt, dass Daten örtlich dort zu speichern und zu verwalten sind, wo sie am häufigsten gebraucht werden. Nichtsdestotrotz sind unternehmungsrelevante Daten einem berechtigten Benützer jederzeit und beliebigenorts zur Verfügung zu stellen, ohne dass der Standort der Daten bekanntzugeben ist. Das heisst, die Verteilung der Daten muss scheinbar rückgängig zu machen sein, so dass der Eindruck einer zentralen Datenspeicherung entsteht.

8. *Die Anwendungsentwicklung hat geplant zu erfolgen*

   Das Gebot besagt, dass alle zwei bis drei Jahre die zur Erreichung der Geschäftsziele erforderlichen Anwendungen kooperativ – also wieder mit Beteiligung von Entscheidungsträgern, Sachbearbeitern und Informatikern – zu ermitteln und in Form einer *Informatikstrategie* festzulegen sind.

9. *Die Anwendungsentwicklung hat effizient zu erfolgen und konsistente, wartbare Ergebnisse zu liefern*

   Das Gebot besagt, dass die Anwendungsentwicklung methodisch und mittels geeigneter Techniken sowie möglichst mit Unterstützung von CASE-Tools zur Abwicklung gelangen muss.

10. *Die Anwendungsentwicklung hat evolutionärem Prototyping einen gebührenden Stellenwert beizumessen*

    Beim *evolutionären Prototyping* stellt ein Prototyp kein Wegwerfprodukt, sondern den Kern eines neuen Produkts dar. Dieser Kern ist im Verlaufe der Zeit iterativ zu verfeinern und damit den Bedürfnissen der Benützer allmählich anzupassen.

Es gibt zwischen Ihren Büchern und den Büchern von Herrn Prof. Zehnder im Bereich Datenbanken eine Art Personenkult, eine Art Polemik. Worauf ist der oder die zurückzuführen?

Zunächst: Zwischen Herrn Prof. Zehnder und mir herrscht ein überaus freundliches Einvernehmen. Ich achte und respektiere Herrn Prof. Zehnder und schätze seine fundierten, wohl formulierten und breit gefächerten Publikationen. Meine Bücher sind demgegenüber viel eingeschränkter. Ich versuche gar nicht, das ganze Gebiet theoretisch auszuleuchten, sondern spreche in erster Linie den Praktiker an. Offenbar ist mir dies auch recht gut gelungen, hat doch eine von der Universität Lausanne bei über 200 wichtigen Schweizer Organisationen durchgeführte Umfrage ergeben, dass mein Vorgehen hinsichtlich Verbreitung in der Schweiz eine Spitzenstellung einnimmt[2]. Dabei bin ich mir sehr wohl bewusst, dass ich – um mit Worten von Newton zu reden – *auf den Schultern von Giganten stehe* und meine Erkenntnisse den Anregungen hervorragender Wissenschaftler ebenso zu verdanken habe wie den unzähligen Diskussionen mit genialen Praktikern. Aber um nochmals auf Ihre Frage zurückzukommen: Meines Erachtens ist weder eine Art Personenkult noch eine Art Polemik angebracht. Den von Ihnen angesprochenen Büchern liegen ganz unterschiedliche Zielsetzungen zugrunde; mithin müsste vielmehr von einer *Ergänzung* denn von einer *Konkurrenz* die Rede sein.

---

[2] Eine Kurzfassung der Umfrageergebnisse ist der *io* Management Zeitschrift 60 (1991) Nr. 5 zu entnehmen.

Sie überarbeiten zur Zeit ein Buch. Warum muss es erneuert werden?

Ich habe meine Bücher schon immer laufend neuen Erkenntnissen angepasst. Beispielsweise habe ich mich bei der Abfassung der kürzlich verfügbar gewordenen siebten, neubearbeiteten Auflage von *Aufbau betrieblicher Informationssysteme mittels objektorientierter, konzeptioneller Datenmodellierung* [35] sehr stark vom *objektorientierten Ansatz* leiten lassen. Zurzeit bearbeite ich die dritte Auflage von *Strategie der Anwendungssoftware-Entwicklung (Methoden, Techniken, Tools einer ganzheitlichen, objektorientierten Vorgehensweise)* [36]. Ich habe mich für eine Neubearbeitung entschieden, um mein "Credo" hinsichtlich einer *ganzheitlichen, objektorientierten Anwendungsentwicklung* noch deutlicher zum Ausdruck zu bringen.

Ganzheitlich und objektorientiert bedeutet, dass...

1. die für eine Unternehmung relevanten *Objekte* wie Kunden, Produkte (Angebot), Produktionsmittel, etc. in Form einer für die ganze Belegschaft verbindlichen *globalen Datenarchitektur* (d.h. eines groben, als Rohbau aufzufassenden Datenmodells) abzubilden sind,

2. die globale Datenarchitektur zur Erzielung von Synergieeffekten und zwecks Verankerung in der Belegschaft *solidarisch* und *kooperativ* – also mit Beteiligung von Entscheidungsträgern, Sachbearbeitern und Informatikern – zu ermitteln ist,

3. im Verlaufe der Zeit grössen- und risikomässig begrenzte technische Systeme (Anwendungen) zu realisieren und sowohl datenwie auch funktionsmässig in das durch die globale Datenarchitektur festgelegte Gesamtkonzept einzupassen sind.

Ich glaube, dass damit...

- das Datenchaos zu bewältigen ist, das sich infolge unkontrolliert gewachsener Datenbestände fast überall eingestellt hat,

- eine Dezentralisierung der Datenverarbeitung mit gleichzeitiger Integration und Vernetzung von Systemen zu gewährleisten ist,

- Anwendungsgeneratoren und höhere Datenbanksprachen auch für Nichtinformatiker benützbar werden,

- die Informatik wirklich zum Vorteil für eine Unternehmung einzusetzen ist.

9 Epilog

Wir wollen uns zum Abschluss mit der Frage auseinandersetzen, warum die Technik im allgemeinen und der Computer im besonderen dermassen ins Kreuzfeuer der Kritik geraten konnten. Mitunter kann schon gar nicht mehr von Kritik die Rede sein, werden doch technische Errungenschaft jedweder Art verurteilt, ja geradezu als Fluch der Menschheit hingestellt. Entsprechende Stellungnahmen finden sich zuhauf. So äussert sich beispielsweise der Jurist Max Kummer in *"Die Gegenwart in der Sicht des Durchschnittsbürgers"* [14] wie folgt: *"Immer mehr Dinge, die noch für jeden verständlich und durchsichtig waren, werden für den Durchschnittsbürger zum Unbegreiflichen. Das Prinzip des Fahrrades erfasste jeder auf den ersten Blick, das der Dampfmaschine auch, selbst Diesel- und Elektromotor begriff er bald einmal. Der Düsenmotor ist für die Mehrzahl unbegreiflich geworden, ein merkwürdiges Rohr, das vorne saugt und hinten bläst. Und vollends Geheimnis sind Atombrenner und Computer. Weder hier noch dort dreht sich ein Rad oder schwingt ein Kolben. Das unheimliche Ding eines Atombrenners, wo hinter Zementpanzern Urkräfte entfesselt werden; der Computer, ein schrankartiger Kasten, unserm Gehirn im Anlauf gewisser Denkoperationen weit überlegen. Noch sah man dem Fahrrad in die mechanischen Eingeweide; Schritt um Schritt wird dieser Einblick in die Arbeitsweise schwieriger, bis wir vor einem Kasten mit Knöpfen stehen, die nicht einmal mehr erahnen lassen, was hier vorgehen könnte. Ein Gefühl der Ohnmacht beschleicht, wer vor solche Wände und Mauern tritt. Zauberei eines neuen Zeitalters"*.

Obschon davon abhängig, verstehen viele Menschen die sich zunehmend technisierende Welt nicht mehr. Sie ist ihnen fremd und unheimlich geworden; man traut ihr nicht und kann sich nicht mit ihr identifizieren. Bezeichnenderweise spricht man denn auch von einer *Identitätskrise der modernen Gesellschaft.*

Professor H.C. Röglin hat die hier in Rede stehende Identitätskrise in einem *Akzeptanzmodell* visualisiert [26]. Letzteres beruht auf einer Erkenntnis der Kommunikationspsychologie, gemäss welcher der Mensch ein Angebot nur dann akzeptiert, wenn es ihm 1. vertrauenswürdig erscheint und 2. seine Probleme löst. Zum Ausdruck zu bringen ist das Akzeptanzmodell, indem entsprechend Abb. 9.1 auf einer Ordinate die *Problemlösungskompetenz* und auf einer Abszisse die *Vertrauenswürdigkeit* eines Angebots aufzutragen sind. Einer Skala ist das Ausmass der Problemlösungskompetenz bzw. Vertrauenswürdigkeit zu entnehmen (0 bedeutet geringste, 5 höchste Kompetenz bzw. Vertrauenswürdigkeit).

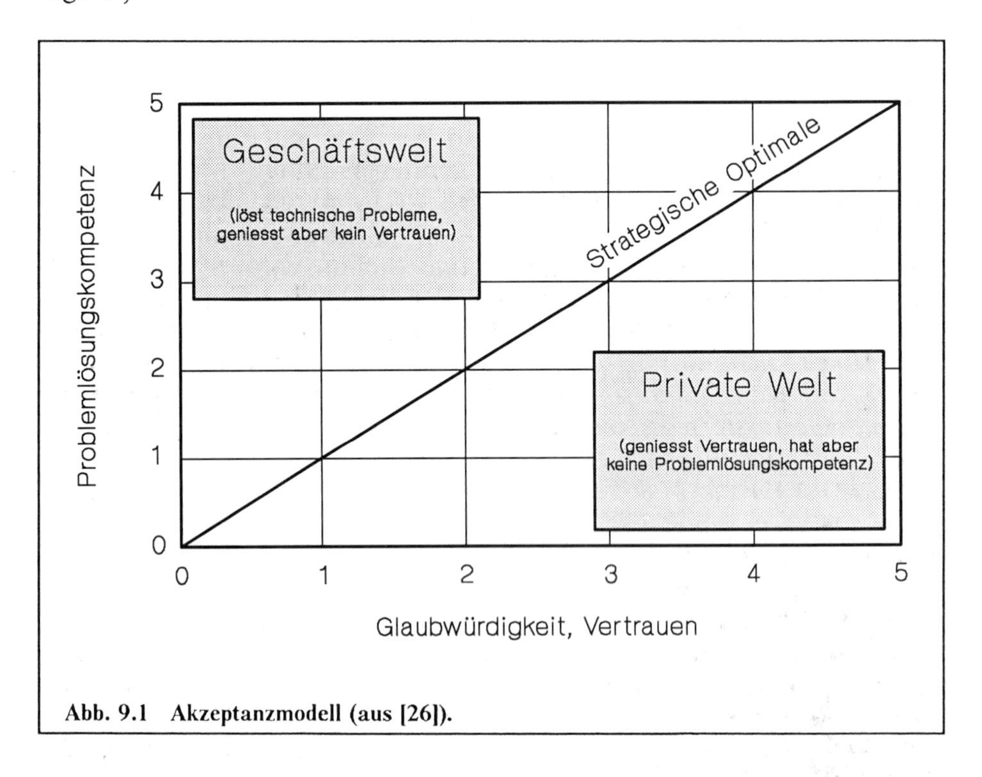

Abb. 9.1 Akzeptanzmodell (aus [26]).

Die Diagonale repräsentiert die *strategische Optimale.* Sie vereinigt alle Punkte, in denen sich Problemlösungskompetenz und Vertrauenswürdigkeit die Waage halten. Akzeptierte Angebote müssen in der Nähe der Diagonale vorzufinden sein, sind wir doch davon ausgegangen, dass für die Akzeptanz eines Angebots Problemlösungskompetenz und Vertrauenswürdigkeit gleichermassen vorhanden sein müssen.

Abb. 9.1 fasst das Ergebnis von Umfragen zusammen, die vom Institut für angewandte Sozialpsychologie in Düsseldorf im Auftrag zahlreicher Vertreter der Grossindustrie bei der deutschen Bevölkerung durchgeführt wurden [26]. Die Angebote der Energiewirtschaft, der chemisch-pharmazeutischen Industrie, Stahlwerke, Computerhersteller, etc. sind allesamt im mit *Geschäftswelt* gekennzeichneten Bereich vorzufinden. Zum Ausdruck kommt, dass man den genannten Anbietern zwar eine ausserordentliche Problemlösungskompetenz zubilligt, sich vor deren Angeboten aber fürchtet. Der mit *Private Welt* gekennzeichnete Bereich reflektiert die Antworten auf die Frage: *"Wo sehen Sie Ihre private Welt, d.h. den Bereich Gemeinde, Dorf, Familie, Nachbarschaft, Freundschaft, etc.?"* Offenbar geniesst die private Welt hohes Vertrauen und grosse Glaubwürdigkeit, wohingegen deren Problemlösungskompetenz eher bescheiden ausfällt. Prof. Röglin meint dazu: *"Darin erkennt man die Tragik der Situation, die in modernen Massengesellschaften besteht: Bei 'Vertrauen 4-5 und Problemlösungskompetenz 0-1' lebt der Mensch in einer Welt, der er vertraut, die ihm aber seine Probleme nicht löst. Er sieht sich aber einer Welt gegenüber, von der er sehr wohl weiss, dass sie ihm seine Probleme zu lösen vermag, der er aber nicht trauen kann. Diese Distanz ist das eigentliche Problem moderner Industriegesellschaften und enthält soviel Zündstoff, dass die Konflikte zwischen Kapital und Arbeit eher harmlos erscheinen. Das ist die eigentliche Identitätskrise der modernen Industriegesellschaft"* [26].

Wie ist dem Problem zu begegnen? Wir wollen die Antwort vom Inhalt dieses Buches her ableiten und rufen uns zu diesem Zwecke zunächst in Erinnerung, wie die Realität mit Hilfe von Daten abzubilden ist. Danach kommen wir auf die mit einem Computerverbund einhergehenden Chancen und Gefahren zu sprechen. Dabei wird zum Ausdruck kommen, dass der dem Computer anzulastende Teil der Identitätskrise im wesentlichen auf die Befürchtung zurückzuführen ist, durch eben diesen Computer beobachtet, manipuliert ja geradezu verfolgt zu werden. Abschliessend wird im Sinne einer zuversichtlichen Schlussfolgerung dargelegt, mit welchen unternehmerischen Massnahmen der Identitätskrise zu begegnen ist.

Realitätsabbildung mittels Daten

Bei der Realitätsabbildung mittels Daten arbeitet man grundsätzlich mit dem *Entitätsbegriff*. Man versteht darunter ein individuelles und identifizierbares Exemplar von Dingen, Personen oder Begriffen der realen oder der Vorstellungswelt.

Für eine Entität besteht immer die Absicht, bestimmte Eigenschaften in Form von Eigenschaftswerten auf einem geeigneten Speichermedium festzuhalten. Beispielsweise könnten für eine bestimmte Person (Entität) die Eigenschaften NAME, GEBURTSDATUM, ZIVILSTAND sowie EINKOMMEN, zusammen mit den Eigenschaftswerten *"Fritz"*, *"6. Februar 1938"*, *"verheiratet"*, *"50'000.- Fr."*, von Interesse sein.

Es ist üblich, Entitäten in abstrakter Form, d.h. mit Hilfe eines eindeutigen Schlüsselwertes, darzustellen. Im Falle eines Einwohners bietet sich beispielsweise die Sozialversicherungsnummer oder eine fortlaufende Registernummer an. Dieses aus praktischen Gründen gewählte Vorgehen hat den Unmut zahlreicher Zeitgenossen heraufbeschworen. So äussert sich der bereits zitierte Max Kummer wie folgt: *"Nicht von ungefähr werden wir zunehmend mit Nummern und nicht mehr mit Namen individualisiert. Wir müssen computerfähig gemacht, mit Ziffern gekennzeichnet werden. Als Zahlen übernimmt uns der Input, als Zahlen entlässt uns der Output, dazwischen eine undurchsichtige Verarbeitung in einem grauen Kasten. Sozialversicherungsnummern und Postleitzahlen sind Vorboten dieser neuen Welt, die sich nur noch in Zahlen und Zeichen erfassen lässt. Triumph der Verwaltung, Niederlage des Individuums. Dass hinter jeder Nummer ein Menschenschicksal in seiner Einmaligkeit, mit seinen Freuden und Leiden steht, die andrängende Masse verbietet, auf das einzugehen. Normiert, standardisiert: ob Mensch oder Fensterrahmen, der Lenkmechanismus mit Lochkarten und Magnetbändern macht keinen Unterschied. Was Zukunftsvisionäre vor 50 Jahren vortrugen, und was damals als Groteske erschien, beginnt handfest Gestalt anzunehmen"* [14].

Der in den Aussagen von Max Kummer anklingende Wunsch, Menschen mit Namen – allenfalls ergänzt mit anderweitigen Eigenschaften wie Freuden und Leiden – zu individualisieren, führt insofern zu einem unbefriedigenden Ergebnis, als sich damit mit vertretbarem Aufwand in der Regel keine Eindeutigkeit erzielen lässt. Eindeutige Identifizierbarkeit ist aber – nicht nur im Zusammenhang mit Computern – ein absolutes Erfordernis, denn wer bezahlt beispielsweise infolge fehlender Eindeutigkeit schon gerne die höheren Steuern eines andern. Selbstverständlich trifft es zu, dass jeder Mensch in seiner Einmaligkeit insgesamt auch einmalige Eigenschaften aufweist. Nur: bis zu welchem Masse sind Eigenschaften zu erfassen, bis diese Einmaligkeit evident wird? Sodann: verbietet nicht der gewaltige Aufwand in der Erfassung und Verwaltung dieser Eigenschaften ein allzu weitschweifiges Vorgehen? Schliesslich: ist es im Hinblick auf die Wahrung des Persönlichkeitsschutzes nicht sogar wünschenswert, dass man sich bei der Erfassung von Eigenschaften auf ein geeignetes, für einen klar definierten Verwendungszweck bestimmtes Sortiment beschränkt? Übrigens deuten Max Kummers eigene Worte darauf hin, dass die Normierung und Standardisierung weniger dem Computer als vielmehr der *andrängenden Masse* anzulasten sind.

Aus Praktikabilitätsgründen beschränkt man sich bei der Charakterisierung von Entitäten nicht nur auf die Anzahl der Eigenschaften, sondern ebenso auf die für eine bestimmte Eigenschaft zulässigen Eigenschaftswerte. Man spricht in diesem Zusammenhang von *Eigenschaftswertebereichen* oder auch von *Domänen.*

Die für einen Wertebereich zulässigen Eigenschaftswerte sind entweder – wie im Falle der Wertebereiche NAME und ZIVILSTAND – aufzulisten oder aber mit Hilfe von Prädikaten zu umschreiben. Im Falle des Wertebereichs GEBURTSDATUM liesse sich beispielsweise postulieren, dass ein Geburtsdatum nur dann toleriert werden kann, wenn es auf ein aktuelles Lebensalter von weniger als 120 Jahre schliessen lässt.

Auch das Festlegen von Wertebereichen ist nicht unproblematisch, sind doch je nach Anzahl und Aussagekraft der zur Verfügung stehenden Eigenschaftswerte mehr oder weniger präzise Aussagen bezüglich einer Entität zu machen. So lassen sich beispielsweise mit den im Wertebereich ZIVILSTAND üblicherweise zur Verfügung stehenden Eigenschaftswerten *"ledig"*, *"verheiratet"*, *"geschieden"* und *"verwitwet"* in der Praxis durchaus gängige Nuancen nicht umschreiben. Allerdings gilt auch hier, dass man sich bei der Festlegung der für einen Wertebereich zulässigen Eigenschaftswerte auf ein Sortiment beschränkt, das für einen *klar definierten Verwendungszweck* unbedingt erforderlich ist.

Die geschilderte Beschränkung der Eigenschaften und des für eine Eigenschaft gültigen Wertebereichs führt dazu, dass bezüglich einer Entität in der Regel nur sehr unvollständige, einseitige Vorstellungen erweckende Bilder entstehen. Zu welch geradezu grotesken Ergebnissen dies führen kann, wurde von C. A. Zehnder anhand des in Abb. 9.2 gezeigten Beispiels mit aller Deutlichkeit illustriert [42].

So betreffen die in Abb. 9.2 aufgeführten Personenbeschreibungen nicht etwa zwei unterschiedliche Personen, sondern einzig und allein den 1895 geborenen Nationalratspräsidenten und Stadtpräsidenten von Schaffhausen, Walther Bringolf. Selbst die Annahme, die beiden Personenbeschreibungen könnten zu verschiedenen Lebensperioden erfasst worden sein, ist falsch, galten doch gemäss Bringolfs Autobiographie *"Mein Leben"* sämtliche Eigenschaften sonder Vorbehalt bereits im Jahre 1932.

Entität	Eigenschaften			
(Einwohner)	Studium	Ideale	Beruf	. . .
	HTL Winterthur (im 3. Semester abgebrochen)	Lenin, Trotzki	Parteivorstand der kommunistischen Partei	
	Opernrezensent	Rodin, Beethoven	Stadtpräsident	

Abb. 9.2 Personenbeschreibungen.

Einen wichtigen Sachverhalt sollten wir bei alledem allerdings nicht aus den Augen verlieren: solange die aufgrund von beschränkten Eigenschaften und von unvollständigen Wertebereichen zustande gekommenen mangelhaften Bilder für einen *klar definierten Zweck* verwendet werden, ist gegen die vorstehende Realitätsmodellierung prinzipiell nichts einzuwenden. In anderweitigen Wissensgebieten verhält man sich ja grundsätzlich ebenso. So ermöglicht beispielsweise das "Modell"

$$s = \frac{g \times t^2}{2}$$

die Ermittlung des Weges *s*, den ein fallender Körper in der Zeit *t* zurücklegt, sofern er der Erdbeschleunigung *g* ausgesetzt ist. In unserem Beispiel geht es also nicht etwa darum, wie sich der Körper beim Fallen infolge Reibung mit der Luft erwärmt, oder wie er sich beim Aufschlag verformt. Wäre letzteres von Interesse, so müsste unser Modell unter anderem auch das Gewicht des Körpers, seine Endgeschwindigkeit usw. berücksichtigen.

Wir beschränken uns also bei der Realitätsmodellierung ganz bewusst auf jene Merkmale, die wir für unsere Zwecke als wesentlich erachten. *"In komplexen Situationen"*, so schreibt der am MIT tätige Joseph Weizenbaum, *"muss bereits die Auswahl dessen, was wesentlich ist und was nicht, mindestens zum Teil ein Akt des Beurteilens sein – nicht selten im Sinne eines politischen und/oder kulturellen Urteils. Zu bedenken ist bei alledem, dass die Beurteilung in ganz wesentlichem Masse von der Intuition des menschlichen Modellbauers abhängt. Bei der Überprüfung eines Modells kann sich zeigen, dass etwas Wesentliches vergessen worden ist. Aber auch hier muss ein Urteil gefällt werden, um zu entscheiden, was dieses "etwas" sein könnte, und ob es für den vorgesehenen Zweck "wesentlich" ist. Die endgültigen Kriterien, die notwendig auf Absichten und Zwecken beruhen, werden letztlich vom menschlichen Modellbauer bestimmt"* [39]. Diese Aussagen zeigen mit aller Deutlichkeit, dass die Realitätsmodellierung mittels Daten viel zu bedeutsam ist und ein zu grosses Verantwortungsbewusstsein erheischt, als dass man sie bedenkenlos und vollumfänglich den Spezialisten überlassen darf.

Die geschilderte, das Wesentliche akzentuierende Realitätsmodellierung wird allerdings dann problematisch, wenn die für das Verständnis eines ganz bestimmten Sachverhaltes produzierten Bilder in einem ganz andern Zusammenhang gesehen werden. Aus dieser Optik versteht man die von dem bereits zitierten C.A. Zehnder geäusserte Forderung sehr gut: *"Sobald Daten aus einer Sammlung an eine andere weitergegeben werden, muss sichergestellt sein, dass dabei kein Bedeutungswandel der betroffenen Daten auftritt. In einem solchen Fall ist die Datenweitergabe auszuschliessen allein schon aufgrund dieser Tatsache"* [42].

Zwei weitere Aspekte gilt es zu bedenken, wenn wir uns im folgenden überlegen, inwiefern das mit der eingangs erwähnten Identitätskrise einhergehende Misstrauen der Technik im allgemeinen und dem Computer im besonderen gegenüber berechtigt ist. Da ist einerseits die Tatsache zu nennen, dass ein Computer im Normalfall nicht von selbst vergisst, und dass er anderseits *Daten verarbeiten, vergleichen* und vor allem *wiederauffinden* kann.

Zum *Vergessen* ist folgendes zu sagen: Sind gespeicherte Eigenschaftswerte zu verändern oder zu löschen, so ist ein bewusster, mit Aufwand verbundener Eingriff erforderlich. Erschwerend wirkt sich dabei aus, dass sehr oft nicht genau feststeht, *wann* dieser Eingriff erfolgen soll. Bei Eigenschaften wie NAME, ZIVILSTAND oder EINKOMMEN, bei denen diskrete Änderungen zu genau bestimmbaren Zeitpunkten erfolgen, mag das Problem ja noch angehen. Schwieriger präsentiert sich die Sachlage bei Eigenschaften wie IDEALE, POLITISCHE GESINNUNG oder GESUNDHEITSZUSTAND, die üblicherweise kontinuierlichen, zeitlich nicht genau fixierbaren Änderungen unterliegen. Nicht von ungefähr räumt man daher mit *Datenschutzgesetzen* dem Individuum das Recht ein, die Richtigkeit von persönlichen Daten zu überprüfen, um gegebenenfalls Berichtigungen beantragen und auch durchsetzen zu können[1].

Allerdings: solche auf Individualrechten beruhende Datenschutzgesetze vermögen kaum zu verhindern, dass sich das Individuum zunehmend besser informierten Organisationen gegenübersieht. Einerseits ist diese Tatsache auf die fast unbegrenzten, im Normalfall keiner Vergesslichkeit unterliegenden Speichermöglichkeiten von Computern zurückzuführen. Anderseits tragen aber auch die bereits erwähnten Datenverarbeitungs- und Datenwiederauffindungsmöglichkeiten ihren Teil dazu bei. So lassen sich beispielsweise für verschiedene Verwendungszwecke erstellte Datenbestände kombinieren, wodurch vollständigere, aber eben immer noch verzerrte Persönlichkeitsbilder zustande kommen. Sodann ist das individuelle Verhalten von Personen *über die Zeit* zu erfassen und sichtbar zu machen. Besonders bedeutsam ist aber, dass sich Abweichungen von vorgegebenen Normwerten – was immer das heissen mag – feststellen und melden lassen. Zweifellos stellen derartige Möglichkeiten in den Händen einer privaten oder staatlichen Organisation einen nicht zu vernachlässigenden Machtfaktor dar. Dagegen ist solange nichts einzuwenden, als diese Mittel im Sinne des allgemeinen Interesses – etwa bei der Aufklärung von Straftaten oder allgemein bei der Durchsetzung des Rechts – zur Anwendung gelangen. Problematischer wird die Angelegenheit dann, wenn Arbeitgeber, Kreditinstitute oder Regierungen von diesen Möglichkeiten Gebrauch machen, um Personen unter Druck zu setzen, zu diskriminieren und Sanktionen in die Wege zu leiten.

Man kann natürlich berechtigterweise einwenden, dass ein Computer wertneutral sei, und negative Auswirkungen nicht dem Computer, sondern seiner Anwendung durch den Menschen anzulasten seien. Wie auch immer: es steht ausser Zweifel, dass der Einsatz von Computern tatsächlich zu einer Machtverschiebung zugunsten grosser Bürokratien auf Kosten des Individuums führen kann. Dieser Sachverhalt wird von den Betroffenen in der Regel durchaus auch so empfunden. Wie sagt doch Max Kummer in diesem Zusammenhang: *"Triumph der Verwaltung, Niederlage des Individuums"* [14]. Allerdings kann der geschilderte Sachverhalt – eben wenn es um die Wahrnehmung allgemeiner Interessen geht – durchaus auch von Gutem sein.

---

[1] Zu unterscheiden ist zwischen *Datenschutz* und *Datensicherheit*. Datenschutz steht für *"Schutz der Betroffenen vor Datenmissbrauch"*, während Datensicherheit den *"technischen Schutz der Daten vor Zerstörung, Verfälschung, Entwendung usw."* bedeutet [42].

Chancen und Gefahren eines Computerverbunds

Nach diesen die Realitätsabbildung mittels Daten betreffenden Überlegungen wollen wir uns in Erinnerung rufen, dass Computer mit den heutigen Kommunikationsmitteln über Kontinente hinweg zu einem komplexen Computerverbund zusammenzukoppeln sind (siehe Abschnitt 1.3). *"Diese Entwicklung"*, so schreibt der an der Universität von Oldenburg tätige Klaus Lenk, *"eröffnet die Perspektive, dass die EDV in Verbindung mit neuen Formen der Kommunikation in den Alltag Einzug hält, wie zuvor das Telephon und in manchen Ländern die Schreibmaschine. Nicht viel anders als die Gas- und Wasserversorgung könnten 'Informationsversorgungseinrichtungen' jederzeit eine Vielzahl von Möglichkeiten des Zugangs zu Informationen eröffnen und Dienstleistungen an den privaten Haushalt liefern. Nach der Rationalisierung der Produktion und der Büroarbeit könnte diese Entwicklung eine Welle der Rationalisierung einleiten, die das Alltagsleben betrifft"* [16].

Sicher ist, dass die geschilderten Möglichkeiten neben einer selektiven, auf die Erwartungen und Fähigkeiten eines Empfängers Rücksicht nehmenden Versorgung mit Informationen auch neue Formen der Heimarbeit, Fernbestellungen von Waren und Dienstleistungen, automatisierte Wahlen und Meinungsumfragen per Knopfdruck und dergleichen Dinge mehr ermöglichen. Man mag sich zu diesen Aussichten stellen wie man will – Tatsache ist, dass in gewissen politischen Kreisen mit dem Gedanken gespielt wird, Informationsverarbeitungseinrichtungen der geschilderten Art in das politische Leben einzubeziehen, um damit den Kommunikationsfluss zwischen Staatsbürgern und politischen Entscheidungsträgern zu verbessern. Ob damit eine Machtverschiebung zugunsten der politischen Entscheidungsträger einhergeht, bleibe dahingestellt. Immerhin dürften etablierte Machtstrukturen damit zu festigen sein, bestünde doch mit den über erweiterte Formen elektronischer Abstimmungen zu erzielenden, die öffentliche Meinung betreffenden Informationen die Möglichkeit, regierungsfeindliche Reaktionen im Ansatz zu erkennen und geeignete Gegenmassnahmen frühzeitig in die Wege zu leiten.

Man braucht nicht derart futuristische Möglichkeiten in Betracht zu ziehen, um auf denkbare Beeinflussungen von Machtstrukturen durch Computer zu stossen. So haben beispielsweise bei Banken und Versicherungen durchgeführte Untersuchungen ergeben, dass im Zuge der Automatisierung auch eine Zentralisierung von Einfluss und Macht – also eine Verlagerung der Entscheidungsautorität nach oben in der Befehlshierarchie – einhergegangen ist [16]. Dieses Ergebnis überrascht keineswegs, wenn man bedenkt, dass sich Macht nicht zuletzt dort zu manifestieren vermag, wo bessere Informationen zur Verfügung stehen.

Bessere, vor allem aber: aktuellere Informationen lassen sich aber auf dem Wege arbeitsplatznaher Informationsverarbeitung in Verbindung mit einem Computerverbund durchaus erzielen, sind doch damit dezentral anfallende Daten zusammenzuziehen und der Spitze einer Organisation praktisch im Moment der Entstehung zur Verfügung zu stellen.

Ist die geschilderte Entwicklung zu begrüssen? Der bereits zitierte Max Kummer gibt zu bedenken: *"Immer weniger kommen über immer mehr zu Einfluss, denn je leistungsfähiger die Denkzeuge, desto weiter reichen die Entschlüsse, wie sie einzusetzen seien. Nur noch Vereinzelte entscheiden aber hierüber"* [14]. Dieser doch eher skeptischen Äusserung lässt sich eine durchaus optimistische Feststellung vom MIT Informationsphilosophen Professor Fano entgegenhalten. Er vergleicht die computerunterstützten Kommunikationsmöglichkeiten mit der Erfindung der Buchdruckerkunst von Johannes Gutenberg und meint: Während die beweglichen Lettern von Gutenberg vor 500 Jahren die Kommunikation von *"einem an viele"* ermöglichten, brachte erst der Computer auf gleich generelle Weise die Kommunikation von *"viele an viele"* (aus [41]).

Diese Aussagen deuten darauf hin, dass mit computerunterstützten Kommunikationssystemen eine ungemein stimulierende *Gesprächsvermittlung* innerhalb einer grösseren Gemeinschaft von Menschen in Gang zu setzen ist. Erfahrungsgemäss sind diesem Umstand namentlich im Bereiche der Forschung und Entwicklung sehr wertvolle, der Erkenntniserweiterung dienliche Impulse zu verdanken.

Schlussfolgerung

Im Jahre 1856 soll der als Professor am damaligen Polytechnikum in Zürich tätig gewesene Francesco de Sanctis seinen Studenten zugerufen haben: *"Prima di essere ingegneri voi siete uomini"* (In erster Linie seid Ihr Menschen und dann erst Ingenieure).

An de Sanctis Aussage anknüpfend, appeliert der frühere Präsident ehemaliger Studierender der Eidg. Technischen Hochschule P. Schudel wie folgt an unser Verantwortungsbewusstsein: *"Die rasante Entwicklung in Naturwissenschaften und Technik ist nicht zuletzt deshalb möglich geworden, weil der Mensch sich bewusst der Welt gegenüberstellte und sie zum Objekt machte. Dabei stellte er alles in Frage, auch die geistig-seelischen Wurzeln seines Mensch-Seins"* [29]. Dies hat – so die zusammengefassten Ausführungen P. Schudels – einerseits zur Beherrschung der Natur und ihrer Gewalten, leider aber auch zu einer vermehrten inneren Beziehungslosigkeit und Vertrauenskrise geführt. Wir scheinen heute einem Ereignis zuzueilen, das verschiedentlich mit dem Ausdruck *globale Katastrophe* umschrieben wurde. Die Frist bis zu diesem Ereignis wird einerseits durch den Fortschritt an technisch-naturwissenschaftlichen Möglichkeiten bestimmt, hängt anderseits aber ebenso stark vom menschlichen Verantwortungsbewusstsein ab. *"Mehr denn je"*, ermahnt uns Peter Schudel aus diesem Grunde, *"sind wir alle aufgerufen, unser Tun und Lassen mit höchstem Verantwortungsbewusstsein zu paaren"* [29].

Wie kann der einzelne angesichts der geschilderten Sachlage höchstmögliche Verantwortung wahrnehmen? Peter Schudel meint: *"Wenn jeder an seinem Platz, mit seinen ihm gegebenen Möglichkeiten sich über alle Auswirkungen seines Handelns voll Rechenschaft gibt. Mit andern Worten: Wenn jeder von uns sich ständig bemüht: 1. Zusammenhänge aller Art zu erkennen und 2. die Auswirkungen seines Tuns in diese einzuordnen, um anschliessend 3. den Versuch einer umfassenden – auf Sympathie gründenden – Sicht oder Schau des Ganzen vorzunehmen"* [29].

Was bedeuten diese Überlegungen für die Befürworter und die Gegner computerunterstützter Informations- und Kommunikationssysteme im einzelnen? Eine umfassende Sicht oder Schau des Ganzen hätte vermutlich zur Folge, dass sich die Verantwortlichen – Kreditgeber gleichermassen wie Systemgestalter – der Bedeutung von Francesco de Sanctis' Aussage *"Prima di essere ingegneri voi siete uomini"* bewusst würden und als Folge davon überschaubare, kontrollierbare und vor allem verantwortbare Computeranwendungen realisieren würden. Eine umfassende Sicht oder Schau des Ganzen könnte auch zur Einsicht führen, dass das uneingeschränkte Vertrauen in die Richtigkeit von computermässig ermittelten Informationen einer gebührenden Revision bedarf. Horoskope, Biorythmen, Ehepartnervorschläge werden nicht glaubwürdiger, Auswertungen jedweder Art nicht deshalb unanfechtbar, nur weil sie von einem Computer erstellt wurden! Schliesslich: Eine umfassende Sicht oder Schau des Ganzen würde die Gegner computerunterstützter Informations- und Kommunikationssysteme vermutlich zur Erkenntnis führen, dass man seiner Verantwortungspflicht noch längst nicht genügt, indem man traditionelle Werte nur dadurch zu erhalten versucht, dass man sie gegenüber technischen Errungenschaften abschirmt. Den Äusserungen des bereits zitierten Joseph Weizenbaum zufolge ist sogar das Gegenteil der Fall, hätten wir doch seiner Meinung nach ohne Einsatz von Computern schon längst auf zahlreiche tradierte Werte verzichten müssen. Begründet wird diese Aussage mit der Feststellung, dass konventionelle menschliche Organisationsformen mit ihrer niedrigen internen Arbeitsgeschwindigkeit ohne geeignete technische Hilfsmittel sehr rasch an die Grenzen der Handlungsfähigkeit stossen und gar nicht in der Lage sind, das von der *andrängenden Masse* verursachte Arbeitsvolumen zu bewältigen [39]. Sollten Joseph Weizenbaum's Aussagen zutreffen, so würden die Gegner im Grunde genommen am Aste sägen, auf dem sie selber sitzen und den sie so vehement zu schützen vorgeben.

Wohlgemerkt: mit diesen Überlegungen soll keineswegs einer unbesehenen Technik- und Fortschrittsgläubigkeit das Wort gesprochen werden. Eine konstruktive Kritik ist erwünscht, sofern sie nicht von Reaktionen des Schocks, ja der Hysterie begleitet oder aus egoistischen Motiven vorgetragen wird. *"Erschütternd viele Zeitgenossen glauben aber"*, so gibt Peter M. Ronner zu bedenken, *"zwischen ihren eigenen Ansprüchen und jenen der Allgemeinheit einen dicken Trennungsstrich ziehen zu dürfen. Bedenkenlos machen sie von allen erreichbaren Segnungen der Zivilisation Gebrauch, während sie ausgerechnet über jene Institutionen, Strukturen und Methoden herfallen, welche die Befriedigung derart hochgesteckter persönlicher Bedürfnisse erst ermöglichen. Was ihnen an wohlüberlegter Konsequenz fehlt, gleichen sie durch ihre Lautstärke aus. In einem solchen Klima kann die Forschung – im Weltraum wie auf der Erde – ihre dringendsten Funktionen nicht erfüllen. Eine fruchtbare Konzentration auf die wesentlichsten Aufgaben der Gegenwart erheischt ganz andere Rahmenbedingungen. Wie sagte doch schon Leonardo da Vinci: 'Wo man schreit, da gibt es keine Wissenschaft!'"* [27].

Wir wollen unsere Überlegungen aber zuversichtlichen Sinnes abschliessen, und wir haben allem Anschein nach auch guten Grund dazu. Der Computer – wir erinnern uns – ist nur ein Werkzeug und als solches weder gut noch schlecht. Wir alle können aber dazu beitragen, dass dieses Werkzeug im Interesse der Allgemeinheit genutzt wird. Zu diesem Zwecke sollten wir uns allerdings zur Erkenntnis durchringen, dass *"wir selber und nicht die Meinungsmacher unsere Gesellschaft verkörpern, dass wir selber und nicht bloss die gewählten Exponenten in staatlichen Ämtern Weichen stellen können und müssen, und dass wir selber und nicht die viel bemühten Experten allein darüber befinden sollten, was uns allen frommt"* [27].

Selbstverständlich ist nicht der einzelne aufgerufen, im Alleingang Weichen zu stellen. Nur wenn wir uns bemühen, *solidarisch* und *kooperativ* im Sinne von P. Schudel 1. Zusammenhänge aller Art zu erkennen und 2. die Auswirkungen unseres Tuns in diese einzuordnen, um anschliessend 3. den Versuch einer umfassenden – auf Sympathie gründenden – Sicht oder Schau des Ganzen vorzunehmen, wird sich die Technik im allgemeinen und der Computer im besonderen als Segen auswirken und das Los der Menschheit in vielerlei Hinsicht erleichtern.

Welch erstaunliche Koinzidenz! Reflektieren diese Aussagen denn nicht genau die Intentionen der *Systemtheorie* – einer Denkweise also, mit welcher die angedeuteten Zusammenhänge zu erfassen und zu begreifen sind, welche den Menschen mitsamt den Auswirkungen seines Handelns einschliesst und welche sowohl eine technische wie auch geistig-ideologische Vernetzung herbeizuführen erlaubt?

Wem die vorstehenden Aussagen nicht handfest genug sind, der orientiere sich an den Ausführungen des bereits zitierten Prof. Röglin. Dieser ist der Ansicht, dass eine Unternehmungen in dem Masse einen Beitrag zur Linderung der Identitätskrise zu leisten vermag, als sie mit einer *Unternehmensidentität (Corporate Identity)* die Unternehmensidee, den Unternehmensstil und die das Unternehmen leitenden Wertvorstellungen zum Ausdruck bringt. *"Die Öffentlichkeit hat ein wachsendes Bedürfnis und wachsames Interesse zu erfahren, nicht nur was ein Unternehmen herstellt, sondern was es darstellt. Mit einem Wort – die Öffentlichkeit will ein Unternehmen identifizieren können. Hinter diesem Verlangen steckt ein nicht zu unterschätzendes Misstrauen, aber auch die Bereitschaft zur Akzeptanz – selbst sehr grosser und mächtiger Unternehmen"* [26].

Damit stellt sich aber die Frage wie die zur Erlangung der angedeuteten Akzeptanz erforderliche *Unternehmensidentität* zu erzielen ist. Prof. Röglin bleibt uns die Antwort nicht schuldig, meint er doch: *Das Unternehmenskonzept sollte – über dem Wege der innerbetrieblichen Kommunikation – den Mitarbeitern konkret und verständlich dargestellt werden, so dass sie beurteilen können, ob sie sich mit dem Unternehmen identifizieren können und wollen. Nach dem Verhalten aller Mitglieder eines Unternehmens wird das Unternehmen beurteilt: Vom Generaldirektor bis zum Pförtner... Die innerbetriebliche Kommunikation ist für die Unternehmensidentität unverzichtbar"*.

Wiederum: Welch erstaunliche Koinzidenz! Befürwortet denn die *objekt- bzw. datenorientierte Vorgehensweise* nicht akkurat die hier in Rede stehenden Intentionen? Erinnern wir uns doch der diesbezüglichen Ausführungen in der Einleitung zu diesem Buch: *Die Schaffung eines globalen konzeptionellen Datenmodells*, so sagten wir, *zeitigt ordnende, klärende, divergierende Wünsche und Erfordernisse auf einen Nenner bringende, Kommunikationsprobleme entschärfende, der Wahrheitsfindung dienliche Effekte. Mit konzeptionellen Datenmodellen lässt sich eine Unité de doctrine in der Belegschaft verankern und ein betriebsbezogenes Kollektivbewusstsein schaffen. Ein solidarisch und kooperativ zustande gekommenes globales Datenmodell kann als das kollektive und additive Produkt der Denktätigkeit einer ganzen Belegschaft aufgefasst werden und vermag als solches im Sinne eines Brennpunktes zu wirken.*

Zweifellos steht mit der *objekt- bzw. datenorientierten Vorgehensweise* ein probates Mittel zur Verfügung, die hier in Rede stehende Unternehmensidentität und Identifikation der Mitarbeiter systematisch und gezielt herbeizuführen. Müsste dies für eine Unternehmung nicht Grund genug sein, die der Systemtheorie verpflichtete *objekt- bzw. datenorientierte Vorgehensweise* zumindest im Sinne einer geistigen Richtschnur auf ihr Banner zu heften? –

Allerdings: Zu bedenken ist bei alledem, dass *"die Chance der Akzeptanz nur haben kann, wer begreift, dass heutzutage Akzeptanz des Positiven die zutreffende Darstellung des Negativen voraussetzt"* [26]. Mit einer Unternehmensidentität ist also auch zum Ausdruck zu bringen, dass eine Unternehmung *"die Nebenfolgen ihrer Produktion beachtet und bereit ist, die für Mensch und Natur schädlichen Konsequenzen ihrer Aktivitäten abzuwenden"* [26].

Genauso zu relativieren ist auch die *objekt- bzw. datenorientierte Vorgehensweise.* Neben den bekannten positiven Effekten ist negativ zu veranschlagen, dass das Vorgehen – ein sorgfältiges Abtasten des Umfeldes, ein ständiges Erwägen, Hinterfragen, Akzeptieren und Verwerfen erheischend – mühsam sein kann. Anderseits vermag aber gerade diese Mühsal zu bewirken, dass sich die Mitarbeiter mit dem *solidarisch* und *kooperativ* ermittelten Ergebnis identifizieren. Die Bedeutung dieses Sachverhaltes kann nicht genug betont werden, denn: *"'Sich identifizieren' bedeutet einmal, sich unverwechselbar auszuweisen als ein ganz Bestimmtes, Besonderes; zum anderen ist aber auch gemeint, sich eine Sache zur eigenen zu machen... Das Unternehmen selbst muss eine Identität haben, unverwechselbar und konkret, damit der Mitarbeiter sich mit diesem 'seinem' Unternehmen identifizieren kann – woraus er dann wiederum seine Identität ableitet... Identität aber ist die Software der Rentabilität"* [26].

Prosperität hätten wir gesagt anstelle von Rentabilität, denn *prosperieren* heisst *gedeihen* – nicht nur in wirtschaftlicher, sondern und vor allem in *menschlicher* und *persönlicher* Hinsicht! –

Literatur

[1] Capra F.: Wendezeit – Bausteine für ein neues Weltbild. Scherz, 14. überarbeitete und erweiterte Auflage, 1987

[2] Codd E.F.: A relational model for large shared data banks. CACM, Vol. 13, No. 6, June 1970

[3] Codd E.F.: Further normalization of the relational model. Data Base Systems, Courant computer science symposium 6, 1971. Rustin R., Editor, Englewood Cliffs, New Jersey 1972

[4] Daenzer W.F.: Systems Engineering. Verlag "Industrielle Organisation", Zürich 1976/77

[5] Dangel J.W.: Informatikstrategie. "Output" Nr. 12, Dezember 1986

[6] Ditfurth H. v.: Innenansichten eines Artgenossen. Düsseldorf: Claassen, 1989, ISBN 3-546-42097-7

[7] Drucker P.: Neue Management Praxis, Düsseldorf 1974

[8] Gane C., Sarson T.: Structured Systems Analysis: tools and techniques. Prentice-Hall, Inc., Englewood Cliffs, New Jersey, 1979, ISBN 0-13-854547-2

[9] Gutenberg E.: Grundlagen der Betriebswirtschaftslehre. 3 Bände. Springer Verlag, Berlin 1980-1984

[10] Hein K.P.: Information System Model and Architecture Generator. IBM Systems Journal, Vol. 24, Nos 3/4, 1985

[11] Hormann J.: Anstiftung zur persönlichen (R)evolution. mvg – Moderne Verlagsgesellschaft mbH, München, 1991, ISBN 3-478-07610-2

[12] James B.G.: Kampfstrategien für Unternehmen. Verlag Moderne Industrie, ISBN 3-478-31120-9, 1986

[13] Koestler A.: Janus. London 1978, (deutsch: Der Mensch, Irrläufer der Evolution)

[14] Kummer M.: Die Gegenwart in der Sicht des Durchschnittsbürgers. Stämpfli, 1971

[15] Laudon K.: Information Technology and Participation in the Political Process. In: Computers and Human Choice. Hrsg.: Mowshowitz A. North Holland, 1980, pp. 167-191

[16] Lenk K.: Informationstechnik und Gesellschaft. In: Auf Gedeih und Verderb (Bericht an den Club of Rome). Hrsg.: Friedrichs G., Schaff A. Europaverlag, 1982, pp. 289-326

[17] Lundeberg M., Goldkuhl G., Nilsson A.: Information Systems Development – a Systematic Approach. Prentice-Hall Inc. ISBN 0-13-464677-0 AACR2, 1981

[18] Martin J.: Manifest für die Informationstechnologie von morgen. Econ Verlag Düsseldorf, Wien, 1985

[19] Melichar P.R.: Managing Information Systems. Systems Technology Institute, IBM, 1988

[20] Nolan R.L.: Managing the crises in data processing. Harvard Business Review, March-April 1979, No. 79206

[21] Ortner, E.: Datenadministration – Konzept und Aufgaben bei DATEV. Proceedings zum europäischen Benutzertreffen der Firma MSP, Berlin, 1986

[22] Österle H. (Hrsg.): Anleitung zu einer praxisorientierten Software-Entwicklungsumgebung. Bd 1: Erfolgsfaktoren werkzeugunterstützter Software-Entwicklung. AIT Angewandte Informations Technik, Hallbergmoos 1988

[23] Österle H. (Hrsg.): Anleitung zu einer praxisorientierten Software-Entwicklungsumgebung. Bd 2: Entwicklungssysteme und 4.-Generation-Sprachen. AIT Angewandte Informations Technik, Hallbergmoos 1988

[24] Pümpin C.: Management strategischer Erfolgspositionen. Haupt Bern und Stuttgart, 3. überarb. Aufl. 1986, ISBN 3-258-03546-6

[25] Rodgers B.: Einblicke in die erfolgreichste Marketingorganisation der Welt. Verlag Moderne Industrie, 1986

[26] Röglin H.-C.: Image der Informatik. Artikel zum Vortrag, anzufordern beim Institut für angewandte Sozialpsychologie, Kaiser-Friedrich-Ring 59, D-4000 Düsseldorf 11

[27] Ronner P.M.: Frage nach dem Sinn. In: Badener Tagblatt: Forum für Politik, Kultur und Wirtschaft, Samstag 2. Oktober 1982, pp. 27

[28] Schaeffer M., Bachmann A. (Hrsg.): Neues Bewusstsein – neues Leben (Bausteine für eine menschliche Welt). Wilhelm Heyne Verlag, München, 1988, ISBN 3-453-02970-4

[29] Schudel P.: Wir alle sind Teil eines Ganzen. In: GEP-Bulletin 125, Dezember 1981, pp. 2

[30] Schudel P.: Wieviel Allgemeinbildung braucht der ETH-Absolvent? Referat anlässlich der Professorentagung vom 24.10.1986 an der ETH Zürich

[31] Teilhard de Chardin P.: Der Mensch im Kosmos. Verlag C.H. Beck München, 1969

[32] Vester F., Hesler A.: Sensitivitätsmodell, Frankfurt 1980

[33] Vester F.: Neuland des Denkens. dtv, 1988, ISBN 3-421-02703-x

[34] Vetter M.: Strategy for Data Modelling (application- and enterprise-wide). John Wiley & Sons Limited Publishers England, ISBN 0 471 91605 6, 1987

[35] Vetter M.: Aufbau betrieblicher Informationssysteme mittels konzeptioneller Datenmodellierung. B.G. Teubner Stuttgart, 7., neubearbeitete und erweiterte Auflage, 1991

[36] Vetter M.: Strategie der Anwendungssoftware-Entwicklung (Planung, Prinzipien, Konzepte). B.G. Teubner Stuttgart, 3., neubearbeitete und erweiterte Auflage, 1993

[37] Veys M.: Information System Planning with ISMOD. GUIDE Conference, The Hague, June 4, 1987

[38] Weilenmann P.: Grundlagen des bestriebswirtschaftlichen Rechnungswesens. Verlag des Schweiz. Kaufmännischen Verbandes, Zürich 1981

[39] Weizenbaum J.: Die Macht der Computer und die Ohnmacht der Vernunft. Suhrkamp, 1977

[40] Weizenbaum J.: Kurs auf den Eisberg. Pendo, 1984

[41] Zehnder C.A.: Der Computer als Gesprächspartner: Möglichkeiten und Grenzen. "Output" Nr. 10, Oktober 1980

[42] Zehnder C.A.: Daten und Menschenbild. In: Technik wozu und wohin? Zürcher Hochschulforum, Bd. 3. Artemis-Verlag Zürich, 1980, pp. 33-40

[43] Zehnder C.A.: Informatik-Projektentwicklung. B.G. Teubner Stuttgart, 1986, ISBN 3-519-02479-9 und Verlag der Fachvereine, Zürich 1986

[44] Zehnder C.A.: Informationsgesellschaft und Bürger. Am Ustertag 1986 gehaltene Ansprache. Badener Tagblatt: Forum für Politik, Kultur und Wirtschaft, 6.12.1986

[45] Zehnder C.A.: Informationssysteme und Datenbanken. B.G. Teubner Stuttgart, 4., neubearbeitete und erweiterte Auflage 1987, ISBN 3-519-12480-7 und Verlag der Fachvereine, Zürich 1987

[46] Zehnder C.A.: Die Informatik der 90er Jahre: Informationsnetz statt Routineverarbeitung. "Output" Nr. 7, 1988

Stichwortverzeichnis

E

F

G

H

I

R

S

T

U

V

W

Z